中国大学生计算机设计大赛2015年参赛指南

中国大学生计算机设计大赛组织委员会 编

清华大学出版社
北 京

内容简介

2015年(第8届)中国大学生计算机设计大赛(以下简称“大赛”)是由教育部高等学校计算机类专业教学指导委员会、软件工程专业教学指导委员会、大学计算机课程教学指导委员会、文科计算机基础教学指导分委员会、中国教育电视台联合主办的面向全国高校在校本科的群众性、非赢利性、公益性的科技活动。

大赛的目的在于落实高等学校创新能力提升计划，根据《高等学校计算机基础教学发展战略研究报告暨计算机基础课程教学基本要求》与《高等学校文科类专业大学计算机教学要求》，进一步推动本科计算机教学改革，激发学生学习计算机知识和技能的兴趣和潜能，提高其运用信息技术解决实际问题(为就业及专业服务所需要)的综合能力，以培养德智体美全面发展、具有团队合作意识、创新创业能力的综合型、应用型的人才。本大赛将继续本着公开、公平、公正的原则面对每一件参赛作品。

为了更好地指导2015年的大赛，大赛组委会组编了《中国大学生计算机设计大赛2015年参赛指南》(简称《参赛指南》)。

《参赛指南》共分8章。由第1章大赛通知、第2章大赛章程、第3章大赛组委会、第4章大赛内容及分类、第5章国家级竞赛与地方级竞赛、第6章参赛事项、第7章奖项设置评比与评审专家规范，以及第8章获奖概况(2014年获奖名单与2014年获奖作品选登)组成，并附有获奖作品选编的光盘。

本书有助于规范化参赛，光盘中的作品对计算机数字媒体教学、参赛作品准备都有很高的参考价值，有利于计算机应用与参赛作品质量的提高。因此是参赛院校，特别是参赛队指导教师的必备用书，也是参赛学生的重要参考资料。而对于2014年已经参赛获奖的师生，则具有一定的收藏价值。

图书在版编目(CIP)数据

中国大学生计算机设计大赛2015年参赛指南/中国大学生计算机设计大赛组织委员会编. —北京：清华大学出版社，2015
ISBN 978-7-302-40207-7

Ⅰ. ①中… Ⅱ. ①中… Ⅲ. ①大学生－电子计算机－设计－竞赛－中国－2015－指南 Ⅳ. ①TP302-62

中国版本图书馆CIP数据核字(2015)第101252号

责任编辑：谢 琛
责任校对：焦丽丽
责任印制：杨 艳

出版发行：清华大学出版社
网　　址：http://www.tup.com.cn，http://www.wqbook.com
地　　址：北京清华大学学研大厦A座　　**邮　　编**：100084
社 总 机：010-62770175　　**邮　　购**：010-62786544
投稿与读者服务：010-62776969，c-service@tup.tsinghua.edu.cn
质量反馈：010-62772015，zhiliang@tup.tsinghua.edu.cn
课件下载：http://www.tup.com.cn,010-62795954
印 装 者：北京嘉实印刷有限公司
经　　销：全国新华书店
开　　本：185mm×260mm　**印　张**：18.25　**字　　数**：451千字
(附光盘1张)
版　　次：2015年6月第1版　　**印　　次**：2015年6月第1次印刷
印　　数：1～1500
定　　价：99.00元

产品编号：063494-01

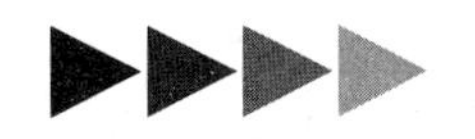

前　言

2015年(第8届)中国大学生计算机设计大赛(以下简称"大赛")是由教育部高等学校计算机类专业教学指导委员会、软件工程专业教学指导委员会、大学计算机课程教学指导委员会、文科计算机基础教学指导分委员会、中国教育电视台联合主办的面向全国高校在校本科学生的群众性、非盈利性、公益性的科技活动。

大赛的目的在于落实高等学校创新能力提升计划,根据《高等学校计算机基础教学发展战略研究报告暨计算机基础课程教学基本要求》与《高等学校文科类专业大学计算机教学要求》,进一步推动高校本科各专业面向21世纪的计算机教学的知识体系、课程体系、教学内容和教学方法的改革,引导学生踊跃参加课外科技活动,激发其学习计算机应用技术的兴趣和潜能,提高其运用信息技术解决实际问题(为就业及专业服务所需要)的综合能力,以培养德智体美全面发展、具有团队合作意识、创新创业能力的复合型、应用型的人才。

大赛作品创作主要内容与学生就业需要贴近,为在校学生提供了实践能力、创新创业的训练机会,为优秀人才脱颖而出提供平台,适应高校大学计算机课程教学改革实践与人才培养模式探索的需求,提高了学生智力与非智力素质。

通过校级预赛、省级选拔赛,然后举办国家级现场赛,使大赛有着坚实的基础。同时,大赛本着公开、公平、公正的原则面对每一件参赛作品。因此,大赛受到高校的普遍重视与广大师生的热忱支持。

本赛事始于2008年,至2014年我国内地已有半数以上本科院校参加。在大赛组织过程中,以北京大学、中国人民大学、北京语言大学、华中师范大学为代表的广大教师作出了重要贡献。除了赛事的组织,有些还提供了有价值的建设性意见,各参赛学校在赛前培训辅导工作中都付出了艰辛的创造性劳动,参赛选手都做了力所能及的努力,用汗水和智慧铺垫了成功之路。

2015年大赛分设软件应用与开发类、微课(课件设计)类、软件服务外包类、计算机音乐创作类、数字媒体设计类(普通组、专业组、微电影组、中华民族文化元素组、动漫组)等类组,面向国内外本科在校学生。大赛决赛现场定于2015年7月中旬至8月下旬,先后在武汉、长春、西安、成都、昆明、上海、北京、福州、杭州等地。

为了更好地指导2015年的大赛,在清华大学出版社的支持下,大赛组委会组织编写《中国大学生计算机设计大赛2015年参赛指南》,同时按竞赛题目分类2014年获奖作品,将有代表性、有特色的作品制作成光盘,与本书一并出版,以供广大师生创作2015年参赛作品时参考。

本《参赛指南》由卢湘鸿任主编,尤晓东、杨小平任副主编。指南共分8章。由第1章大赛通知、第2章大赛章程、第3章大赛组委会、第4章大赛内容与分类、第5章国家级竞赛与地方级竞赛、第6章参赛事项、第7章奖项设置评比与评审专家规范以及第8章2014年获奖名单与获奖作品选登组成。

相信本《参赛指南》的出版，对于参赛作品的规范和大赛作品质量的提高以及多媒体教学都将起到积极的作用。

对于本书中的问题，欢迎大家指正、建议。

中国大学生计算机设计大赛组织委员会

2015 年 2 月于北京

目 录

目　录

第1章 大赛通知

中国大学生计算机设计大赛组织委员会函件

关于举办"2015年(第8届)中国大学生计算机设计大赛"的第二次通知

中大计赛函[2014]012号

各高等院校：

根据高等学校创新能力提升计划、进一步深化高校教学改革、全面提高教学质量的精神，切实提高计算机教学质量，激励大学生学习计算机知识、技术、技能的兴趣和潜能，培养其创新创业能力及团队合作意识，运用信息技术解决实际问题的综合实践能力，以提高其综合素质，造就更多的德智体美全面发展、社会就业需要、创新型、实用型、复合型人才，教育部高等学校计算机类专业教学指导委员会、软件工程专业教学指导委员会、大学计算机课程教学指导委员会、文科计算机基础教学指导分委员会、中国教育电视台联合主办"2015年(第8届)中国大学生计算机设计大赛"。

2015年(第8届)中国大学生计算机设计大赛参赛对象是2015年在校的各专业本科生。

2015年大赛分设：(1)软件应用与开发类，(2)微课类(课件制作)，(3)数字媒体设计类普通组，(4)数字媒体设计类专业组，(5)数字媒体设计类微电影中华优秀传统文化元素组，(6)数字媒体设计类中华民族文化元素组，(7)数字媒体设计类动漫创意设计组，(8)软件服务外包以及(9)计算机音乐创作类等类组进行竞赛。

数字媒体设计类普通组与专业组的参赛作品主题为：空气。

数字媒体设计类微电影中华优秀传统文化元素作品主题为：中华大好河山的诗词散文(民国前)、优秀的传统道德风尚(民国前)以及现当代的汉语国际教育。

数字媒体设计类中华民族文化元素作品主题为：民族服饰、民族手工艺品以及民族建筑。

决赛城市将分别设在：武汉(计算机音乐创作)，长春(微课)，西安(数字媒体专业组)、成都(数字媒体普通组)，昆明(中华民族文化元素)，上海(软件应用与开发)，北京(微电影)，福州(动漫创意设计)，杭州(软件服务外包)等地。

现场决赛时间设在2015年7月中旬至8月下旬。

请根据"中国大学生计算机设计大赛章程"、《高等学校计算机基础教学发展战略研究报告暨计算机基础课程教学基本要求》、《高等学校文科类专业大学计算机教学要求》、大赛的相关规定以及本校具体情况组队参加，对指导教师的工作量及组队参赛的经费等方面给予必要的支持。

附件：2015年(第8届)大赛作品分类与竞赛分组

中国大学生计算机设计大赛组织委员会

2014年12月16日

大赛信息发布网站：www.jsjds.org　　咨询信箱：baoming@jsjds.org

电话：010-82303133　　010-82500686　　010-82303436

北京市海淀区学院路15号南894信箱　　邮编：100083

第2章 大赛章程

2.1 大赛总章程

一、总则

第1条 “中国大学生计算机设计大赛”(以下简称“大赛”)是由教育部高等学校计算机类专业教学指导委员会、软件工程专业教学指导委员会、大学计算机课程教学指导委员会、文科计算机基础教学指导分委员会、中国教育电视台联合主办的面向全国高校在校本科生的群众性、非盈利性、公益性的科技活动。

第2条 大赛目的。

1. 为计算机教学服务,是计算机教学实践平台的重要形式,是进一步推动大学计算机课程有关计算机技术基本应用教学的知识体系、课程体系、教学内容和教学方法改革的重要举措,是培养科学思维意识、切实提高计算机技术基本应用教学质量的重要途径。

2. 激发学生学习计算机知识和技能的兴趣和潜能,提高其运用信息技术解决实际问题的综合能力,为社会就业服务,为专业服务,为培养德智体美全面发展、具有团队合作意识、创新创业的复合型、应用型人才服务。

二、组织形式

第3条 大赛由教育部高校计算机相关教指委联合组成的中国大学生计算机设计大赛组织委员会主办、大学(或与所在地方政府,或与省级高校计算机教指委,或与省级高校计算机学会,或省级高校计算机教育研究会,或与企业,或与行业等共同)承办、专家指导、学生参与、相关部门支持。

第4条 大赛由中国大学生计算机设计大赛组织委员会(以下简称“大赛组委会”)主持。大赛组委会是大赛的最高权力形式。大赛组委会由主办单位、教育行政等相关部门负责人和高校相关专家组成。大赛组委会下设秘书处、设计委员会、评比委员会、竞赛委员会(分类分组设立)及技术保障部。

大赛组委会及其下属的职能部门的组成由教育部计算机相关的教指委负责协商确定。

第5条 大赛组委会负责年度大赛的设计、省级赛组筹、国赛现场决赛地点承办院校确定,以及各工作委员会任务的安排与协调。

参加大赛各项工作的成员由大赛组委会或相应委员会聘任。

各工作委员会分别负责大赛对象确定、赛题拟定、报名发动、专家聘请、作品评比、获奖作品展示组织与点评、证书印制、颁奖仪式举办、参赛人员食宿服务及其他赛务等工作。

三、大赛形式与规则

第6条 大赛全国统一命题。每年举办一次。现场决赛一般在暑假期间举行。赛事活动在当年结束。

第7条 大赛分为预赛(含省级预赛或国赛委托跨省的省自治区级赛的预赛)和国赛现场决赛两个阶段。国赛现场决赛可在承办单位所在地或其他合适的地点进行。

学校、省级或地区(大区)可自行、独立组织此大赛的预赛(选拔赛)。各级预赛作品所录名次与作品在全国大赛中参赛报名、评比、获奖等级无必然联系，不影响大赛决赛现场独立评比和确定作品获奖等级。

第8条　参赛作品要求。

1. 符合国家宪法和相关法律、法规；内容健康，积极向上，符合民族优秀文化传统、优良公共道德价值、行业规范等要求。

2. 必须为原创作品。提交作品时，需同时提交该作品的源代码及素材文件。不得抄袭或由他人代做。

3. 除非是为本大赛所做的校级、校际、省级或地区（大区）选拔赛所设计的作品，凡参加过校外其他比赛并已获奖的作品，均不得报名参加本赛事。

4. 所有数字媒体设计创作类作品，均应选择当年大赛组委会设定的主题进行设计，否则被视为无效。

第9条　大赛参赛对象：决赛当年在校的本科学生。毕业班学生可以参赛，但一旦入围全国决赛，则必须亲临参加决赛现场，否则将扣减该校下一年度的参赛名额。

第10条　大赛组队方式及各校各类别作品参赛名额，参阅第6章“参赛事项”6.4节。

若有变化将在大赛网站上公告。

第11条　参赛院校应安排有关职能部门负责预赛作品的组织、纪律监督以及内容审核等工作，保证本校竞赛的规范性和公正性，并由该学校相关部门签发组队参加大赛报名的文件。

第12条　学生参赛费用原则上应由参赛学生所在学校承担。学校有关部门要积极支持大赛工作，对指导教师要在工作量、活动经费等方面给予必要的支持。

第13条　参加决赛作品的版权由作品制作者和大赛组委会共同所有。参加决赛作品可以制作者与组委会共同的名义发表，或分别由作品制作者或组委会的名义发表，或分别由作品制作者或组委会委托以第三方的名义发表。

四、评奖办法

第14条　大赛组委会本着公开、公平、公正的原则评审参赛作品。

第15条　通过大赛官网报名的参赛作品将按分类进行评审，大赛竞赛委员择优确定初步入围决赛的作品。

通过省级、大区赛报名参赛的作品，根据第5章和第7章的办法确定直推入围决赛的作品。

第16条　初步入围决赛的作品经公示、异议复审后确定最终入围决赛的作品，名单将在大赛网站公示，同时书面通知各参赛院校。

第17条　入围决赛作品将集中进行现场决赛。现场决赛包括作品展示与说明、作品答辩、作品点评等环节。

第18条　入围决赛作品评奖比例、评比要求等，按第7章相关规定办理。

五、公示与异议

第19条　为使大赛评比公开、公平、公正，大赛实行公示与异议制度。

第20条　对参赛作品，大赛组委会将分阶段（报名、入围、获奖）在大赛网站上公示，以供监督、评议。任何个人和单位均可提出异议，由大赛组委会竞赛委员会受理处置。

第 21 条　受理异议的重点是违反竞赛章程的行为，包括作品抄袭、不公正的评比等。

第 22 条　异议形式：

1. 个人提出的异议，须写明本人的真实姓名、所在单位、通信地址（包括联系电话或电子邮件地址等），并有本人的亲笔签名。

2. 单位提出的异议，须写明联系人的姓名、通讯地址（包括联系电话或电子邮件地址等），并加盖公章。

3. 仅受理实名提出的异议。大赛组委会对提出异议的个人或单位的信息给予保密。

第 23 条　与异议有关的学校的相关部门，要协助大赛组委会对异议进行调查，并提出处理意见。大赛组委会在异议期结束后一个月内向申诉人答复处理结果。

六、经费

第 24 条　大赛参赛队需按规定向大赛组委会缴纳报名费，参加决赛时需向承办单位缴纳赛务费。赛务费主要用途包括：参赛人员费用（餐费、保险……）、评审专家交通补贴与餐费补贴、赛务费用（人员、场地、交通、设备、证书……）等。

第 25 条　在不违反大赛评比公开、公平、公正原则及不损害大赛及相关各方声誉的前提下，大赛接受各企业、事业单位或个人向大赛提供经费或其他形式的捐赠资助。

第 26 条　大赛属大学生非赢利性的公益性的群众性科技活动，所筹经费仅以满足大赛赛事本身的各项基本需要为原则。

七、附则

第 27 条　大赛赛事的未尽事宜将另行制定补充章程和规定，与本章程具同等效力。

第 28 条　本章程的解释权属大赛组委会。

2.2　大赛设计委员会工作章程

一、总则

第 1 条　大赛设计委员会是大赛组委会下属的工作委员会，受大赛组委会领导。

第 2 条　设计委员会根据“中国大学生计算机设计大赛章程”制定本章程。

二、组织

第 3 条　设计委员会设有主任、常务副主任、副主任、秘书长、副秘书长、委员及专家组。由秘书长负责处理日常事务。

第 4 条　设计委员会下设秘书组、设计与策划组、网站工作组。

第 5 条　设计委员会秘书组设在中国人民大学。

第 6 条　设计委员会主任、常务副主任、副主任、秘书长、副秘书长由大赛组委会聘任。

第 7 条　设计委员会委员和专家组专家须经院校、教育部高校计算机教指委委员或专家推荐，经设计委员会批准上报大赛组委会审核，由大赛组委会聘任。

三、职责

第 8 条　设计委员会职责：

与评比委员会及竞赛委员会配合，主要负责大赛主题、竞赛内容、命题原则、赛题内容、赛题征集、大赛网站建设与管理等工作。

第 9 条　秘书组职责：

1. 设计委员会的日常事务处理。

2. 每届大赛征题收集、整理和分发给专家组遴选。

3. 与设计委员会相关的其他工作。

第 10 条　设计与策划组职责：

1. 组织征题和命题。确定每届大赛的主题和竞赛内容，负责每届大赛的征题和命题工作，确定大赛选题。

2. 组织专家组专家对收集到的征题进行遴选和评比，确定每届大赛的选题。

3. 与评比委员会一起制定大赛评比方案和评分标准。

4. 协助竞赛委员会选定决赛环境和所用软件平台，搭建决赛环境。

第 11 条　网站工作组职责：

负责大赛网站的建设和维护，为每年的大赛提供网络支持。

四、章程修改与批准

第 12 条　对本工作委员会章程的修改，由设计委员会主任会议（正副主任、正副秘书长与相关委员参加）讨论通过，报大赛组委会批准后生效。

第 13 条　本章程的解释权属本委员会。

第 14 条　本章程自大赛组委会批准之日起生效。

2.3　大赛评比委员会工作章程

一、总则

第 1 条　大赛评比委员会是大赛组委会下属的工作委员会，受大赛组委会的领导。

第 2 条　评比委员会根据"中国大学生计算机设计大赛章程"制定本章程。

二、组织

第 3 条　评比委员会下设秘书组和若干评比专家组。

第 4 条　评比委员会设有主任、常务副主任、副主任、秘书长、副秘书长、委员及专家组专家。评比委员会由秘书长负责处理日常事务。

第 5 条　评比委员会秘书组设在北京大学。

第 6 条　评比委员会主任、常务副主任、副主任、秘书长、副秘书长、委员及专家组专家由大赛组委会聘任。

三、专家聘任

第 7 条　评比委员会专家组：

1. 评比委员会根据参赛队的数量来设置适量的专家组（包括初评专家组和决赛评比专家组）。每个专家组设组长、副组长各一名。

2. 评比专家应具有计算机或与大赛作品相关专业背景。各个专家组的成员，要包括来自计算机专业、非计算机专业以及艺术专业背景的专家，并且具有中级及以上职称。

第 8 条　为保证大赛评比工作的独立性和不受外界因素干扰，评比专家组成员名单不对外公布。

第 9 条　评比专家组所需专家须经有关院校，或教育部高等学校计算机相关教指委委员，或有关专家推荐，经评比委员会批准上报大赛组委会，在审核合格后由大赛组委会聘任并颁发聘书。

第 10 条　评比专家聘期为一年。

四、职责

第 11 条　评比委员会职责：

与设计委员会及竞赛委员会配合，主要负责制定每年度大赛的评比原则、评分标准、奖项设置，推荐评比专家等工作。

1. 制定大赛评审工作流程。

2. 制定大赛作品初评与决赛的具体评比方案和具体评分标准。

3. 组织作品的初评工作，确定参加决赛的参赛作品。

4. 指导评比工作，监督评比工作进程。在大赛决赛期间，与设计委员会一起召开评比专家全体会议，解释本届大赛主题、竞赛内容、评比方案及评分标准。

5. 汇总各评比专家组的评比结果，按照评分原则，统计作品的评比结果，确定参赛作品所获奖项。

6. 组织优秀作品的交流、展示、点评。

第 12 条　评比委员会专家组职责：

1. 组织并参加作品初评工作，选拔优秀作品进入决赛。

2. 组织并参加作品决赛答辩会。由专家组组长主持参赛作品的答辩会，听取作者对作品的设计演示，并向学生质疑。

3. 各专家可以要求作品作者提供与作品相关的辅助资料，以便于对参赛作品进行全面的评审。

4. 专家对作品的评定结果，以填写专家评分表的形式给出。

第 13 条　评比专家职责：

1. 依据大赛制定的评分标准和本人的专业知识，公平、公正、认真地评判每一份参赛作品。

2. 在评比中秉公办事，遵循职业操守，不弄虚作假，不徇私舞弊，不打人情分、互送分。

3. 评比专家不得参加对本校参赛作品的评比工作。

五、评比程序

第 14 条　直接报名参加国赛作品的初评。

程序如下：

1. 形式检查：大赛竞赛委员会赛务组对报名表格、材料、作品等进行形式检查。针对有缺陷的作品提示参赛队在规定时间内修正。对报名分类不恰当的作品纠正其分类。

2. 作品分组：对所有在规定时间内提交的有效参赛作品分组，并提交初评专家组进行初评。

3. 专家初评：由大赛组委会聘请初评专家评审组，对有效参赛作品进行初评。

4. 专家复审：评比委员会针对初评专家有较大分歧意见的作品，安排更多专家进行复审。

5. 根据前述作品初评及复审的情况，初步确定参加决赛的作品名单，在网站上向社会公示，接受异议并对有异议的作品安排专家复审。

6. 公示结束后正式确定参加决赛的作品名单，通知参赛院校，并在大赛网站上公布。

第 15 条　直接报名参加省级或地区赛作品的初评。

直接报名参加省级或地区赛作品，不参加上述作品分组和专家初评环节，经省级赛或地区级赛后，直推进入公示名单。但不符合参赛要求的作品不得进入国赛决赛。

第 16 条　参赛作品决赛。

入围决赛队须根据决赛通知按时到达决赛承办单位参加现场决赛。包括作品现场展示与答辩、决赛复审等环节。

程序如下：

1. 参赛选手现场作品展示与答辩。

2. 决赛复审。

第 17 条　在决赛阶段，大赛组委会将组织优秀作品的交流及展示，由全体参赛师生参加，评比专家以书面形式点评。

六、章程修改与批准

第 18 条　对本工作委员会章程的修改，由评比委员会主任、秘书长联席会议讨论通过，报大赛组委会批准后生效。

第 19 条　本章程的解释权属本委员会。

第 20 条　本章程自大赛组委会批准之日起生效。

2.4　大赛竞赛委员会工作章程

一、总则

第 1 条　大赛竞赛委员会是大赛组委会下属的工作委员会，受大赛组委会领导。

第 2 条　竞赛委员会根据“中国大学生计算机设计大赛章程”制定本章程。

第 3 条　与设计委员会及评比委员会配合，主要负责每年度大赛本决赛区的比赛内容建议、评比专家的推荐、赛务组织、大赛网站的建设与维护等工作。

二、组织

第 4 条　根据大赛需要，可以分类别设计多个竞赛委员会。原则上是每个现场决赛点设一个竞赛委员会。每个竞赛委员会下设专家组、赛务组、秘书组和网站工作组等若干工作组。

第 5 条　每个竞赛委员会设有主任、常务副主任、副主任、秘书长、副秘书长、专家组组正副组长、赛务组正副组长及若干成员。

竞赛委员会由秘书长处理日常事务。

第 6 条　竞赛委员会主任、常务副主任、副主任、秘书长、副秘书长、专家组正副组长、赛务组正副组长、专家由大赛组委会聘任，有关工作人员由竞赛委员会聘任。

三、职责

第 7 条　秘书组职责：

与设计委员会、评比委员会一起制定大赛的方案，确定大赛赛务工作流程。

第 8 条　专家组职责：

1. 指导本赛区的总体设计。
2. 优化本赛区的竞赛内容。
3. 推荐本赛区的相关专家。

第 9 条　赛务组工作职责：

1. 大赛的信息发布。
2. 大赛的报名发动及报名。
3. 大赛通知收发。
4. 报名参赛作品的收集、整理和分发。
5. 经网上初评入围作品的网上公示。
6. 决赛场馆准备。
7. 参赛人员食宿服务。
8. 获奖证书印制。
9. 全国决赛颁奖仪式举办。
10. 大赛获奖作品的公示。
11. 获奖证书的公示及查询。
12. 其他赛务工作。
13. 与设计委员会、评比委员会一起选型与搭建决赛平台。

第 10 条　网站工作组职责：

负责与本竞赛委员会相关的网站建设和维护，并为大赛提供网络支持。

四、资产管理与使用原则

第 11 条　赛务工作委员会的经费来源：

1. 参赛报名费。
2. 各级教育管理部门的拨款和资助。
3. 企事业与社会各界的捐赠资助。
4. 决赛赛务费。
5. 其他合法收入。

第 12 条　本工作委员会经费必须用于本章程规定的业务范围和事业的发展。

第 13 条　本工作委员会应建立严格的财务管理制度，保证会计资料合法、真实、准确、完整。本工作委员会的资产管理必须执行国家规定的财务管理制度，接受组委会和财务部门的监督。

第 14 条　本工作委员会的资产，任何人不得侵占、私分和挪用。

五、章程修改与批准

第 15 条　对本工作委员会章程的修改，由竞赛委员会主任、秘书长联席会议讨论通过，报大赛组委会批准后生效。

第 16 条　本章程的解释权属本委员会。

第 17 条　本章程自大赛组委会批准之日起生效。

2.5　大赛组委会秘书处工作章程

一、总则

第 1 条　大赛组委会秘书处是组委会下属的工作委员会，受大赛组委会领导。

第 2 条　大赛组委会秘书处设在北京语言大学。

第 3 条　秘书处根据“中国大学生计算机设计大赛章程”制定本章程。

二、组织与职责

第 4 条　秘书处设有秘书长、副秘书长及若干成员。

第 5 条　秘书处秘书长、副秘书长及有关成员由大赛组委会聘任。

第 6 条　秘书处职责。

秘书处受大赛组委会委托负责大赛组委会的日常工作，对大赛组委会负责。

三、章程修改与批准

第 7 条　对本工作委员会章程的修改，由秘书长会议讨论通过，报大赛组委会批准后生效。

第 8 条　本章程的解释权属本委员会。

第 9 条　本章程自大赛组委会批准之日起生效。

第 3 章　大赛组委会

2015 年(第 8 届)中国大学生计算机设计大赛由中国大学生计算机设计大赛组织委员会(简称大赛组委会)主办。

大赛组委会为本赛事的最高组织形式。由中央及地方主管教育行政部门、有关高校以及承办单位的负责人及专家组成。

大赛组委会下设设计委员会、竞赛委员会、评比委员会、技术保障部、秘书处等机构。

1. 大赛组委会顾问(按姓氏笔画为序):

孙家广(清华大学)　陈国良(中国科技大学)　怀进鹏(北京航空航天大学)
李　未(北京航空航天大学)

2. 组委会主任:周远清(教育部)

3. 组委会执行主任(按姓氏笔画为序):

靳　诺(中国人民大学)　李　廉(合肥工业大学)

4. 组委会(部分)副主任(按姓氏笔画排序):

韦　穗(安徽大学)　安黎哲(兰州大学)　刘益春(东北师范大学)
陈　收(湖南大学)　杜小勇(中国人民大学)　李　浩(西北大学)
李向农(华中师范大学)　李宇明(北京语言大学)　李晓明(北京大学)
宋　毅(新疆维吾尔自治区教育厅)　杨　丹(重庆大学)
张建华(辽宁省教育厅)　邹　平(云南省教育厅)　康　宁(中国教育电视台)
郭立宏(陕西省教育厅)　戴井冈(新疆生产建设兵团教育局)等

5. 组委会(部分)常务委员(未计主任、副主任,按姓氏笔画排序):

马殿富(北京航空航天大学)　王　浩(合肥工业大学)　王移芝(北京交通大学)
尤晓东(中国人民大学)　冯博琴(西安交通大学)　卢湘鸿(北京语言大学)
刘　强(清华大学)　吕英华(东北师范大学)　何钦铭(浙江大学)
李凤霞(北京理工大学)　李文新(北京大学)　杨小平(中国人民大学)
耿国华(西北大学)　龚沛曾(同济大学)　蒋宗礼(北京工业大学)
管会生(兰州大学)

6. 组委会秘书长:卢湘鸿(北京语言大学)

7. 组委会副秘书长(按姓氏笔画排序):

吕英华(东北师范大学)　杨小平(中国人民大学)　尤晓东(中国人民大学)

8. 大赛组委会委员(依大区按姓氏笔画排序,未计上述已有的):

刘志敏(北京大学)　刘玫瑾(北京体育大学)　郑　莉(清华大学)
黄心渊(中国传媒大学)　赵　宏(南开大学)　罗朝晖(河北大学)
滕桂法(河北农业大学)　刘东升(内蒙古师范大学)　高光来(内蒙古大学)
黄卫祖(东北大学)　张　欣(吉林大学)　张洪瀚(哈尔滨商业大学)
杨志强(同济大学)　顾春华(上海电力学院)　郑　骏(华东师范大学)
金　莹(南京大学)　陈汉武(东南大学)　吉根林(南京师范大学)
韩忠愿(南京财经大学)　王晓东(宁波大学)　耿卫东(浙江大学)
潘瑞芳(浙江传媒学院)　钦明皖(安徽大学)　孙中胜(黄山学院)

杨印根(江西师范大学)　郝兴伟(山东大学)　顾群业(山东工艺美术学院)
甘　勇(郑州轻工业学院)　郭清溥(河南财经政法大学)　徐东平(武汉理工大学)
郑世珏(华中师范大学)　赵　欢(湖南大学)　彭小宁(怀化学院)
谷　岩(华南师大)　王志强(深圳大学)　陈尹立(广东金融学院)
蒋盛益(广东外语外贸大学)　陈明锐(海南大学)　吴丽华(海南师范大学)
曾　一(重庆大学)　唐　雁(西南大学)　匡　松(西南财经大学)
任达森(贵州民族大学)　杨　毅(云南农业大学)　张洪民(昆明理工大学)
刘敏昆(云南师范大学)　许录平(西安电子科技大学)　管会生(兰州大学)
王崇国(新疆大学)　吐尔根·依布拉音(新疆大学)

大赛组委会其他副主任、副秘书长成员,以及组委会下属的设计委员会、竞赛委员会、评比委员会、技术保障部、秘书处的组成,将另行公告。

第4章　大赛内容与分类

4.1　大赛内容主要依据

第1条　大赛内容主要依据。

1. 教育部高等学校计算机基础课程教学指导委员会编写的《高等学校计算机基础教学发展战略研究报告暨计算机基础课程教学基本要求》与教育部高等学校文科计算机基础教学指导委员会编写的《高等学校文科类专业大学计算机教学要求》。

2. 学生就业需要。

3. 学生专业需要。

4. 学生创新意识、创新创业能力以及国家紧缺人才培养需要。

5. 国际现有具有重大影响或意义的大赛接轨的需要。

4.2　大赛分类与分组

第2条　2015年(第8届)大赛作品分类与竞赛分组。

1. 软件应用与开发类。

包括以下小类:

(1) 网站设计。

(2) 数据库应用。

(3) 虚拟实验平台。

2. 微课(课件制作)类。

包括以下小类:

(1)“计算机应用基础”课程片段。

(2)“数据库技术与应用”课程片段。

(3)“多媒体技术与应用”课程片段。

(4)“Internet应用”课程片段。

(5) 汉语国际教育课程片段。

(6) 中、小学数学课程片段。

(7) 中、小学自然科学课程片段。

关于微课(课件制作)类参赛的更多要求,参阅大赛官网发布的信息。

3. 数字媒体设计类普通组(参赛主题:空气)。

包括以下小类:

(1) 计算机图形图像设计(含静态或动态的平面设计和非平面设计)。

(2) 计算机动画。

(3) 计算机游戏。

(4) 交互媒体(含电子杂志)。

(5) 移动终端。

(6) 虚拟现实。

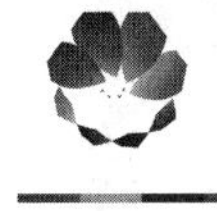

(7) DV影片。

主题为“空气”的数字媒体设计类作品分专业组与非专业组进行竞赛。应参加专业组竞赛的学生专业清单，参见第6章6.4节说明。

4. 数字媒体设计类专业组(参赛主题：空气)。

包括以下小类：

(1) 计算机图形图像设计(含静态或动态的平面设计和非平面设计)。

(2) 计算机动画。

(3) 计算机游戏。

(4) 交互媒体(含电子杂志)。

(5) 移动终端。

(6) 虚拟现实。

(7) DV影片。

主题为“空气”的数字媒体设计类作品分专业组与非专业组进行竞赛。应参加专业组竞赛的学生专业清单，参见第6章6.4节说明。

5. 数字媒体设计类中华优秀传统文化微电影组。

微电影参赛主题为：中华大好河山的诗词散文(民国前)、优秀的传统道德风尚(民国前)，以及现当代汉语国际教育。

6. 数字媒体设计类中华民族文化组(参赛主题：民族建筑，民族服饰，民族手工艺品)。

包括以下小类：

(1) 计算机图形图像设计(含静态或动态的平面设计和非平面设计)。

(2) 计算机动画。

(3) 交互媒体设计(含电子杂志)。

7. 动漫游戏创意设计大赛。

有关本组的参赛要求，参阅大赛官网发布的进一步信息。

8. 软件服务外包类。

有关本类的参赛要求，参阅大赛官网发布的进一步信息。

9. 计算机音乐创作类。

包括以下小类：

(1) 原创类(所提交的电子音乐作品的全部内容都是自己原创的)。

(2) 创编类(所提交的电子音乐作品可以是根据别人创作的歌曲主题或别人创作的其他音乐的主题，如流行歌曲改编、变奏、重新编配、制作而成)。

(3) 视频配乐类(为视频配乐的电子音乐。视频影像部分可以自己做，也可以是与其他人合作，音乐部分最好是自己原创，创编次之)。

计算机音乐创作类作品分专业组与非专业组进行竞赛。应参加专业组竞赛的学生专业清单，参见第6章6.4节说明。

4.3 大赛命题要求

第3条 大赛命题要求。

1. 竞赛题目应能测试学生运用计算机基础知识的能力、实际设计能力和独立工作能力。

2. 题目原则上应包括基本要求部分和发挥部分，使绝大多数参赛学生既能在规定时间内完成基本要求部分的设计工作，又能便于优秀学生有发挥与创新的余地。

3. 作品题材要面向未来、多些想象力、创新力。

4. 命题应充分考虑到竞赛评审的可操作性。

4.4 应用设计题目征集办法

第 4 条 大赛应用设计题目征集办法。

1. 面向各高校有关教师和专家按此命题原则及要求广泛征集下一届大赛的竞赛题目。赛题以 4.1 节中的大赛内容为依据，尽量扩大内容覆盖面，题目类型和风格要多样化。

2. 设计委员会向各高校组织及个人征集竞赛题，以丰富题源。

3. 各高校或个人将遴选出的题目，集中通过电子邮件或信函上报大赛设计委员会秘书处(通信地址及收件人：中国人民大学信息学院，邮编 100872，尤晓东；电子邮件：baoming@jsjds.org)。

4. 设计委员会组织命题专家组专家对征集到的题目认真分类、完善和遴选，并根据"大赛设计与策划委员会工作章程"决定最终命题。

5. 根据本次征题的使用情况，大赛设计委员会将报请大赛组委会，对有助于竞赛命题的原创题目作者颁发"优秀征题奖"及其他适当的奖励。

第5章　国家级竞赛与地方级竞赛

5.1　竞赛级别

1. 为了提升国级赛作品的整体水平，除由中国大学生计算机设计大赛组委会组织的全国级别的大赛（简称国级赛或国赛）外，各校、省（直辖市、自治区）或地区（大区）可以针对国赛要求提前组织相应级别的选拔赛（预赛）。选拔赛可以学校、多校、省、多省为单位的形式进行。

鼓励各校作品报名参加校级赛、校际级赛、省级赛、省际（地区）级赛的选拔赛。

2. 两所及两所以上且有着部属院校或省属重点院校参与的多校联合选拔赛，经上报全国大赛组委会备案，可视为省级赛。没有部属院校或省属重点院校参与的院校联赛不构成省级赛。

一个省（直辖市、自治区）可以设置不多于两个各自独立的省级赛。

省级赛可以自行设置，但需报国赛大赛组委会的备案，以得到确认。

3. 多省联合选拔赛，可视为地区（大区）级赛事。一个地区（大区）可设置不多于两个地区赛。区赛的设置，需报国赛大赛组委会备案，以得到确认。

地域辽阔的地区，宜组织省级赛，而不宜组织地区赛。

4. 院校可以自主跨省、跨地区参加选拔赛。

5. 同一院校的作品，只能通过选择一个赛区参加选拔赛（含省级赛、地区赛、国赛直报）。如有违反，取消该校所有作品的参赛资格。

6. 国赛直报平台，是指国赛组委会委托杭州师范大学搭建的省自治区级赛平台，供各院校直报使用。

7. 考虑到地区院校的不平衡性，全国除港、澳、台外，拟将31省（直辖市、自治区）的高等学校分属于六大区、二大类。

(1) 六大区（或称地区）如下：

华北（京、津、冀、晋、蒙）

东北（辽、吉、黑）

华东（沪、苏、浙、皖、闽、赣、鲁）

中南（豫、鄂、湘、粤、桂、琼）

西南（渝、川、贵、云、藏）

西北（陕、甘、青、宁、新）

(2) 二大类赛区如下：

一类赛区：京、津、冀、晋、辽、吉、黑、沪、苏、浙、皖、闽、赣、鲁、豫、鄂、湘、粤、渝、川、陕共21个省、直辖市。

二类赛区：蒙、桂、琼、贵、云、藏、甘、青、宁、新共10个省、自治区。

8. 各级别预赛系各自组织，独立进行，对其结果负责。地方级赛与国赛无直接从属关系。各级预赛作品所录名次与该作品在全国大赛中获奖等级也无必然联系。

9. 申请直推入围国赛决赛公示名额的各级预赛，可以向国赛组委会申请使用统一的竞赛平台进行竞赛，亦可使用自备的竞赛平台竞赛。如省级赛、地区赛未使用国赛平台进行预赛,应在赛后向国赛平台报送预赛相关数据,并组织入围决赛的参赛队在国赛平台中填报作品参赛信息。

5.2 预赛直推比例

1. 各级别预赛应积极接受国赛组委会的业务指导,严格按照国赛规程组织竞赛和评比。按国赛规程组织竞赛和评比的省级赛或地区级赛,可从合格的报名作品中经评审推选相应比例的作品参加国赛的入围决赛公示。国赛组委会可视需要组织专家组对上推作品进行复查,不符合竞赛要求的作品不能进入决赛名单。

2. 各类预赛按合格报名作品基数选拔后直推进入国赛的参赛作品比例为:

一类省级赛区:赛后排名的前 45%。

二类省级赛区:赛后排名的前 40%。

3. 省级联赛,直推进入国赛决赛公示名单的比例按直推比例高的省级赛比例上浮 5%。

例如,二类青海省合格报名作品,若通过省级赛,可按作品总数前 40%的比例直推国赛。

若二类青海省合格报名作品参与一类陕西举办的联赛,则竞赛后按混合作品总数前 50%的比例直推国赛。

若二类青海省合格报名作品参与二类甘肃省举办联赛,则竞赛后按合格报名作品总数前 45%的比例直推国赛。

4. 上述各类数字分别按第 4 章 4.2 节所规定的 9 大类组分别进行统计,各类组数据不得混淆,名额不得挪用。无论何时发现,若某赛区存在虚报上推作品比例的情况,将取消该赛区当年直推作品进入国赛的资格。

5.3 参赛要求

1. 鉴于大赛主办单位是基于本科各计算机相关教指委,故 2015 年国家级竞赛只限在校本科生参与。非在校本科学生不得以任何形式参赛,无论何时,违者一经发现即取消该作品及所在校所有作品的参赛资格。若该作品已获奖项,无论何时发现,均取消该作品及所在校所有作品的得奖资格,并追回所有奖状、奖牌及所发一切奖励,并将在大赛官网通告批评。

2. 参赛作品可以通过报名参加各省级赛(或地区级赛)获得进入决赛公示资格。但一所院校作品不能同时报名参加多个赛区的预赛,否则取消该作品及所在校所有作品的参赛资格。若该作品已获奖项,无论何时发现,均取消该作品及所在校所有作品的得奖资格,并追回所有奖状、奖牌及所发一切奖励。

3. 各省级赛或地区级赛在赛后必须按国赛要求比例上报直推进入国赛的作品。省级赛或地区级赛的主办及承办单位,要对每一所参赛院校的权益负责。参赛院校也要对赛事主办及承办单位进行监督,避免出现违反竞赛规程的情况。

第6章　参赛事项

有关参赛事宜主要由大赛组委会下设的大赛评比委员会和竞赛委员会共同实施。

6.1　决赛现场赛务承办点的确定

一、国赛现场决赛承办地点的选定

1. 现场决赛点所在城市相对稳定。

根据目前大赛国赛已有较大规模，需多地设定现场决赛点，才能更好地满足院校根据自身作品优势及本校经费等情况的参赛要求。现拟在内地各大区设置现场决赛点，初步确定，华北地区决赛点放在北京，东北地区放在吉林长春，华东地区放在上海或江苏南京，中南地区放在湖北武汉或湖南长沙，西南地区放在四川成都，西北地区放在陕西西安。

2. 国赛现场决赛所在城市相对稳定，参赛类组内容可适当轮换。

3. 国赛现场决赛承办院校，可由所在城市的院校轮流承办。

4. 以下一些类组的现场决赛地点与决赛内容可能会相对稳定：

(1) 北京，数字媒体设计类中华优秀传统文化微电影组。

(2) 福州，数字媒体设计类动漫游戏创意设计组。

(3) 昆明，数字媒体设计类中华民族文化元素组。

(4) 杭州，软件服务外包类。

二、国赛现场决赛承办点的申报

为了把大赛国赛现场决赛赛务工作做得更好，凡有条件愿意承办国赛现场决赛赛务的院校，均可申请承办国赛现场决赛赛务。

1. 申办基本条件。

(1) 学校具有为国赛现场决赛成功举办的奉献精神并提供必要的支持。

(2) 承办地点交通相对方便(附近有飞机通达和高铁动车站)。

(3) 具有可容纳不少于600人的会场。

(4) 可解决不少于600人的住宿与餐饮。

(5) 具有能满足大赛作品评比所需要的计算机软、硬件设备和网络条件。

2. 申办程序。

(1) 以学校名义正式提交书面申请书(盖学校公章)。

(2) 书面申请书寄至：100083(邮编)，北京海淀区学院路15号南894信箱中国大学生计算机大赛组委会秘书处。也可以把盖有学校公章的申请书扫描成电子文件，发到luxh339@126.com。

(3) 等候大赛组委会秘书处回复(10天内会有信息返回)。

说明：

① 申请书上要注明计划承办哪一年哪一比赛类组的大赛现场决赛赛务。

② 如有疑问，可以通过以下方式咨询：

邮箱：baoming@jsjds.org　或　xujuan@blcu.edu.cn　或　luxh339@126.com
电话：010-82500686　或　010-82303133　或　010-82303436

6.2 2015年大赛日程与赛区内容

2015年(第8届)中国大学生计算机设计大赛现场决赛于2015年7月中旬至8月下旬举行。决赛现场根据参赛类组的不同分设6大区。

一、大赛决赛前日程

1. 对于大部分类组的竞赛安排，决赛前日程一般如下：

(1) 2015年3至5月中旬，各级预赛(省级赛、地区赛、全国赛直报赛区——省自治区级赛)陆续举行。

(2) 2015年5月20日前，各级预赛结束，并向大赛组委会提交进入决赛的作品名单及相关参赛信息。

(3) 2015年5月31日前，各级预赛直推作品完成国赛平台报名、资料填报及作品提交工作。

(4) 2015年6月15日前，大赛组委会入围决赛作品公示，并接受异议、申诉和违规举报。

(5) 2015年6月30日前，大赛组委会公布正式参加决赛作品名单。

2. 计算机音乐创作需要经过国赛专家组审核后才能进入决赛，决赛前日程如下：

(1) 2015年4月15日至5月15日，参赛作品进行网上参赛报名，并按要求提交参赛作品。

(2) 2015年5月15日至5月24日，省级赛和地区赛相关类推荐作品完成国赛平台报名、资料填报及作品提交工作。

特别提醒：如果参赛队所在院校先参加省级或地区级预赛，则在直推名单出台后(最迟5月20日)应提醒参赛队在限定时间内(5月24日前)完成报名相关工作。

(3) 2015年5月15日至31日，国赛平台报名作品信息审查、分组安排初评。

(4) 2015年6月10日前，上述国赛平台报名的作品初评完成。

(5) 2015年6月15日前，入围决赛作品公示，并接受异议、申诉和违规举报。

(6) 2015年6月30日前，公布正式参加决赛作品名单。

上述日程如有变动，以大赛官网公布的最新信息为准。

二、大赛决赛日程

根据参赛分类与组别的不同，现场决赛时间及地点如表6-1。

表6-1　决赛时间及地点

决赛日期(2015年)	地区	决赛承办院校	现场决赛类组
7月16日—7月20日	武汉	武汉音乐学院	计算机音乐创作类
7月20日—7月24日	长春	东北师范大学	微课(课件制作)类

续表

决赛日期(2015年)	地区	决赛承办院校	现场决赛类组
7月24日—7月28日	西安	西北大学	数字媒体设计类专业组
7月28日—8月01日	成都	西南石油大学	数字媒体设计类普通组
8月01日—8月05日	昆明	云南民族大学	数字媒体设计类中华民族文化组
8月05日—8月09日	上海	上海大学	软件应用与开发类
8月13日—8月17日	北京	北京语言大学	数字媒体设计类中华优秀传统文化微电影组
8月17日—8月21日	福州	福建农林大学	动漫游戏创意设计大赛
以大赛官网发布信息为准	杭州	浙江传媒学院	软件服务外包类

三、大赛现场决赛后期安排

1. 决赛结束后获奖作品在大赛网站公示,组委会安排专家对有争议作品进行复审。

2. 2015年10月正式公布大赛各奖项,在2015年12月底前结束本届大赛全部赛事活动。

如有变化,以大赛官网公告和赛区通知为准。

6.3 参赛对象

1. 决赛当年所有在校本科生。

毕业班学生可以参赛,但一旦入围全国决赛,则必须参加决赛现场相关活动,否则将扣减该作品的成绩。

2. 主题为“空气”的“数字媒体设计”类作品分为专业组与普通组进行竞赛。计算机音乐创作类分普通组与专业组进行竞赛。

参赛作品有多名作者的,只要有一名作者是属于专业类的,则该作品就必须参加专业组的竞赛。

应参加专业组竞赛的学生专业清单,参见本章6.4节“部分类组参赛对象专业限制清单”。

3. 其他类组作品竞赛参赛对象不分专业。

6.4 部分类组参赛对象专业限制清单

1. 主题为“空气”的数字媒体设计类作品分专业组与非专业组进行竞赛。应参加专业组竞赛的作者专业清单如下:

(1) 教育学、教育技术专业。

(2) 艺术教育、学前教育专业。

(3) 广告学专业与广告设计方向。

(4) 广播电视新闻学专业。

(5) 计算机科学与技术(数字媒体技术方向)。

(6) 服装设计与工程专业。

(7) 建筑学、城市规划、风景园林专业。

(8) 工业设计专业。

(9) 数字媒体艺术、数字媒体技术专业。

(10) 广播电视编导、戏剧影视美术设计、动画、影视摄制专业。

(11) 美术学、绘画、雕塑、摄影、中国画与书法专业。

(12) 艺术设计学、艺术设计、会展艺术与技术专业。

所列清单为截止本书出版时确定的专业清单，其他尚未列示的与数字媒体、视觉艺术与设计、影视等相关专业，亦应参加专业组竞赛。具体专业认定事宜，可咨询大赛组委会秘书处。

2. 计算机音乐创作类作品分专业组与非专业组进行竞赛。

(1) 中国内地单独成校的 9 个音乐学院(如中央音乐学院等)、7 个艺术学院(如南京艺术学院等，含解放军艺术学院)、中国传媒大学、中国戏曲学院和各师范大学中的音乐学院或艺术学院，上述院校中的如下专业学生应参加专业组竞赛：

① 电子音乐制作。

② 电子音乐作曲。

③ 音乐制作。

④ 作曲。

⑤ 新媒体(流媒体)音乐。

⑥ 其他相关专业。

(2) 不在上述范围的院校或虽在上述院校内，但不属上述范围内的专业学生，应参加普通组竞赛。

(3) 参赛作品有多名作者的，如有任一名作者归属于上述(1)所述专业，则作品应参加专业组的竞赛。

有关专业与非专业相关信息的最后界定，请关注大赛官网的信息。

6.5 组队、参赛报名与作品提交

一、组队与领队

1. 大赛只接受以学校为单位组队参赛。

2. 参赛名额限制：

(1) 2015 年大赛竞赛分为 8 个大现场决赛，一个现场决赛的类组下设若干小类，详见第 4 章。

(2) 每校在每个小类下可提交 4 件作品报名参加省级、大地区级预赛(各院校可自主报名参加全国直报赛区——省自治区级预赛)(数字媒体设计“空气”主题普通组与专业组各小类、计算机音乐创作普通组与专业组，每校均可有 4 个作品报名参赛)。

(3) 每个小类下每校入围决赛作品数不超过 2 件(分普通组与专业组的大类，各校普通组与专业组入围决赛亦各不超过 2 件)。

(4) 每个大类(组)下每校入围决赛作品数不超过 4 件。

(5) 动漫创意设计与软件服务外包类参赛名额限制，以大赛官网发布信息为准。

3. 每个参赛队可由同一所学校的 1～5 名学生组成。每队可以设置 1～2 名指导教师。其中：

(1) 动漫创意设计与软件服务外包两类组每队由 3～5 人组成。

(2) 除以上之外的所有类每队由 1～3 人组成。

注意：部分类组分设普通与专业组参赛，如参赛队员中有任一人属于专业组所在专业，该作品应参加专业组竞赛。

4. 决赛期间，各校都必须把参赛队成员的安全放在首位。参加决赛现场时，每校参赛队必须由 1 名领队带领。领队原则上由学校指定教师担任，可由指导教师(教练)兼任。

学生不得担任领队一职。

5. 每校参赛队的领队必须对本校参赛人员在参赛期间的所有方面负全责。没有领队的参赛队不得参加现场决赛。

6. 参赛院校应安排有关职能部门负责预赛作品的组织、纪律监督以及内容审核等工作，保证本校竞赛的规范性和公正性，并由该学校相关部门签发组队参加大赛报名的文件。

7. 学生参赛费用原则上应由参赛学生所在学校承担。学校有关部门要积极支持大赛工作，对指导教师要在工作量、活动经费等方面给予必要的支持。

二、参赛报名与作品提交

1. 通过网上报名和提交参赛作品。

参赛队应在大赛限定期限内参加省级赛或大地区赛或国赛大赛组委会委托组织的“省自治区级赛”选拔。

对于使用国赛平台进行预赛的赛区，应通过大赛官网上开通的竞赛平台在线完成报名工作，并在线提交参赛作品及相关文件。

各参赛队请密切关注各省级赛、大地区赛、省自治区级的报名截止时间及报名方式(2015 年 3 月起大赛官网会有信息陆续披露)，以免耽误参赛。

2. 参赛作品不得违反国家有关法律、法规以及社会道德规范。参赛作品不得侵犯他人知识产权。

3. 所有作品播放时长不得超过 10 分钟，交互式作品应提供演示视频，时长亦不得超过 10 分钟。

4. “网站设计”小类作品：将于 2015 年 3 月 15 日左右在大赛官网公布代码规范，参赛者需要按此规范编写代码，上传的作品将通过大赛平台自动部署，并主要据此进行评审。作为网站评审的重要因素，参赛者应同时提供能够在互联网上真实访问的网站地址(域名或 IP 地址均可)。

5. “数据库应用”小类作品：仅限于非网站形式的数据库应用类作品报此类别。凡以网站形式呈现的作品，一律按“网站设计”小类报名。数据库应用类作品应使用主流数据库系统开发工具进行开发。将于 2015 年 3 月 15 日左右在大赛官网公布开发规范，参赛者请按此规范编写代码，上传的作品将通过大赛平台自动部署，并主要据此进行评审。

6. “动漫游戏创意设计”组的详细参赛信息，参阅大赛组委会通过大赛官网发布的相关文件。

7. 软件服务外包类大类的详细参赛信息，参阅大赛组委会通过大赛官网发布的相关文件。

8. “计算机音乐创作”类作品音频格式为 WAV 或 AIFF(44.1kHz /16 / 24bit，PCM。若为 5.1 音频文件格式，请注明编码格式与编码软件)；视频文件要求为 MPEG 或 AVI 格式。

9. 各竞赛类别参赛作品大小、提交文件类型及其他方面的要求，大赛组委会于 2015 年 3 月 15 日前在大赛官网陆续公告，请及时关注。

参赛提交文件要求如有变更，以大赛网站公布信息为准。

10. 在线完成报名后，参赛队需要在报名系统内下载由报名系统生成的报名表，打印后加盖学校公章或学校教务处章，由全体作者签名后，拍照或扫描后上传到报名系统。纸质原件需在参加决赛报到时提交，请妥善保管。

11. 在通过各级预赛(省级赛、大地区级赛、全国直报赛区——省自治区级赛)获得参加决赛推荐权后，还应通过国赛平台完成信息填报和核查完成工作，截止日期均为 2015 年 5 月 31 日(计算机音乐创作、动漫游戏创意设计类的截止日期为 2015 年 5 月 24 日)，逾期视为无效报名，取消参赛资格。

12. 参加决赛作品的版权由作品制作者和大赛组委会共同所有。参加决赛作品可以分别以作品作者或组委会的名义发表，或以作者与组委会的共同名义发表，或者以作者或组委会委托第三方发表。

6.6 报名费汇寄与联系方式

一、报名费汇款地址及账号

1. 报名费缴纳范围。

(1) 参加省级赛与地区赛的作品，报名费由省级赛与地区赛组委会收取，请咨询各省级赛与地区赛组委会，或关注省级赛与地区赛组委会发布的公告。

(2) 直接在国赛平台(省自治区级赛)报名参赛的竞赛队伍，包括所在省、直辖市、自治区没有举办省级赛或大地区级赛的参赛队伍，及限定类别作品必须在国赛平台直接报名参赛的队伍，或者设有省级赛或大地区级赛但愿意直报国赛省自治区级赛平台参赛院校的作品，应向国赛组委会或国赛组委会指定的直报赛区——省自治区级赛组委会缴纳参赛报名费。具体缴纳办法报名时在报名平台公示。

2. 报名费缴纳金额。

无论通过哪个赛区参加预赛，报名费均为每件作品 100 元。报名费发票由收取单位开具和发放。具体办法由各预赛赛区制定。

3. 寄报名费时请在汇款单附言注明网上报名时分配的作品编号。例如，某校 3 件作品的报名费应汇出 300 元，同时在汇款单附言注明：“A110011，B220345，C330567”。如作品数较多附言无法写全作品编号，请分单汇出。

二、咨询信息

1. 大赛信息官网：http://www.jsjds.org。

2. 大赛报名平台：2015年3月报名期启动后在大赛官网公示。

3. 各赛区咨询信息：将于2015年3月起陆续在大赛官网发布。

4. 国赛组委会咨询信箱：booming@jsjds.org。有信必复，原则上不接受电话咨询。

6.7 参加决赛须知

1. 各决赛现场报到与决赛地点、从各赛区所在城市机场、火车站等到达决赛现场的具体线路，请于2015年5月15日后查阅大赛网站公告，同时在由承办学校寄发给决赛参赛队的决赛参赛书面通知中注明。

2. 现场决赛流程请查第7章作品评比相关内容，及关注大赛官网相关信息。

3. 本届大赛经费由主办、承办、协办和参赛单位共同筹集。大赛统一安排住宿，费用自理。

每个参加现场决赛作品需交参赛费600元。

决赛参赛队每位成员(包括队员、指导教师和领队)需交纳赛务费300元(主要用于参赛人员餐费、保险以及其他赛务开支，如场地、交通、设备、证书……)。

4. 大赛承办单位应为所有参赛人员投保正式决赛日程期间人身保险(含参赛路上保险)。

5. 住宿安排。

请于2015年5月15日后查阅大赛网站公告或决赛参赛书面通知。

6. 返程车、船、机票订购。

请于2015年5月15日后查阅大赛网站公告或决赛参赛书面通知。

7. 决赛筹备处联系方式。

请于2015年5月15日后查阅大赛网站公告或决赛参赛书面通知。

说明：其他未尽事宜及大赛相关补充说明或公告，请随时参见大赛官网的信息。

附1 2015年(第8届)中国大学生计算机设计大赛参赛作品报名表样

<table>
<tr><td colspan="2">作品编号</td><td colspan="5">(报名时由报名系统分配)</td></tr>
<tr><td colspan="2">作品分类</td><td colspan="5"></td></tr>
<tr><td colspan="2">作品名称</td><td colspan="5"></td></tr>
<tr><td colspan="2">参赛学校</td><td colspan="5"></td></tr>
<tr><td colspan="2">网站地址</td><td colspan="5">(网站类作品必填)</td></tr>
<tr><td rowspan="7">作者信息</td><td></td><td>作者一</td><td>作者二</td><td>作者三</td><td>作者四</td><td>作者五</td></tr>
<tr><td>姓名</td><td></td><td></td><td></td><td></td><td></td></tr>
<tr><td>身份证</td><td></td><td></td><td></td><td></td><td></td></tr>
<tr><td>专业</td><td></td><td></td><td></td><td></td><td></td></tr>
<tr><td>年级</td><td></td><td></td><td></td><td></td><td></td></tr>
<tr><td>信箱</td><td></td><td></td><td></td><td></td><td></td></tr>
<tr><td>电话</td><td></td><td></td><td></td><td></td><td></td></tr>
<tr><td colspan="2" rowspan="2">指导教师1</td><td>姓名</td><td></td><td>单位</td><td colspan="2"></td></tr>
<tr><td>电话</td><td></td><td>信箱</td><td colspan="2"></td></tr>
<tr><td colspan="2" rowspan="2">指导教师2</td><td>姓名</td><td></td><td>单位</td><td colspan="2"></td></tr>
<tr><td>电话</td><td></td><td>信箱</td><td colspan="2"></td></tr>
<tr><td colspan="2" rowspan="2">单位联系人</td><td>姓名</td><td></td><td>职务</td><td colspan="2"></td></tr>
<tr><td>电话</td><td></td><td>信箱</td><td colspan="2"></td></tr>
<tr><td colspan="2">共享协议</td><td colspan="5">作者同意大赛组委会将该作品列入集锦出版发行。</td></tr>
<tr><td colspan="2">学校推荐意见</td><td colspan="5">(学校公章或校教务处章)2015年　月　日</td></tr>
<tr><td colspan="2">原创声明</td><td colspan="5">我(们)声明我们的参赛作品为我(们)原创构思和使用正版软件制作,我们对参赛作品拥有完整、合法的著作权或其他相关之权利,绝无侵害他人著作权、商标权、专利权等知识产权或违反法令或其他侵害他人合法权益的情况。若因此导致任何法律纠纷,一切责任应由我们(作品提交人)自行承担。
作者签名:1. ________ 2. ________ 3. ________
4. ________ 5. ________</td></tr>
<tr><td colspan="7">作品简介</td></tr>
<tr><td colspan="7">作品安装说明</td></tr>
<tr><td colspan="7">作品效果图</td></tr>
<tr><td colspan="7">设计思路</td></tr>
<tr><td colspan="7">设计重点和难点</td></tr>
<tr><td colspan="7">指导老师自评</td></tr>
<tr><td colspan="7">其他说明</td></tr>
</table>

附 2　著作权授权声明

著作权授权声明

《　　　　　　　　　　　》为本人在“2015 年（第 8 届）中国大学生计算机设计大赛”的参赛作品，本人对其拥有完全的和独立的知识产权，本人同意中国大学生计算机设计大赛组委会将上述作品及本人撰写的相关说明文字收录到中国大学生计算机设计大赛组委会编写的大赛作品集、参赛指南（指导）或其他相关集合中，自行或委托第三方以纸介质出版物、电子出版物、网络出版物或其他形式予以出版。

授权人：________

2015 年　月　日

第 7 章　奖项设置评比与评审专家规范

7.1　奖项设置

一、个人奖项

1. 奖项等级。

大赛个人奖项设为特等奖、一等奖、二等奖、三等奖、优胜奖。

2. 奖项数量。

大赛奖项的设奖数量称为获奖基数。获奖基数由各预赛赛区根据第 5 章 5.2 节“预赛直推比例”推荐的作品总数确定。

3. 大赛个人奖项的设置比例。

(1) 一等奖占获奖基数的 5%～10%。

(2) 二等奖占获奖基数的 30%。

(3) 三等奖约获奖基数的 60%。

(4) 优胜奖不多于获奖基数的 10%。

在入围决赛作品中，特等奖视作品质量情况设置，授予国内一流水平的作品。若不具备条件，特等奖可以空缺。

特等奖不占获奖基数的名额。

4. 说明。

(1) 各级获奖作品均颁发获奖证书及奖牌，获奖证书颁发给每位作者和指导教师，奖牌只颁发给获奖单位。

(2) 大赛组委会可根据实际参加决赛的作品数量与质量，适量调整各奖项名额。

二、集体奖项

可根据参赛实际情况对参赛或承办院校设立优秀组织奖及精神文明奖。

1. 优秀组织奖授予组织参赛队成绩优秀或承办赛事等方面表现突出的院校。

2. 优秀组织奖颁发给满足以下条件之一的单位。如果某单位同时满足以下多项条件，一个竞赛年度中亦只授予一个优秀组织奖：

(1) 在本届大赛全部国赛决赛赛区累计获得 1 个或 1 个以上特等奖的单位。

(2) 在本届大赛全部国赛决赛赛区累计获得 3 个或 3 个以上一等奖的单位。

(3) 在本届大赛全部国赛决赛赛区累计获得 7 个或 7 个以上不低于二等奖(含二等奖)的单位。

(4) 在本届大赛全部国赛决赛赛区累计获得 12 个或 12 个以上不低于三等奖(含三等奖)的单位。

(5) 在本届大赛全部国赛决赛赛区累计获得不少于 16 个(含 16 个)各级奖项的单位。

(6) 顺利完成国赛赛事(含报名、评审及决赛等)的承办单位。

3. 精神文明奖经单位或个人推荐，由大赛组委会组织审核确定。

4. 优秀组织奖及精神文明奖只颁发奖牌给学校，不发证书。

7.2 评比形式

大赛赛事分为两个阶段：一是省级或相当于省级预赛(省级赛或地区赛，及其他地区的直报赛区选拔赛)，二是大赛现场决赛，称为国赛。

一、预赛推荐

各省级赛和地区赛按规定比例(参见第5章)直推入围决赛公示名单，一般可直接进入网上公示环节。但经核查不符合参赛条件的作品(包括不符合参赛主题、不按参赛要求进行报名和提交材料等)，无论何时，一经发现，均不能进入决赛。

设有省、自治区、直辖市级赛的院校，建议通过省级赛预赛途径获得推荐进入决赛。

未设省级赛和地区赛的省份作品，通过大赛组委会设立的直报赛区(省自治区级赛)进行报名、预赛，获得推荐进入决赛资格。

以下类别参赛作品，即使获得省级赛或地区赛直推资格，也需要经过国赛专家组评审后才能确定是否获得进入决赛资格：

(1) 计算机音乐创作大类(含下属全部小类)。

(2) 软件服务外包大类(含下属全部小类)。

二、国赛审核和预赛复评

1. 对于经预赛后推荐进入国赛决赛的作品，需要：

(1) 形式检查：大赛竞赛委员会赛务组对报名表格、材料、作品等进行形式检查。针对有缺陷的报名信息或作品提示参赛队在规定时间内修正。对报名分类不恰当的作品纠正其分类。

(2) 作品分组：对所有在规定时间内提交的有效参赛作品分组，并提交评审专家组进行评审。

(3) 专家评审：由大赛组委会聘请评审专家评审组，对有效参赛作品进行评审。

(4) 专家复审：大赛评比委员会针对评审专家有较大分歧意见的作品，安排更多专家进行复审。

(5) 网上公示：根据前述作品评审及复审的情况，初步确定参加决赛的作品名单，在网站上向社会公示，接受异议并对有异议的作品安排专家复审。

(6) 决赛入围作品公布与通知：公示结束后正式确定参加决赛的作品名单，在大赛网站上公布，并通知参赛院校。

2. 软件服务外包类、计算机音乐创作类作品需要由大赛组委会安排国赛专家组复评后才能进入决赛。复评阶段包括形式检查、作品分组、专家评审、网上公示、专家复审意见等环节。

三、现场决赛

现场决赛包括作品现场展示与答辩、决赛复审等环节。

入围决赛队须根据通知按时到达决赛承办单位参加现场决赛。包括作品现场展示与答辩、决赛复审等环节。

1. 参赛选手现场作品展示与答辩。

(1) 不同类别作品的作品现场展示与答辩方案可能有所不同，参见各大类组在大赛官网发布的具体决赛评比方案。

(2) 没有特别发布具体决赛评比办法的赛区，现场展示及说明时间不超过 10 分钟，答辩时间不超过 10 分钟。在答辩时需要向评比专家组说明作品创意与设计方案、作品实现技术、作品特色等内容。同时，需要回答评比专家(下面简称评委)的现场提问。评委综合各方面因素，确定作品答辩成绩。在作品评定过程中评委应本着独立工作的原则，根据决赛评分标准，独立给出作品答辩成绩。

(3) 没有选手参加现场答辩的作品，视为自动放弃，不颁发任何奖项。

2. 决赛复审。

答辩成绩分类排名后，根据大赛奖项设置名额比例，初步确定各作品奖项的等级。其中各类特、一、二等奖的候选作品，还需经过各评选专家组组长参加的复审会后，才能确定其最终所获奖项级别。必要时，可通知参赛学生参加复审的答辩或说明。

3. 作品展示与交流。

在决赛阶段，大赛组委会将组织优秀作品的交流及展示，由全体参赛师生参加，评委点评。

4. 获奖作品公示。

对获奖作品进行公示，接受社会的最后监督。

7.3 评比规则

大赛评比的原则是公开、公平、公正。

一、评奖办法

1. 大赛组委会根据各竞赛委员会建议，从通过评比委员会资格认定的专家库中聘请专家组成本届赛事评委会。按照比赛内容分小组进行评审。评审组将按统一标准从合格的报名作品中评选出相应奖项的获奖作品。

2. 大赛所有评委均不得参与本校作品的评比活动。

3. 对违反大赛章程的参赛队，无论何时，一经发现，视违规程度将对参赛院校进行处罚，包括警告、通报批评、取消参赛资格、获得的成绩无效。

4. 对违反参赛作品评比和评奖工作规定的评奖结果，无论何时，一经发现，大赛组委会不予承认。

二、作品评审办法与评审原则

因大赛所设类组涉及面较为广泛，不同类组可能涉及不同的评审方案。请参赛队关注大赛官网，了解相关类组参赛作品的具体评审办法。

各省级赛和大地区赛的评审办法由各赛区参考国赛规程自行确定，但原则上不得与国赛竞赛规程相矛盾。

对于没有单独确定评审办法的类组，一般采用本节所述评审方法。

考虑到不同评委的评分基准存在的差异、同类作品不同评审组间的横向比较等因素，初评阶段和决赛阶段的通用评审办法分别如下。

1. 初评阶段。

(1) 每件作品初始安排 3 名评委进行评审，每名评委依据评审原则给出对作品的评价值(分别为：强烈推荐、推荐、不推荐)，不同评价值对应不同得分。具体分值如下：

强烈推荐，计 2 分。

推荐，计 1 分。

不推荐，计 0 分。

(2) 合计 3 名评委的评价分，根据其值的不同分别处理如下：

① 如果该件作品初评得分值不低于 3 分(含 3 分)，则进入决赛。

② 如果该件作品初评得分为 2 分，则由初评阶段的复审专家小组复审作品，确定该作品是否进入决赛。

③ 如果该件作品初评得分为 1 分，则由大赛组委会根据已经确定能够入围决赛的作品数量来决定是否安排复评。如果不安排复评，则该作品在初评阶段被淘汰，不能进入决赛。如果安排复评，则由初评阶段的复审专家小组复审作品，确定该作品是否进入决赛。

2. 决赛答辩阶段。

(1) 决赛答辩时，每个评审组的评委依据评审原则及评分细则分别对该组作品打分，然后从优到劣排序，序值从小到大(1、2、3……)且唯一、连续(评委序值)。

(2) 每组全部作品的全部专家序值分别累计，从小到大排序，评委序值累计相等的作品由评审组的全部评委核定其顺序，最后得出该组全部作品的唯一、连续序值(小组序)。

① 如果某类全部作品在同一组内进行答辩评审，则该组作品按奖项比例、按作品小组序拟定各作品的奖项等级，报复审专家组核定。

② 如果某类作品分布在多个组内进行答辩评审，由各组将作品的小组序上报复审专家组，由复审专家组按序选取各组作品进行横向比较，核定各作品奖项初步等级。

③ 在复审专家组核定各作品等级的过程中，可能会要求作者再次进行演示和答辩。

(3) 复审专家组核定各作品等级后，报大赛组委会批准。

3. 作品评审原则。

(1) 初评和决赛阶段，评委根据以下原则评审作品：

软件开发：运行流畅、整体协调、开发规范、创意新颖。

媒体设计：主题突出、创意新颖、技术先进、表现独特。

音乐创作：主题生动、声音干净、结构完整、音乐流畅。

(2) 决赛答辩阶段，还要求作品介绍明确清晰、演示流畅不出错、答辩正确简要、不超时。

7.4 评审专家组及专家规范

公开、公平、公正(简称“三公”)是任何一场竞赛取信于参与者、取信于社会的生命线。评审专家是“三公”的实施者，是公权力的代表，在赛事评审中应该体现出应有的风范和权威。有着一支合格的评审团队是任何一个赛事成功的基本保证。

一、评审专家组条件

1. 评审专家组由不少于 5 名评审专家组成，其中一名为组长。

2. 评审专家组组长原则上由具有评审经验的教授(或相当于教授职称)的专家担任，也可由具有评审经验的“211 工程”大学(含教育部直属高校)的副教授(或相当于副教授职称)的专家担任。

评审专家组组长由评比委员会聘任。

3. 一个评审专家组中原则上具有不低于副教授(或相当于副教授职称)专家的比例不小于60%。

4. 评审专家组由不同年龄段、不同专长方向的专家组成。

一般来说,年长的教师比较适合把握作品总体方向、结构、思路以及符合社会需求。中年教师比较适合把握作品紧跟产业发展需求,注重作品的原创性,是否是已有科研课题、项目的移用。青年教师比较适合把握技术应用的先进性,及核对作品确实是学生自己制作。

二、评审专家条件

1. 具有秉公办事的人格品质。

2. 具有评审所需要的专业知识。

3. 具有不低于副教授(或相当于副教授)的职称,或者在省属重点以上(含省属重点)本科高校工作不少于3年一线教学经验具有博士学历学位的教师,或者在省属重点以上(含省属重点)本科高校工作不少于10年一线教学经验的讲师,或者根据需要具有高级职称企事业单位的技术专家。

三、评审专家聘请

评审专家聘请程序:

1. 本人向大赛评比委员会提出申请,或经他人向大赛评比委员会介绍。

2. 大赛评比委员会向大赛组委会推荐。

3. 经大赛组委会批准聘用,并颁发评审专家聘书。

四、评审专家职责

评审专家必须做到:

1. 坦荡无私,用好公权力,公平、公正对待每一件参赛作品。不为某个作品的评分进行游说。

2. 尊重每一所参赛院校,一视同仁对待名校与地方院校。

3. 尊重每一位参赛选手与每一位参赛指导教师。

4. 全程参加评比,在规定时间内报到,包括专家培训会议,作品评比,直到参加获奖作品展示、点评,以及颁奖仪式。

5. 认真参加评比,现场评比期间,不得接听手机及做与评比无关的事。

五、评审专家违规处理

对违规评审专家,视情节分别作相应的处理:

1. 及时提醒警示。

2. 解除其本届评审专家聘任,并且三年内不再聘请。

3. 其他有助于专家规范操作的处理措施。

第 8 章　2014 年获奖名单与获奖作品选登

8.1　2014 年（第 7 届）中国大学生计算机设计大赛优秀组织奖获奖名单

颁奖场次	获奖院校	颁奖场次	获奖院校	颁奖场次	获奖院校
第 1 场沈阳	中国人民大学	第 2 场沈阳	怀化学院	第 4 场杭州	西安电子科技大学
第 1 场沈阳	东北大学	第 2 场沈阳	辽宁工业大学	第 4 场杭州	大连民族学院
第 1 场沈阳	北京大学	第 2 场沈阳	深圳大学	第 5 场郑州	山东科技职业学院
第 1 场沈阳	北京语言大学	第 2 场沈阳	沈阳工学院	第 5 场郑州	德州学院（高职）
第 1 场沈阳	第二军医大学	第 2 场沈阳	沈阳建筑大学	第 5 场郑州	中州大学
第 2 场沈阳	北京科技大学	第 2 场沈阳	沈阳师范大学	第 5 场郑州	马鞍山师范高等专科学校
第 2 场沈阳	大连东软信息学院	第 2 场沈阳	武汉理工大学	第 5 场郑州	桂林电子科技大学职业技术学院
第 2 场沈阳	德州学院（本科）	第 3 场宁波	宁波大学	第 5 场郑州	广东农工商职业技术学院
第 2 场沈阳	广西师范大学	第 3 场宁波	安徽大学	第 5 场郑州	合肥财经职业学院
第 2 场沈阳	韩山师范学院	第 3 场宁波	辽宁科技学院	第 5 场郑州	绵阳职业技术学院
第 2 场沈阳	湖南大学	第 3 场宁波	曲靖师范学院	第 6 场福州	福建农林大学
第 2 场沈阳	华侨大学	第 3 场宁波	天津师范大学		
第 2 场沈阳	华中师范大学	第 3 场宁波	西北民族大学		

注：如果某单位多次满足获奖条件，亦只授予一次优秀组织奖。

8.2　2014年(第7届)中国大学生计算机设计大赛作品获奖名单

注：按“奖项＋作品编号”排序。

奖项	作品编号	大类(组)	作品名称	参赛学校	作者	指导教师
1	10017	微课与课件	怎样安装一台无线路由器	北京体育大学	黄京智、张铁君、韩烨	徐明明
1	10018	数媒设计民族文化组	魅力佛刹　梦幻古德	武汉理工大学	胡月、曹龙辉、刘畅	方兴、李宁
1	10056	软件应用与开发	泰州救助站志愿者服务平台	泰州职业技术学院	居宽喜、崔康意	蔡伯峰、汪锦洲
1	10068	计算机音乐	日落北京16时59分	中国传媒大学	曹雨濛	王铉
1	10106	软件应用与开发	E世界——Elf Art World	华中科技大学	周琦、王越、黄地	王朝霞
1	10230	软件应用与开发	数据手套设计及其虚拟实现	河海大学	岳胜涛、平艺、严祥光	张雪洁
1	10306	数媒设计专业组	蒲公英的生命之旅	南开大学滨海学院	张竣捷	吴晓迪
1	10372	数媒设计普通组	我 —— 一个90后生命个体的自述	怀化学院	彭倩、陈珊珊	李晓梅
1	10475	微课与课件	初中力学仿真实验室	南通大学	王丹、袁潇、孙美	杨晓新、蔡琦
1	10676	软件服务与外包	餐饮手持设备点餐系统 ICSS-MOS	天津师范大学	杨秉书、陈慧娉、孟春阳、张桐、王英姿	程勇、赵川
1	10737	软件应用与开发	餐必达在线点餐系统	惠州学院	蔡荣达、凌皓、胡雪雯	赵义霞、刘利
1	10743	软件服务与外包	WeYes・微信服务平台	南京航空航天大学	曲健、霍雨浩、谭佳雨、侯朋伟	张跃
1	10758	数媒设计普通组	生命故事	中国政法大学	黎俊志、钟静瑶、于姣	王立梅、宗恒
1	10921	数媒设计专业组	生命放映室	武汉理工大学	陈瀚文、陈劼珉、刘胤	周艳、毛薇
1	11095	数媒设计普通组	Germ	北京大学	成羽丰、何方、金文钊	盖孟
1	11350	软件服务与外包	中英涉华网络新闻热点分析系统	广东外语外贸大学	郑景耀、陈宏佳、姚昌宇、卢子晖	李霞
1	11373	数媒设计专业组	水滴大冒险	广东农工商职业技术学院	李思、方奕昀、蔡彬斌	江岸、张鹏飞

续表

奖项	作品编号	大类(组)	作品名称	参赛学校	作者	指导教师
1	11386	软件应用与开发	infoshare 北京高校信息交流平台	北京外国语大学	张妍、陈玉吉、张馨尹	梁野
1	11498	数媒设计普通组	New Door 手语翻译通	华中师范大学	倪丹、毕崇武、董琳	刘华咏
1	11505	数媒设计民族文化组	苍都城脉——北京民族传统建筑	北京大学	徐浩川	龙晓苑
1	11602	数媒设计普通组	生命的三维	华侨大学	陈焯浩、陈栋杰、孙灿冰	郑光
1	11608	数媒设计专业组	生命！这场电影	华侨大学	陈拳、丁候文、郭福眼	宋益国
1	11627	微课与课件	卵子黑市	北京体育大学	侯昭然、朱镕鑫、冉博文	赵岩
1	11640	数媒设计民族文化组	剪纸屋	武汉理工大学	刘峰、徐文鑫、解洋	吴旭敏、钟钰
1	11703	数媒设计专业组	百年树人	上海第二工业大学	周维康、王铭阳、耿双双	施红、郑磊
1	11740	数媒设计民族文化组	剪之韵	中国政法大学	伍松、田泽文、董柯	郭梅、王立梅
1	11766	软件应用与开发	基于 Android 平台的潮语输入法	韩山师范学院	林任樟、方毅超	林清滢
1	11801	软件应用与开发	北科二手网	北京科技大学	陈乃新、张信诗、王硕	黄晓璐
1	11993	数媒设计专业组	NO KILLING	广州大学华软软件学院	刘汀兰	张欣
1	12025	数媒设计专业组	明志日记-生命的磨砺	盐城师范学院	周思羽	董健、丁向民
1	12289	数媒设计普通组	火 · 源	中国药科大学	王马洁、封婷、朱迪	杨帆、赵贵清
1	12292	数媒设计专业组	星星	武汉理工大学	左宇轩、易笑天、张嘉熙	周艳、毛薇
1	12405	微课与课件	小壁虎借尾巴	中华女子学院	郑艳萍、彭馨、叶恬湉	刘开南、刘冬懿
1	12485	数媒设计普通组	脑年龄测试 Brain Age	北京科技大学	沈雯婷、李丹阳、余致辰	张敏
1	12491	软件应用与开发	古居风韵	武汉理工大学	肖源、胡艺、庞文锵	王舜燕
1	12497	数媒设计民族文化组	追“傩”	北京工业大学	戚乐、金国志	吴伟和
1	12533	数媒设计民族文化组	节气娃娃	浙江农林大学天目学院	莫晓艺、柳涛	方善用、黄慧君

续表

奖项	作品编号	大类(组)	作品名称	参赛学校	作者	指导教师
1	12552	数媒设计民族文化组	基于体感交互技术的编钟虚拟演奏系统的设计与开发	华中师范大学	张必兰、胡丹、李嘉琪	陈加、翟晓贞
1	12573	微课与课件	“数据结构”课件——最小生成树	定西师范高等专科学校	章志俊、白涵冰、赵仕明	文银娟、冯月华
1	12600	数媒设计专业组	父与子	华中师范大学	张雪野、王幸丹、周胜男	赵肖雄
1	12622	软件应用与开发	无限课程	山西财经大学	全力、候丽娟、赵雅娟	肖宁、王昌
1	12675	数媒设计专业组	关爱生命远离雾霾系列公益海报	北京服装学院	王慧娇、潘盈睿、罗力菠	李四达
1	12776	计算机音乐	编曲《夜空中最亮的星》	上海师范大学	陈皓	赵晶、彭程
1	12806	软件应用与开发	时光笔记网	浙江传媒学院	王彦舜、刘威、南栋成	俞承杭、张针铭
1	12922	软件服务与外包	基于 Kinect 的汉语字词生成游戏	北京语言大学	李维宇、白晓云、刘冰雁、薛文环	张习文
1	12932	数媒设计普通组	探寻生命的真谛	浙江科技学院	杨栎颖、邵佳柯	刘省权、雷运发
1	12974	数媒设计专业组	旅途	广西师范大学	陈羽洁、肖霓	朱艺华、吴娟
1	12988	数媒设计普通组	三眼土洞箫·生命的呼唤	云南财经大学	马骊孀、邓玲会、余晓潇	王良、兰婕
1	13137	软件应用与开发	一种电网谐波相位高精度测量算法	昆明理工大学	黄青青、杨帆	吴涛
1	13149	数媒设计专业组	轨迹	华中师范大学	苗辉、李盈、肖玲	庄黎
1	13198	数媒设计普通组	生命之井	云南财经大学	楚莹莹、王雯茜、欧阳雅莉	王良、兰婕
1	13206	数媒设计普通组	生命之极(The peak of life)	曲靖师范学院	于东锐	包娜、孔德剑
1	13215	软件应用与开发	雾霾信息网	广西师范大学	朱丽宇、甘耀昌、张钧琦	孙涛、刘金露
1	13301	计算机音乐	Fragment of Iliad	四川音乐学院	王立川	杨万钧、胡晓
1	13359	软件应用与开发	学校周边外卖系统	浙江海洋学院东海科学技术学院	马昆昆、朱福建	周斌
1	13470	数媒设计专业组	纸面人生	中南民族大学	张琪、张毅豪、罗梦琪	孙悦

续表

奖项	作品编号	大类(组)	作品名称	参赛学校	作者	指导教师
1	13538	数媒设计专业组	生命轨迹	广西师范大学	曹贝贝	徐晨帆、杨家明
1	13575	数媒设计专业组	LIFE+保护动物公益宣传安卓应用	华中师范大学	刘宝红、王清、许琼文	艾欢
1	13627	数媒设计普通组	Someday I'll Fly	华侨大学	谢思宗、何嘉涛、张志成	彭淑娟、柳欣
1	13768	数媒设计民族文化组	市景南塘	宁波大学科学技术学院	林伊然、杨梦霞、祝凌虹	楼文青
1	13770	微课与课件	笔记本硬件基础	湖南大学	周倚文、余心悦、沈巧玲	陈娟、吴蓉晖
1	13796	数媒设计专业组	源	广西师范大学	张伊凡、黄琼萱	李露
1	14046	软件应用与开发	基于云平台的教学资源共享平台	大连东软信息学院	刘日	付丽梅、周绍斌
1	14098	软件服务与外包	“停易找”停车管理系统	杭州师范大学	谢李敏、虞璐、赵陆云、林杨能、张贵广	陈翔
1	14137	微课与课件	TALK ABOUT PPT	湖南大学	周依帆、朱雯文	周虎
1	14318	微课与课件	有趣的视觉暂留	浙江师范大学	陈建、余芳、李佳琳	梁萍儿、黄立新
1	14418	软件应用与开发	虚拟迈克尔逊干涉仪测量 He-Ne 激光波长	哈尔滨理工大学	韩莫、王志东、靳策	张艳鹏
1	14427	微课与课件	幼儿园语言教学课件	大庆师范学院	董培育、孙世恩、黄永晶	赵秀华、胡海洋
1	14430	数媒设计专业组	绿色的生命	哈尔滨信息工程学院	赵健、袁雪莲、张永胜	李莹
1	14435	软件应用与开发	Cena +程序设计竞赛控制系统	齐齐哈尔大学	郑逸笙	张剑飞
1	14472	数媒设计民族文化组	中国传统造纸术	绵阳职业技术学院	庄晓钰、杜倩	李敏
1	14548	软件应用与开发	养老院的远程呼叫与报警系统	重庆三峡学院	张凌波、吕文涛	蒋万君
1	14590	软件应用与开发	魔方阵的动态排列和验证	新疆师范大学	热麦提江·艾则孜、阿力木·阿木提	马致明
1	14670	数媒设计专业组	一盆花	塔里木大学	谢仁·图尔贡、夏依旦·塔什买买特、巴合提别克	王中伟

续表

奖项	作品编号	大类(组)	作品名称	参赛学校	作者	指导教师
1	14696	软件应用与开发	伊卡通	华东理工大学	戴新宇、郝诗源	胡庆春
1	14700	软件应用与开发	基于 O2O 的 flyeat 电子商务网站	中国民用航空飞行学院	黄礼文、邱唯一、贾鑫磊	路晶、黄海洋
1	14708	软件应用与开发	高校生活模拟软件——电院“星”学记	上海电力学院	沈庆阳、张建、章海文	杜海舟、叶文珺
1	14726	计算机音乐	醉翁之意	武汉音乐学院	高航	冯坚
1	14741	软件应用与开发	InShufe 校园社区	上海财经大学	王君吉、柯鸿鹏、边敬云	黄海量
1	14762	软件应用与开发	知了网	吉林大学	张昊知、张晗、张永涛	徐昊、邹密
1	14769	软件应用与开发	电子商务 O2O 校园物流方案设计与实现	上海商学院	高磊、赵耘涛、吴晟晖	蒋博、胡巧多
1	14776	软件应用与开发	PDF 文献的科研新思维	第二军医大学	袁凯、张劲柏、张伟信	张乐平
1	14808	微课与课件	影视广告的制作流程	北华大学	范纹诚、李佳音、张佳萌	葛涵、谢建
1	14810	微课与课件	STROKE 拯救中风	第二军医大学	陆柏辰、张汝金、徐铮昊	郑奋
1	14863	数媒设计专业组	生命,未知的重逢	宿州职业技术学院	储丹、吴泽亚	魏三强
1	14865	软件应用与开发	iSufe 上财资讯	上海财经大学	金成、刘明依、丁羽	韩冬梅
1	14868	数媒设计普通组	家庭生命周期手册	重庆文理学院	刘木彬、李佳敏	殷娇
1	14893	微课与课件	系杆拱桥施工原理	同济大学	薛炳晟、蒋蕴涵、吴云清	王颖
1	14920	微课与课件	计算机组成与维护微课	河北金融学院	张瑜、魏畅、聂佳	苗志刚、曹莹
1	14985	数媒设计普通组	Colorful	安徽大学	陈岱、董佳瑜、杨振飞	杨勇
1	15077	软件应用与开发	三位一体信息化社团建设套件	沈阳工业大学	林星辰	杨威
1	15083	数媒设计民族文化组	“东巴文”卡通工艺品设计	大连东软信息学院	李芝仪、刘学阳	宋书魁
1	15126	微课与课件	高层建筑之框筒结构施工与案例分析	同济大学	王禹椋、马修远、孟欣阳	王颖
1	15138	微课与课件	汉字文化	辽宁师范大学	刘双平、刘蕾、刘畅	刘陶

续表

奖项	作品编号	大类(组)	作品名称	参赛学校	作者	指导教师
1	15140	数媒设计普通组	护生画集	上海海关学院	郑国庆、马成、徐海强	曹晓洁、胡志萍
1	15171	软件应用与开发	失物招领	河南理工大学	张燚、张焱森、许旭东	王建芳
1	15174	数媒设计普通组	超级导盲犬	河南理工大学	王冲冲、尤明明、张青松	王建芳
1	15179	数媒设计专业组	成全	济源职业技术学院	王亚鹏、郭亚楠、李想	郭飞燕、李丽
1	15197	数媒设计专业组	梦一场	大连东软信息学院	张大伟、郭禹男	李婷婷、冯赫
1	15228	数媒设计专业组	生命之殇・雾霾实记	东北大学	刘洋、赵昕、刘卓然	霍楷
1	15249	数媒设计普通组	雾霾之险象环生	合肥财经职业学院	吴强、吴斌、刘鹏	刘敏、胡育林
1	15325	数媒设计专业组	生命如诗	安阳师范学院	王亚丽、吴晓娟、张晓华	陈敏、李敏
1	15340	数媒设计民族文化组	有形，无形？	安阳师范学院	翟霖峰、李星、汪强	陈敏、金显华
1	15364	软件应用与开发	哆哆联盟——生活服务平台	大连东软信息学院	孙亚鹏、崔祥宇、张新宜	张娜
1	15384	数媒设计民族文化组	行走在黎村	海南大学	聂祖朋、瞿小龙、胡廷勇	邓晰
1	15398	数媒设计民族文化组	建筑・韵脚诗	后勤工程学院	张超、刘奕、胡亚锟	敬晓愚
1	15415	软件应用与开发	多粒度书法图像标注及检索	上海海事大学	张融清、魏国豪、金远哲	章夏芬
1	15420	软件应用与开发	城镇化网格管理系统	中国人民解放军信息工程大学	朱兆梁、杨雪峰、王志芮	吴善明
1	15453	数媒设计普通组	在 Ta 眼中	中国人民解放军信息工程大学	袁一楠	刘诚
1	15471	软件应用与开发	国土资源空间数据分析审查系统设计与开发	沈阳建筑大学	徐宏云、张艳霞、王豪	毕天平、任家强
1	15524	数媒设计民族文化组	民族之星	辽宁工业大学	邢雅军、吴蕾、蔡欣雨	王小丽
1	15535	数媒设计专业组	季・语	辽宁工业大学	王丽平、罗婷、訾叶	杨晨

续表

奖项	作品编号	大类(组)	作品名称	参赛学校	作者	指导教师
1	15541	数媒设计普通组	生命在于运动	沈阳师范大学	孙赫孜、吴凡	杨亮、刘立群
1	15585	数媒设计民族文化组	篆之韵	重庆电子工程职业学院	宋秋霞、朱围、杨瑾	任航璎、刘明
1	15589	软件应用与开发	基于 Android 的 e 健康主题实验平台	辽宁工程技术大学	李璐、张爽	陈万志
1	15595	数媒设计民族文化组	水墨徽州	马鞍山师范高等专科学校	康林希、王珊、詹同保	马宗禹、高婷
1	15633	数媒设计普通组	生命-轮回	大连工业大学	诺敏	王美航、康丽
1	15644	数媒设计民族文化组	族魅·字美	辽宁工业大学	陈凌霄、何苗、蒋蓓蓓	杨帆
1	15647	软件应用与开发	家政公司管理系统	中州大学	杨凯乐、周浩奇、杜会玲	马芳、张建平
1	15668	微课与课件	数据结构的二叉树遍历(英文)	沈阳药科大学	黎秋媛、谢雨晴	梁建坤
1	15679	软件应用与开发	健康档案管理系统	第二军医大学	王博纬、赵林、高振宇	郑奋
1	15692	软件应用与开发	青柠校园	成都信息工程学院	余猛、李胜蓝、李赟	何嘉
1	15700	数媒设计普通组	The endless life	吉林财经大学	吴思彤、严成昊、肖茜	李艳东、郭淑馨
1	15743	数媒设计普通组	材料之生命颂歌	华东理工大学	邓顺书	叶元卯
1	15758	数媒设计普通组	我用生命记单词	西安电子科技大学	吴冠岑、孙明丽、曹一聪	李隐峰
1	15772	数媒设计专业组	魂	西北大学	任天晓	温雅
1	15781	数媒设计民族文化组	努尔哈赤和沈阳故宫——增强现实技术在科普文化中的探索设计	东北大学	蒲佳宁、郑凌腾、关斯琪	喻春阳
1	15821	数媒设计专业组	暮色	天津师范大学	马轲夫、白龙飞	蒋克岩、沈葳
1	15829	数媒设计专业组	雨沐新荷	德州学院	栗新、王桢、史新燕	李文峰、游雨欣
1	15835	软件服务与外包	智能德院	德州学院	郭瑞凯、王玉锋、丁浩	王洪丰、李丽
1	15850	数媒设计民族文化组	陶魂墨韵	德州学院	辛凯、俞昌宗、李莹	杨蕾、黄雯

续表

奖项	作品编号	大类(组)	作品名称	参赛学校	作者	指导教师
1	15862	数媒设计普通组	山东科技职业学院	山东科技职业学院	魏科	徐滋程
1	15959	数媒设计专业组	艺剪裁梦	天津师范大学	岳越、米世彬	孙蕾
1	16033	数媒设计专业组	遏制生命	山东科技职业学院	潘虹臻	王萃
1	16044	软件服务与外包	餐饮手持设备点餐系统	沈阳师范大学	王鑫、富豪、石平飞、王桓、王艺亭	白喆、潘伟
1	16067	软件服务与外包	餐饮手持设备点餐系统 ICSS-MOS	大连东软信息学院	寇可、王璟煊、刘杨涛、邓潇	孙风栋、王澜
1	16076	软件服务与外包	安卓 WiFi 安全助手	西安电子科技大学	程进、夏明飞、李大伟、孙雅倩	李隐峰
1	16121	软件服务与外包	Personal University 手机校园系统	杭州师范大学	胡博、王嘉焕、闻铭、顾杭林、吴湖青	徐舒畅
1	16151	动漫游戏创意	Run Rat Run	华侨大学	谢思宗、张志成、何嘉涛	彭淑娟、柳欣
1	16232	动漫游戏创意	濒临海洋动物设计	大连东软信息学院	侯喆、刘馨忆、王跃霖	宋书魁
1	16270	动漫游戏创意	生命的韵律	东北大学	刘洋、刘晴、赵昕	霍楷
1	16323	动漫游戏创意	脑力运动会之兔子快跑	深圳大学	荆可、刘飞英、石昂、彭仲凯、张猛	曹晓明、胡世清
2	10048	数媒设计普通组	The Cup of Life	南京财经大学	曹小波、魏颜平	马福民
2	10075	软件应用与开发	投票中心	江西师范大学	李俊诚、陈泽西、方光欢	罗芬、倪海英
2	10091	微课与课件	认识和使用搜索引擎	扬州大学	许怀芝、周莹、陈小芳	张浩、赵志靖
2	10099	软件应用与开发	“摄像技艺教程”网站	赣南师范学院	石晓芬、余龙九、吉登检	戴云武、陈舒娅
2	10100	数媒设计民族文化组	指尖上的中国	南开大学	李平	高裴裴
2	10240	软件应用与开发	基于 C4.5 算法的 Hadoop 云计算平台购物意愿数据分析	辽宁工业大学	刘一博、杨越、张凯	褚治广、李昕
2	10242	软件服务与外包	基于 Hive 的 Hadoop 平台的任务调度系统	辽宁工业大学	刘一博、王恩博、杨越、聂正平、李晓	赵颖、褚治广

续表

奖项	作品编号	大类(组)	作品名称	参赛学校	作者	指导教师
2	10249	数媒设计民族文化组	华裳	东南大学	李苓源、林羽从	鹿婷、陈伟
2	10262	软件应用与开发	空气质量预测及其主要污染因素定量分析软件	中国人民解放军信息工程大学	李怡之昊、田雷、刘树浩	廖鹰
2	10292	数媒设计专业组	纸途	九江学院	邱丽君、杨洋、马友来	张亚珍、殷明芳
2	10312	软件服务与外包	让电路板飞	武汉商学院	张忠文、秦靖宇、尤樊容	亓相涛
2	10375	软件服务与外包	手机远程控制多媒体系统	广东白云学院	谢志荣、夏圣州、马洁亮、陈楠丰、钟尉毓	单家凌
2	10399	软件服务与外包	Android 水印嵌入式相机	辽宁师范大学	姚依欢、李培瑜、尚闯	张大为、王大鹏
2	10423	数媒设计普通组	超级马里奥之生命与诱惑	南京师范大学	钱品竹、冯靖、周韬玉	杨俊、郑爱彬
2	10432	软件应用与开发	MapCharts——地图数据可视化网站	南京师范大学	周齐飞、郑单艳、周颖	杨俊、郑爱彬
2	10440	数媒设计专业组	生命就是每一个生命	南开大学滨海学院	陆宏毅	史广顺
2	10463	数媒设计专业组	生命的救赎	南京师范大学	郑景锋、耿二娇、李沁	杨俊、郑爱彬
2	10486	数媒设计普通组	珍爱生命・健康生活	广东白云学院	林家峰、邹景永	单家凌
2	10487	数媒设计普通组	花绽金陵——导游式移动终端	南京师范大学	卜艳玲、孔颖、庞浩宇	杨俊、郑爱彬
2	10490	软件服务与外包	基于 Kinect 设备的人体姿态识别的超级玛丽游戏	南京航空航天大学	黄鑫、陈裕皓、茅铸峰	邹春然
2	10493	数媒设计普通组	电子杂志	天津农学院	梁娜、刘宇琪	赵平、赵光煜
2	10515	软件服务与外包	体感幻影——戴眼镜的蓝猴	江西师范大学	糜琴、盛秀灵、万妍、彭伟文、吴扬飞	王懿清、柯胜男
2	10522	数媒设计专业组	生命的绽放	韩山师范学院	彭颖	薛胜兰
2	10534	数媒设计民族文化组	土家清风	长江大学文理学院	吕浩、车远南、胡哲	陈亮
2	10553	软件应用与开发	赣南脐橙质量安全溯源平台	赣南师范学院	杨小路、曾慧芳、黄爱琳	朱赟、钟琦

续表

奖项	作品编号	大类(组)	作品名称	参赛学校	作者	指导教师
2	10572	微课与课件	计算机专业英语词汇交互学习软件	桂林电子科技大学	黄千惠、晏瑞苹、胡韵	王冲、王玥
2	10625	数媒设计民族文化组	与子同袍	江西师范大学	王若鹏、罗玲	王萍、廖云燕
2	10627	微课与课件	“摄影·人生”Authorware 多媒体课件	深圳大学	黄韵豪、陈晓薇	叶成林、胡世清
2	10649	微课与课件	手语课堂	天津师范大学	刘雨虹	芦丽萍
2	10653	软件应用与开发	基于移动终端的化学虚拟实验室	韩山师范学院	蔡吉龙	郑耿忠、黄旭鹏
2	10663	微课与课件	守株待兔	韩山师范学院	张凯纯	江玉珍
2	10668	计算机音乐	雨林畅想	中国传媒大学	刘晓月	王铉
2	10703	数媒设计普通组	末日之战	天津师范大学	常志鹤、郝林炜、陈梦梦	赵川
2	10734	数媒设计民族文化组	刀尖上游走的精灵	深圳大学	骆嘉琪、朴丽婧、钟芳芳	田少煦、黄晓东
2	10773	软件应用与开发	香水主题网站	武汉软件工程职业学院	胡田、石利香、万元元	汪晓青、许莉
2	10797	数媒设计普通组	千里寻人	江西师范大学	刘倩影、丁伟、罗语昕	刘清华、熊小勇
2	10804	微课与课件	人体经络穴位趣味学习系统	江西中医药大学	卓嘉宾、曾青霞、陈晔	熊旺平、周娴
2	10820	数媒设计民族文化组	许驸马府之三维虚拟	韩山师范学院	刘晓敏、潘志莲、朱楚香	黄伟、朱映辉
2	10825	微课与课件	WK0404——Internet 应用	中国人民解放军军事交通学院	高原、陈科霖、胡睿	张国庆
2	10874	计算机音乐	当你老了	韩山师范学院	吴俊	郑耿忠、陈韶铎
2	10895	软件应用与开发	飞行计划与 FPV 引导	中国民航大学	高效奕	庆峰
2	10898	软件应用与开发	机甲帝国——C++智能体编程争霸赛系统	东南大学	邵帅、文轶、郭耿瑞	陈伟、李美军
2	10935	软件服务与外包	基于 ZigBee 的智能猫眼系统	东南大学	徐湘、蓝翔、张睿	张三峰、陈伟
2	10950	微课与课件	文档格式化处理	武警后勤学院	马祥洲、吴赛君	孙纳新、杨依依

续表

奖项	作品编号	大类(组)	作品名称	参赛学校	作者	指导教师
2	10955	软件应用与开发	江苏财院心理健康咨询中心	江苏财经职业技术学院	张娇、季珊	李建、傅伟
2	11009	数媒设计专业组	为生命标价	西北民族大学	李皓杰、沈韩成、徐梦娇	陈强
2	11038	数媒设计民族文化组	满清服饰	天津大学仁爱学院	张智帆、徐浩月、严宇阳	冉娟、张自华
2	11074	软件应用与开发	计算机专业英语个性化评测系统	广东外语外贸大学	刘新月、陈映秀、姚星辉	柯晓华
2	11098	软件应用与开发	食锦中华	北京语言大学	李金峰、刘宇、晋赞霞	李吉梅
2	11103	软件应用与开发	图形计算器	南开大学	冯木榉	刘哲理
2	11111	数媒设计普通组	守护生命　全民反恐	武警后勤学院	阮雪、孙云佳	孙纳新、杨依依
2	11135	软件应用与开发	立体移动投射课堂	湖南大学	吕志远、孙标标、曾媛	周虎、谢晓艳
2	11139	数媒设计民族文化组	汉唐文化村	天津工业大学	孙亚运、张强、李行	冯芬君、王维
2	11153	数媒设计普通组	排号快手	天津大学仁爱学院	麦志坤、马舒婕、王刚	李敬辉
2	11154	软件应用与开发	幻光炫影	天津工业大学	王斌、李云婧	王信、张古
2	11189	软件应用与开发	cosBook	东南大学	董翔	丁彧、陈伟
2	11243	数媒设计普通组	SAVE MARINE LIFE	东南大学	吴姝悦、邓翎	鹿婷、陈伟
2	11254	数媒设计专业组	生命档案 Life files 社会问题招贴	扬州大学	杨灵、赵钰、张弛	王勇
2	11268	数媒设计专业组	人生于道，笔墨朝霞	西北民族大学	郑煌勇、陈宿瀚、马晓慧	张辉刚、宁珂
2	11336	软件应用与开发	PM2.5 环保部落	北京信息科技大学	刘通、尹发、汪鑫	王晓波
2	11347	数媒设计民族文化组	汉服	广东青年职业学院	方玉婉、练洁美	谢志妮、黄培泉
2	11366	软件应用与开发	信号与系统仿真实验平台 V1.0	兰州理工大学	于建秀、吴柏楠、马岚	蔺莹、何继爱
2	11367	数媒设计专业组	城市英雄	广东农工商职业技术学院	余佳茵、杜璞、林伟杰	江岸、李东睿
2	11374	数媒设计专业组	仰望生命的态度	西北民族大学	郭雨、孙凯强、林戴维	张辉刚、宁珂

续表

奖项	作品编号	大类(组)	作品名称	参赛学校	作者	指导教师
2	11376	数媒设计普通组	掠夺	广东外语外贸大学	刘力嘉、吴旭伟、王丰宇	陈仕鸿、刘丽玉
2	11385	计算机音乐	幻真	中国传媒大学	杨宇航	王铉
2	11441	软件应用与开发	Panda	云南大学	刘晓鑫、李浩、李辉明	武浩
2	11447	微课与课件	行为主义学习观之巴甫洛夫的经典条件作用	兰州大学	丁新臻、陈乐双	李娟、高若宇
2	11453	数媒设计普通组	聆听	昆明理工大学津桥学院	张予馨、谭婷予、叶珂贝	胡鹏
2	11454	微课与课件	八年级 探索勾股定理	西北民族大学	王小越、周鹏	王妍莉
2	11459	微课与课件	流程图	浙江师范大学	丁一璐、楼一丹、李斐莹	阮高峰
2	11461	微课与课件	辨别“当型循环”和“直到型循环”	浙江师范大学	杨玲玲、严洁铭	阮高峰
2	11501	数媒设计民族文化组	“中国民间图形艺术”课程微站	深圳大学	郭佩旋、蒋玮、徐东正	黄晓东、田少煦
2	11526	数媒设计普通组	生命之思	武汉理工大学	谈浩、戴丹丹	杨爱民
2	11540	软件服务与外包	基于 Android 的综合娱乐游戏大厅	石河子大学	喻思远、刘广江、李海东、汤易民、蒋能凯	赵庆展
2	11559	数媒设计专业组	玉米女孩	苏州市职业大学	洪思凡	
2	11590	数媒设计专业组	We are young	广东技术师范学院	罗造勇、丁钰洵、叶振辉	王竹君、李端强
2	11593	软件应用与开发	基于网络数据库的“数字色彩”互动学习 APP	深圳大学	钟斯珂、梁颖琛、谢颖琛	田少煦、张永和
2	11598	软件应用与开发	基于“移动终端——个人计算机”的开放式资源共享平台	华侨大学	陈航宇、陈剑、杨丽	田晖
2	11628	微课与课件	笔记本保养	南京工业职业技术学院	王磊、张胤胤	黄瑛、姜沐
2	11633	数媒设计民族文化组	昌石颂德	浙江农林大学	刘珂、陈祺晖	方善用、黄慧君
2	11634	软件应用与开发	微信公众平台在幼儿英语教学中的应用	深圳大学	张海燕、黄峥、张翔	廖红、胡世清

续表

奖项	作品编号	大类(组)	作品名称	参赛学校	作者	指导教师
2	11637	数媒设计民族文化组	淹雨春秋	南京师范大学	叶禎菲	杨俊、郑爱彬
2	11648	数媒设计普通组	儿童安全类交互式电子书《校车来了》	北京邮电大学世纪学院	刘璐璐	袁琳、刘畅
2	11670	数媒设计民族文化组	迎春文化——裸眼3D动画	北京工业大学	李泽洋、刘思超、张冰清	吴伟和
2	11694	数媒设计普通组	失落的城市	南京信息工程大学	吴锐恒、董轩、马越	马利、展翔
2	11710	数媒设计专业组	深谷奇迹	上海第二工业大学	李国雄、焦建阔、吴浩然	施红
2	11717	数媒设计专业组	微光	北京邮电大学世纪学院	陈晨、赵璐	朱颖博
2	11721	数媒设计专业组	荷花	南京信息工程大学	王文婧、满忠浩、王怿	韩帆、陈曦
2	11731	数媒设计普通组	生身不息	北京体育大学	赵功赫、付小青、雷槟恺	刘玫瑾
2	11756	数媒设计普通组	NJU Life	南京大学	吕日陶、虞迪雅	陶烨、张洁
2	11765	软件应用与开发	遗体捐献接收管理系统	南京医科大学	姜海婷、吴智鹏、屠继	黄学宁、胡晓雯
2	11780	软件应用与开发	妙手偶裁·剪纸中国主题网站	南京大学	田芮、苏翡斐、姚锐	陶烨、张洁
2	11794	微课与课件	你所不知道的微生命	中南民族大学	梁思婕、王茂海	徐红
2	11822	数媒设计民族文化组	藏巴魅影	武汉理工大学	原茵、肖源、姚涵远	罗颖、毛薇
2	11827	微课与课件	BIM,什么把戏?	北京科技大学	施耐克、姚望	万亚东
2	11830	数媒设计普通组	生命之树	中山大学	杨蕾、黄睿	阮文江、毛明志
2	11831	数媒设计普通组	生命·时间	中山大学	黄睿、杨蕾	阮文江、陆勇
2	11833	数媒设计普通组	梦牢边境	广东药学院	冯远鑫、钟智明、郭建伟	黄益栓
2	11844	软件应用与开发	阴极保护系统IOS客户端	北京科技大学	谌业鹏、王硕、邢璐茜	武航星
2	11855	数媒设计普通组	机器不能代替生命	北京科技大学	刘力文、郭媛钰	万亚东
2	11883	软件应用与开发	桔子医疗查房系统	广东药学院	黄嘉晨、霍嘉晖、冯梓健	刘军

续表

奖项	作品编号	大类(组)	作品名称	参赛学校	作者	指导教师
2	11888	数媒设计专业组	顺时针,逆时针	武汉理工大学	柳悦、熊千瑜、徐亦	夏静、毛薇
2	11909	数媒设计民族文化组	宋衣清影	华中科技大学	李馥杨、吴丹、张浩	王朝霞
2	11910	数媒设计专业组	遥远星星的孩子	华中科技大学	王晓晗、卜艳娥、吴迪	王朝霞
2	11914	软件服务与外包	未注册无线上网终端和 AP 定位系统	湘潭大学	刘家广、王静静、李进、何婕	欧阳建权、唐欢容
2	11921	微课与课件	“计算机硬件基础与故障维修”课件	广东技术师范学院	李裕珍、余佳恕	吴仕云
2	11950	软件服务与外包	餐饮手持点餐系统 ICSS-MOS	武汉理工大学	李明、蔡奇、王轩雨、李美君	彭德巍
2	11986	软件应用与开发	信息漏斗	广东石油化工学院	涂培佳、黎凌聪、梁嘉豪	杨忠明、苏海英
2	11991	数媒设计专业组	生命之爱	兰州交通大学	段宇晖、阚志梅、张娣	鲍燕蓉
2	12014	数媒设计民族文化组	民族手工艺招贴设计	兰州交通大学	张开宏、岳云霄	蓝充
2	12019	数媒设计专业组	生命的强音	南京艺术学院	陈楚桥、陈苏楠、殷鸣	周凯、魏佳
2	12081	数媒设计专业组	智勇小子儿童生命安全教育游戏	深圳大学	谭惜悦、刘芳霞、赵亚莉	曹晓明、胡世清
2	12095	数媒设计专业组	The Inverse World	成都理工大学	陈旭初、侯耀辉、秦瑶	王淼、柳丽召
2	12112	数媒设计专业组	妙手回春	华中科技大学	宋曼琪、刘怡、胡力里	王朝霞
2	12142	数媒设计普通组	挽留手艺生命	华中科技大学	李颖燕、付婧、石天翔	何锡章
2	12146	软件服务与外包	口袋金陵	南京大学金陵学院	邵明浩、周伟诚、田野	戴瑾、孙建国
2	12174	软件应用与开发	Vbeike 微博平台	北京科技大学	杨荣、郭思达、刘蓉蓉	黄晓璐
2	12175	软件应用与开发	荔园全媒体台网站建设	深圳大学	杨秋月、王雪、刘敏怡	黄晓东
2	12183	微课与课件	篮球战术-掩护配合	北京体育大学	王恒顺、李鑫、潘启贤	刘玫瑾、邵恩
2	12206	数媒设计专业组	生命意识教育读本	华中科技大学	丁洪梅、陈沁	胡怡

续表

奖项	作品编号	大类(组)	作品名称	参赛学校	作者	指导教师
2	12224	软件服务与外包	基于XMPP智能家居移动客户端主动推送平台	盐城师范学院	邵仁荣、孙涛、张航、董文秀、王竹宁	李树军、唐仕喜
2	12225	软件应用与开发	社会网络动态结构度量与预测	盐城师范学院	付所兰、王露、夏菁	唐仕喜、荀启峰
2	12251	数媒设计专业组	生命机器	甘肃交通职业技术学院	魏欣	田红
2	12273	计算机音乐	痴	北京科技大学	翁腾	李莉
2	12276	数媒设计专业组	生命的城堡	盐城师范学院	周绍阳、王琦蓉、周炜琦	贾娜、董健
2	12278	数媒设计专业组	永恒的生命	盐城师范学院	陆丽、王安琪	张辉、卢东祥
2	12279	数媒设计专业组	我在村里长大	兰州大学	郎兵兵、冯建岚	王晓玲、赵林军
2	12286	微课与课件	“琵琶行”教学课件	浙江师范大学	方梅、黎韵音、柯钰琪	王小明
2	12308	微课与课件	初识人工智能	盐城师范学院	谭晶、朱晨洁、姚佳磊	丁向民、张祖芹
2	12322	微课与课件	进制转换	中国药科大学	占宁安、朱贝妮、耿金丽	海滨、张洁
2	12338	软件应用与开发	虚拟化学实验平台	陇东学院	张柏林、李东、丁宝伟	李娜
2	12342	计算机音乐	丝绸之路	深圳大学	刘钰航	谷勇
2	12355	计算机音乐	湿木	中国传媒大学	李亦翔、张皖晴	蒋安庆、艾胜英
2	12356	软件应用与开发	食疗网	浙江理工大学科技与艺术学院	周子研	鲍小忠
2	12359	数媒设计普通组	温柔可以改变世界	中华女子学院	刘飘、耿恬	乔希、李岩
2	12369	计算机音乐	未完成的诗	大连理工大学	肖文、张策、朴英烈	
2	12416	数媒设计民族文化组	中国“味道”	浙江农林大学天目学院	卢美娇、叶婧文	陈英、方善用
2	12440	数媒设计专业组	小星星	昆明理工大学	张蓉、梁琦雅、赖桃珍	闵薇、杨吟川
2	12464	软件应用与开发	Study Channel——移动知识云	北京信息科技大学	刘子豪、姬磊、郭嘉敏	车蕾

续表

奖项	作品编号	大类(组)	作品名称	参赛学校	作者	指导教师
2	12466	数媒设计民族文化组	天堂下的拉卜楞	甘肃民族师范学院	陈雪、罗彩霞、牛志华	彭菊萍、马振新
2	12474	计算机音乐	朦胧的世界	南京艺术学院	赵珍	庄曜
2	12492	数媒设计专业组	生肖的生命意义	德宏师范高等专科学校	李勇文、杨启	杨树涛
2	12498	数媒设计普通组	生命起源篇——问祖天水	西北师范大学知行学院	王伋、曹丹龄、张文欢	历树忠
2	12501	数媒设计专业组	时间守护者	杭州师范大学钱江学院	刘鑫	洪潇
2	12538	数媒设计普通组	生命奇迹篇之寻梦敦煌	西北师范大学知行学院	何婉蓉、祁永霞、龚莉	厉树忠
2	12554	数媒设计专业组	等待的生命	长沙理工大学	王励、李冬利	王静琦
2	12566	数媒设计专业组	关注候鸟	浙江农林大学天目学院	胡聪、叶建新	方善用、吴淑晶
2	12603	数媒设计普通组	护生录	杭州师范大学	陶宁宁、李祥燕	项洁、孙晓燕
2	12649	数媒设计普通组	成长记	德宏师范高等专科学校	康婷婷、雷吉超	杨树涛
2	12657	数媒设计专业组	剑心	华侨大学	朱德华、刘昊、黄晓悦	郑光
2	12670	软件应用与开发	衣恋	浙江科技学院	茅梓成、王哲望、刘晔	汪文彬、莫云峰
2	12673	数媒设计普通组	天使的愿望	中南财经政法大学	陈俐帆、王淑雅	阮新新、向卓元
2	12683	数媒设计普通组	完美计划 100 天	北京科技大学	李曼玲、郑旭明、李毅萍	李莉
2	12687	数媒设计普通组	“奇迹号”变形蜘蛛搜救机甲	昆明理工大学	景楠、王森	邓强国、刘泓滨
2	12702	软件应用与开发	学生日程管理系统	桂林电子科技大学职业技术学院	李智君	李新荣
2	12734	计算机音乐	追风	滁州学院	马建、程刚、王佳	陈宝利、鲍伟
2	12744	数媒设计专业组	伊始	华中师范大学	耿雨薇、周雅薇、冉上	彭涛、李三强
2	12772	计算机音乐	二又二分之一	上海师范大学	王志豪	徐志博、磨宁生

续表

奖项	作品编号	大类(组)	作品名称	参赛学校	作者	指导教师
2	12775	计算机音乐	碗在说	上海师范大学	周智文	徐志博
2	12777	数媒设计专业组	你不曾留意的伤害	湖北师范学院	丁冬、陈留洋	柯文燕
2	12799	数媒设计民族文化组	冠冕小令	武汉理工大学	李雅庆、章正红、何京广	方兴、钟钰
2	12842	数媒设计专业组	复・延・忆	江西科技师范大学	淳云、刘悦、时兆瑞	陶莉、程琳
2	12850	软件应用与开发	动画生成软件	华侨大学	洪阳熠、徐文祥、柯智捷	洪欣
2	12853	数媒设计专业组	尊重生命之过马路	湖北美术学院	陈曦、吴广川、杨婷	赵锋
2	12856	数媒设计专业组	慢舞青春	江南大学	郭瑞韬、朱立恒、王智冬	孟磊、孙俊
2	12863	数媒设计民族文化组	茶,一片树叶的故事	浙江农林大学	罗柳	黄慧君、方善用
2	12868	数媒设计专业组	生命的接力	武昌职业学院	敖锦、包华星、景琪	马涛、吴掬鸥
2	12918	软件应用与开发	笔记本电脑虚拟 Wi-Fi 热点工具	广西师范大学	胡呈胜、韦家宁、骆振龙	孙涛
2	12942	数媒设计民族文化组	《北京玩意儿》电子读物	北京服装学院	史小艳、刘伊露	唐芃、王春蓬
2	13005	微课与课件	Flash 的遮罩动画	浙江科技学院	章佳梅、李琦、崔靖	雷运发
2	13008	数媒设计专业组	星星的孩子	淮阴师范学院	陈雪、唐娜	陈文华、宋锦轩
2	13011	软件应用与开发	“美优豪”工艺品	广西师范大学	董俊豪、李思薇、赵霞	孙涛、张淑敏
2	13020	数媒设计专业组	小细腿儿	北京工业大学	陶梦楠、项瑞轩	吴伟和
2	13028	数媒设计民族文化组	云云鞋历险记——羌绣前世今生	广西师范大学	何冬园、傅小萍	罗双兰
2	13032	数媒设计普通组	光影人生	昆明理工大学津桥学院	赵媛、张海燕、吕静武	胡鹏
2	13081	数媒设计普通组	生命的长度	浙江树人学院	戴莹莹、王馨、沈家辉	范雄、樊嵘
2	13099	软件服务与外包	基于 Qt 的电磁法勘探测量数据交互系统	吉林大学	吕林朋、张金生、田志鹏	白洪涛

续表

奖项	作品编号	大类(组)	作品名称	参赛学校	作者	指导教师
2	13128	数媒设计专业组	生命一轮回	贵州民族大学	付磊、肖峰	郑勇华
2	13135	数媒设计专业组	禁止酒驾	紫琅职业技术学院	朱洁	黄蓉、沈九美
2	13146	数媒设计普通组	七年又七天	昆明理工大学津桥学院	谭雨婷、肖健宇、张英	梁司滢
2	13147	数媒设计专业组	谢谢你曾经来过	长江大学	莫振隆、胡琼、郭敏	周汝瑞、金芳
2	13162	数媒设计专业组	荡起你生命的涟漪	淮阴师范学院	赵晓璐	奚路阳
2	13188	数媒设计专业组	光明在延续	曲靖师范学院	刘通、许江、杨彩霞	胡天文、陈永梅
2	13196	数媒设计民族文化组	背被	曲靖师范学院	卢斌、石显锋、胡艳鑫	陈斯娅、徐坚
2	13211	软件服务与外包	AquAR——校园增强现实手机应用系统	大连财经学院	梁马勇、陈苏萍、李思慧、杨思雯	杨青锦
2	13224	微课与课件	给隐私加把锁	浙江传媒学院	谢睿思、程议霄、干科敏	俞承杭
2	13225	数媒设计专业组	孔雀涅槃	浙江传媒学院	欧元、李慧妍、陈欣宜	马同庆
2	13269	微课与课件	认识时钟	广西师范大学	邓钰娟	朱艺华、吴娟
2	13271	数媒设计专业组	方块人生	浙江传媒学院	李国光、陆卓群、陈卓琦	张帆
2	13279	数媒设计民族文化组	小然听说	西北民族大学	敖然、焦韵涵、夏添	崔永鹏
2	13280	软件应用与开发	好婴儿——专业的母婴用品分享平台	武汉体育学院	文浩、祁峰、沈峰	洪伟、彭李明
2	13293	数媒设计民族文化组	哈尼魂	云南财经大学中华职业学院	张露、吕培煜、张榆朋	兰婕、邓平
2	13312	数媒设计民族文化组	魅力中国——拉枯新装	云南农业大学	蔡安红、马颖、马偲渊	李婧瑜
2	13321	微课与课件	不同网络互访	江西科技师范大学	张军玲	余志成、李希
2	13330	微课与课件	遮罩动画的制作	曲靖师范学院	杨丽萍	张忠玉
2	13339	微课与课件	WK0402——跨交换机实现 VLAN	江汉大学	朱攀	许平、陶俊
2	13345	微课与课件	划分子网	长沙理工大学	王乐慧、李郅轩、伍澳奇	史长琼

续表

奖项	作品编号	大类(组)	作品名称	参赛学校	作者	指导教师
2	13369	数媒设计普通组	邻座	长沙民政职业技术学院	补子畅	陈翠娥
2	13418	微课与课件	邮件合并	嘉兴学院	崔晨曦、张倩	童小素
2	13419	微课与课件	化学城堡	宁波大学	宋予成、王曼斐、夏雪	邢方、应良中
2	13420	数媒设计民族文化组	一梦锦绣	云南财经大学中华职业学院	吴晓丹、胡串、李懋	王良、兰婕
2	13422	软件服务与外包	基于Android的掌纹识别解锁软件	云南大学	杨磊、邹山、胡斌伟、张雁凯	余鹏飞
2	13424	软件应用与开发	汽车零部件生产成本核算系统	武汉科技大学城市学院	冷齐、罗敏瑶、邹惠敏	杨艳霞、周凤丽
2	13427	数媒设计普通组	生命的价值	云南财经大学	马麟、李懿莎、部飞洋	王良、兰婕
2	13459	数媒设计普通组	如果生命不说话	云南财经大学中华职业学院	唐琼、陈艳琼、陈晓玲	王良、兰婕
2	13461	数媒设计民族文化组	说唱脸谱	中南民族大学	翟璞彬、李萌、黄杰	陈建强
2	13462	数媒设计专业组	公路	北京语言大学	欧阳冠男、全承贤、洛嘉春	徐征
2	13534	数媒设计专业组	记忆·爱	福建农林大学	吴阳刚	吴文娟、高博
2	13565	数媒设计专业组	水墨动画——《灵药》	湖北理工学院	张嘉欣、廖玺宇、张曦	刘满中、徐庆
2	13569	软件应用与开发	微画狗	北京语言大学	高一然、刘新、左婧	陈鹏
2	13589	计算机音乐	生日快乐创编	辽宁科技学院	李在时、陈姝瑶、田晋莱	马菱、顾吉胜
2	13593	软件应用与开发	作业管理系统	湖北理工学院	李治鑫、胡凌波、杨炫燚	伍红华、熊皓
2	13594	软件服务与外包	华中大校园通	华中科技大学	范墨迪、朱泌丞、匡皓琦	龙韧
2	13600	计算机音乐	黑色的渴望	杭州师范大学	管磊、肖鑫	段瑞雷
2	13628	数媒设计专业组	传承的生命	宁波大学	王利娜、刘天琪、刘瑜亮	梅剑峰、郑华安
2	13632	数媒设计专业组	亚当之殇	江汉大学	舒越	魏星、朱涛

续表

奖项	作品编号	大类(组)	作品名称	参赛学校	作　者	指导教师
2	13643	微课与课件	零基础装系统	长沙民政职业技术学院	李立强	陈为满
2	13647	数媒设计专业组	八分钟的温暖	宁波大学	计琳毓、蒋学梅、罗素琪	邢方
2	13670	计算机音乐	思念是爱情燃烧的火花	杭州师范大学	肖鑫、曹欣欣	段瑞雷
2	13690	计算机音乐	图腾	云南大学	辛书阳	刘金卓
2	13694	数媒设计普通组	生命之树	昆明医科大学	张展阁	孙晓华、章可
2	13699	计算机音乐	月出山谷	杭州师范大学	曹欣欣	段瑞雷
2	13715	微课与课件	C 程序结构之循环结构 for 语句	云南林业职业技术学院	徐少春	李英、张化
2	13785	微课与课件	关于 C 语言中递归函数的微课	云南大学	胡馨雨、许诺、杨亚霖	刘蕊
2	13793	数媒设计普通组	生生相息	湖南大学	李思潼、郑雪梅、金俏月	李小英、谷长龙
2	13795	数媒设计普通组	生存大逃亡	怀化学院	易月英、吴尧光、彭海秋	姚敦红、何佳
2	13802	数媒设计专业组	叶之守候	福建农林大学	尤达、代玉、柯育强	吴文娟、王婧
2	13824	数媒设计专业组	孕育	桂林电子科技大学信息科技学院	罗显宝、刘亮何、黄峥	李辉、黄晓瑜
2	13832	软件应用与开发	飞快,生活如此简单	湖南大学	王东富、彭巧玉、胡康宇	陈娟、吴蓉晖
2	13852	数媒设计专业组	年与轮	浙江金融职业学院	杨柳、代洋、梁璋	路淑芳
2	13853	软件服务与外包	位搜	湖南大学	宗宇、邢晓威、郑嘉俐、王欣、孙海友	江海、尹庚
2	13854	软件应用与开发	融合 ZigBee 和 3G 技术的家居安防系统	云南民族大学	邓兰梅、班朝飞、王璐	陈君华
2	13916	微课与课件	顺序线性表的操作	怀化学院	陈思琴、申瑞芹、郑召召	杨玉军、杨夷梅
2	13987	数媒设计专业组	生命	湖南大学	张鑫、董思漪、王林	江海、周虎
2	14005	软件应用与开发	IPTV 监管演示系统设计与实现	云南大学	陆旭、李超	丁洪伟

续表

奖项	作品编号	大类(组)	作品名称	参赛学校	作者	指导教师
2	14010	数媒设计专业组	伞的故事	桂林电子科技大学信息科技学院	董宸宸、史格骏	黄晓瑜、李辉
2	14020	数媒设计专业组	荆坪古韵	怀化学院	周娟、罗顿、李晓爽	李晓梅、易弢
2	14027	微课与课件	血液与血液循环	云南民族大学	陈忠亮、范本奕、高竹婷	陈毅坚、李文义
2	14082	数媒设计专业组	外婆的心	桂林电子科技大学信息科技学院	古展榕	黄晓瑜、李辉
2	14110	微课与课件	数据加密	怀化学院	戴晟、吴尧光	彭小宁
2	14121	数媒设计民族文化组	音乐融入生命	湖南大学	石倩、李昱嘉	周虎、段伟
2	14127	数媒设计专业组	呼吸的痛	桂林电子科技大学信息科技学院	覃瀚贤	李辉、黄晓瑜
2	14140	软件服务与外包	基于位置服务的老人安全监护系统	云南农业大学	李克伟、孔维松、张宇杰、敖瑞、恭元鹏	张佳进、曹志勇
2	14148	数媒设计普通组	七宗罪	湖南大学	徐文赋、蒋琛	周虎、银红霞
2	14154	软件服务与外包	基于无线传感网的森林资源保护系统	西南林业大学	戴杨、刘羽升、张鑫	张晴晖、李俊萩
2	14155	数媒设计民族文化组	滨海梦、傣家情 3D 动画	昆明学院	雷祺、张薇薇、郝瑞	左斌
2	14168	软件应用与开发	Lecture Land 讲座信息微信平台开发	北京语言大学	许俐、郑岑、马瑞婉	石嘉明
2	14171	数媒设计普通组	脱轨的人生	湖南大学	曹璨、徐莹、王海龙	周虎
2	14174	软件应用与开发	帽沿儿	湖南大学	李云云、覃翔宇	周虎、王涛
2	14205	数媒设计民族文化组	大火吞噬的民族古建筑	中南民族大学	香兰、马丽、线东波	黄迎新
2	14281	微课与课件	WK0202——画图软件的使用	文山学院	谭靓媛	田孟红、吴保文
2	14315	数媒设计普通组	生命知行，青春闪耀	云南财经大学中华职业学院	李涛、王蓉、吕俊霖	王良、宁东玲

续表

奖项	作品编号	大类(组)	作品名称	参赛学校	作者	指导教师
2	14319	数媒设计专业组	最后的烟民	浙江传媒学院	赵佳妮、肖欣怡、蓝芳进	周忠成、孔燚
2	14325	微课与课件	PowerPoint 动画案例解析	中国人民大学	宁静、宫德婧、代诗慧	尤晓东
2	14332	微课与课件	WK0303——Photoshop 中的路径文字排版	中国人民大学	徐子璇、黎叶蓁	
2	14369	计算机音乐	黑礼服	海南软件职业技术学院	李净言	王晓天、王智忠
2	14406	软件服务与外包	微信平台的应用开发	哈尔滨理工大学	王傲淇、刘易松、毛进宇	蒋少禹
2	14413	数媒设计普通组	一线生机	哈尔滨理工大学	张博雅、杜世锦、田园	梅险
2	14415	数媒设计普通组	进化	哈尔滨理工大学	曾江彬、曹大元、岳少峰	孙博文
2	14424	数媒设计专业组	歧图	四川交通职业技术学院	王冥东、王荣、王伦坤	韩宝安
2	14436	数媒设计民族文化组	《康巴风情》电子杂志	乐山师范学院	肖双桥、蒋何敏	门涛
2	14438	数媒设计普通组	怒放的生命	哈尔滨商业大学	张子豪、孙乐、邢宇含	张艳荣、张冰
2	14449	软件应用与开发	招聘管理平台(RMS)	成都航空职业技术学院	徐鑫胤、王彪、卢诗梦	林琳
2	14461	软件应用与开发	哈萨克娱乐综合网站	新疆艺术学院	卡力哈尔・卡力甫	古丽扎达・海沙
2	14469	数媒设计专业组	浪荡子	四川交通职业技术学院	陈佳、任磊、吕涛	韩宝安
2	14489	数媒设计专业组	时间都去哪了	海南师范大学	杨豪、李海敏、杨晓妍	罗志刚
2	14496	数媒设计专业组	生命・赞歌	喀什师范学院	宋杨帅	杨昊、张晋堂
2	14499	数媒设计民族文化组	十二木卡姆	喀什师范学院	赵悦、王玲、曹学埔	杨昊
2	14504	微课与课件	喀什土陶工艺的发展	喀什师范学院	阿不杜外力・多力坤、苟东、罗利娟	张宗虎、周永强
2	14505	软件应用与开发	网络协议分析器	喀什师范学院	张晓彬	李丙春
2	14506	软件应用与开发	游戏连连 can	四川工程职业技术学院	张勋	吴鹏

续表

奖项	作品编号	大类(组)	作品名称	参赛学校	作者	指导教师
2	14528	软件应用与开发	多媒体电子报	阿坝师范高等专科学校	张守鑫、杨宇	向昌成
2	14531	数媒设计民族文化组	全景漫游——夕佳山	宜宾学院	罗鑫、董力菡、杨永春	姚丕荣
2	14564	计算机音乐	铃的歌唱	武汉音乐学院	梁晨	冯坚
2	14568	数媒设计民族文化组	阿里木游记之西域古城	新疆工程学院	邹维广、同晓楠、刘凯	梁传君、唐学军
2	14577	计算机音乐	不远方	西北大学	冯杰	温雅
2	14582	数媒设计专业组	豚之音	河北经贸大学	孙友文、梅玲、李飙	远存旋、高大中
2	14598	数媒设计专业组	境随心转	西南民族大学	米浩源、黄茂益	漆琦、罗洪
2	14608	软件应用与开发	美食大 PK	吉林大学	耿昭阳、邢思燃、孙晓旭	邹密、徐昊
2	14634	软件应用与开发	基于流量耦合的复杂管网压力计算	西南石油大学	蒋东芮、郑达、王凡	丁鹏、夏学梅
2	14638	软件应用与开发	监控精灵	中国人民解放军陆军军官学院	吴志奇、李响、杨传栋	刘蓁、韩宪勇
2	14649	软件服务与外包	金科通	金陵科技学院	周星宇、汪英、徐新伟、陈凯、曾珂	洪蕾、曾岳
2	14668	软件应用与开发	突厥语系电子词典	新疆大学	尔夏提·艾合买提、麦尔哈巴·艾山、亚生·木拉依甫	艾山·吾买尔、早克热·卡德尔
2	14669	数媒设计民族文化组	西域文化博物馆漫游系统	塔里木大学	王世发、慈维涛	李旭
2	14684	数媒设计专业组	出乎神的意料	绵阳职业技术学院	伏涛、吕庭会、周杰	李敏
2	14697	数媒设计专业组	不吃肉的孩子	塔里木大学	阿卜杜艾则孜·图尔荪、祖克热汗·艾合买提、古丽博斯坦·艾尔肯	王中伟
2	14699	软件应用与开发	Flyeatstudio	中国民用航空飞行学院	徐若恒、闻哲、熊昆	何元清、戴蓉
2	14719	计算机音乐	百鬼夜行	武汉音乐学院	肖秋杰、向舒、刘潇	杜啸虎
2	14720	软件服务与外包	城市公交三方系统	沈阳工业大学	李佳成、张立伟、刘大川	李雅红

续表

奖项	作品编号	大类(组)	作品名称	参赛学校	作者	指导教师
2	14724	软件应用与开发	海大之声	上海海洋大学	王宇琛、黄盖先、王阳	艾鸿、赵丹枫
2	14730	软件应用与开发	行路	华东师范大学	蔡怡薇、曹雨琳、郑琳	刘垚、陈志云
2	14731	数媒设计专业组	母亲的守望	海南师范大学	江彤、张明、江曼	方云端
2	14732	数媒设计专业组	拯救椰子先森	海南师范大学	赵一帆、于魁丽、李东阳	张学平、林松
2	14736	微课与课件	Windows 7,Windows 8 全方位视频教程	昌吉学院	阿力木江·阿卜杜热西提、麦麦提江·艾合麦提、胡晓波	艾克热木·艾拜
2	14749	软件应用与开发	集成视角下基于 BIM 的可视化施工管理	上海大学	黄雨琨、刘婉雯、瞿文婷	喻钢、周丽
2	14758	数媒设计专业组	scope	东北师范大学人文学院	陈阳阳、白伶全、谷青坪	张晨
2	14764	数媒设计民族文化组	走进汉服——汉族传统服饰	上海对外经贸大学	陈璐怡、刘忠琴	顾振宇
2	14771	软件应用与开发	印象狼牙山	河北金融学院	王玮、李少尧、董昊	刘冲、刘敏
2	14773	软件应用与开发	行政职业能力测试学习平台	上海海关学院	陆佳欢、谢维浩、涂雨帆	胡志萍、曹晓洁
2	14777	软件应用与开发	校园知识图谱搜索系统	燕山大学	王伟、韩驰、白肖艳	宫继兵、孙胜涛
2	14784	数媒设计普通组	飞机去哪儿	海南师范大学	刘一帆、傅铁恺、李妍妍	林松、韩冰
2	14794	数媒设计普通组	生命的守护者又该由谁来守护	成都医学院	陈强、罗金、曹燕	李爽、任伟
2	14797	软件应用与开发	稀奇网	上海第二工业大学	王栋、祁浩	潘海兰、陈建
2	14802	数媒设计民族文化组	中国结,中国梦	北华大学	周坤坤、赵磊、康策	褚丹、师晓丹
2	14805	软件应用与开发	大规模油气集输管网 SCADA 综合安全防御系统	西南石油大学	王天使、杨烽、邓子英	杨力、王杨
2	14807	软件应用与开发	图书馆资源管理系统	吉林财经大学	王琪栋、徐鹏飞、孙长瑜	王丽敏、李艳东
2	14820	数媒设计普通组	生·展	上海海关学院	冯锦炜、施敏华、何若成	曹晓洁、胡志萍

续表

奖项	作品编号	大类(组)	作品名称	参赛学校	作者	指导教师
2	14823	软件应用与开发	基于 GPS 的牲畜散养跟踪装置	安徽农业大学经济技术学院(独立学院)	任启宏、方怡、贺正媛	许正荣、孟浩
2	14824	软件服务与外包	冀教版小学信息技术多媒体电子教材	河北师范大学	卢孟亚、赵英华、牛梦颖	张攀峰、赵冬梅
2	14830	软件应用与开发	字体设计荟萃网站	安徽师范大学皖江学院	郭鹏薇、甄鑫	张辉、荣珊珊
2	14831	数媒设计专业组	生命上的奢华	长春工程学院	巩亚飞、阎光泽、李坤	端文新、马桂霞
2	14832	软件应用与开发	基于用户行为和语义分析的智能检索推荐系统	安徽理工大学	汪鹏飞、吴神兵、朱晓亮	方贤文、陈小奎
2	14833	微课与课件	魅力 MIT	吉林大学	陈静焘	张晓龙、邹密
2	14840	数媒设计民族文化组	顶上中华	安徽师范大学皖江学院	曹晓靓、汤娟娟	周琢、张辉
2	14850	数媒设计专业组	关爱小生命	海南软件职业技术学院	王绪龙	薛祎炜
2	14851	软件应用与开发	高职院校教师业务档案管理系统	亳州师范高等专科学校	凌肇烽、郑子英、刘媛	苏亚涛、黄磊
2	14853	数媒设计专业组	生命的节气	亳州师范高等专科学校	方亮	王衍芳、赵龙
2	14854	数媒设计专业组	龟虽寿	四川水利职业技术学院	宋杨中正、古加文、辜椿榕	罗敏
2	14857	微课与课件	哈夫曼编码的探索	北华大学	杨永福、范纹诚、周坤坤	李敏、许盟
2	14861	数媒设计普通组	珍爱生命 保护环境	克拉玛依职业技术学院	袁芸	杨静
2	14866	微课与课件	多语种夫琅和费单缝衍射仿真实验课件	新疆师范大学	阿不都卡得・克力木、艾力・伊斯马伊力	马致明、艾斯木比提・阿布力特
2	14873	软件应用与开发	轻松看车展	同济大学	张一权、陈思敏、庄若愚	袁科萍
2	14874	数媒设计专业组	生命	安徽师范大学皖江学院	苏优优	周琢、张辉
2	14876	微课与课件	递归程序设计	滁州学院	汪小龙、方黎明、吴兰	王正山、王继东
2	14879	软件应用与开发	吉林校园超市	吉林化工学院	韩峰、耿晨阳、王伟	李双远、孙志宽

续表

奖项	作品编号	大类(组)	作品名称	参赛学校	作者	指导教师
2	14880	数媒设计普通组	物犹如此	合肥工业大学	宋鹤、于三川、程晓冬	于星宇
2	14887	数媒设计专业组	生命的沙漏	安徽师范大学皖江学院	郑丽倩	张辉、周琢
2	14898	软件应用与开发	馒头网	东华大学	朱博宇、王英兰、周佳雯	刘晓强
2	14899	数媒设计民族文化组	霁春园	东华大学	熊英、杨丹、肖洁	张红军、杜明
2	14900	软件应用与开发	基于安卓的三维辅助测记系统	同济大学	陈颖达、刘俊、彭茂竹	丛培盛
2	14902	数媒设计普通组	生命 life	上海对外经贸大学	高实鲜	顾振宇
2	14915	软件应用与开发	微校城	四川文理学院	李茹钰、蔡云、谭琳	贺建英
2	14919	软件应用与开发	“字符云”在线云打印平台	燕山大学	王海波、徐增辉	张大鹏
2	14928	数媒设计普通组	生命之“渐行渐远”	上海商学院	严思敏、汤丹丹、许玲	李智敏、王明佳
2	14938	数媒设计民族文化组	3D 黎族风	琼州学院	李美莹、刘海涛、康鑫	田兴彦
2	14947	软件应用与开发	财大小喇叭——基于数据挖掘的公开新闻平台	西南财经大学	俞浩舒、陈炫竹、李沁峰	邱江涛
2	14951	数媒设计普通组	爱——生命的旋律	信阳农林学院	喻志强	李清玲、张琳梅
2	14952	软件应用与开发	基于安卓的大学生手机选课系统	新疆警察学院	艾伟、周宇童、黄欢欢	栾玉飞、钱友富
2	14962	数媒设计普通组	生命的异想	滁州学院	包韵南、赵星海、阮涛	马良、孙海英
2	14964	数媒设计普通组	生命诚可贵,疲驾毁一生	东北师范大学人文学院	卜海峰、张千一、于郅澎	杨喜权、孙慧
2	14966	数媒设计普通组	生命不能承受之轻	安徽师范大学皖江学院	张俊、李皓	张辉、周琢
2	14978	软件应用与开发	安徽大学百事通	安徽大学	高文、乔媛媛、朱晨	张辉
2	14979	软件应用与开发	口袋小安	安徽大学	李长丰、王鼎、马干宣	赵海峰、汤进
2	14987	数媒设计专业组	父与子	安徽大学	江阳晨、韩杰、丁宗磊	陈成亮

续表

奖项	作品编号	大类(组)	作品名称	参赛学校	作者	指导教师
2	14989	数媒设计专业组	起源·Origin	安徽大学	陈可夫、朱笑熠	吴蕾
2	14992	数媒设计专业组	生于艾滋	安徽大学	顾开贵、许贺	岳山、潘扬
2	14993	数媒设计民族文化组	指纹	安徽大学	杨超、高雅、张荧	郑海、王瑜
2	14998	数媒设计民族文化组	望江挑花	安徽大学	赵晴晴、兰雪、程莉	岳山、王铁冰
2	15000	数媒设计普通组	生命的颜色	四川电力职业技术学院	刘用钧、张宗洋、李德伦	沈敏捷
2	15009	软件应用与开发	创乎——创业指南问答平台	中国人民解放军信息工程大学	桑鹏、张正源、徐成洋	张强、孙梦青
2	15011	数媒设计民族文化组	何处忆江南	南阳师范学院	杜少旭、高旭、卢果	王兴、赵耀
2	15031	微课与课件	认识地球与地球仪	辽宁师范大学	曲帅、陈彦君、于润水	姚巧红
2	15038	软件应用与开发	奖学金评定系统	沈阳工学院	金鑫、李福林、李媛媛	王岩
2	15044	数媒设计专业组	轩辕剑 生之彼岸	东北大学	王鹏宇、谢谦、王天一	喻春阳
2	15058	软件应用与开发	运动达人	第二军医大学	竺凌、周鹤洋、杨光	郑奋
2	15079	微课与课件	上海去哪儿	华东师范大学	黄蓉、陆娟、邱婷婷	陈志云、刘垚
2	15081	软件应用与开发	校园勤工助学任务精细化管理系统	沈阳农业大学	董超华、曾永、潘延炳	李竹林、李征明
2	15084	软件应用与开发	网络健身馆	第二军医大学	陈晨、李嘉浩、季拓	郑奋
2	15087	数媒设计普通组	珍爱生命	沈阳工学院	王斌斌、陈雪、李敏	刘莹、贾婷
2	15095	数媒设计专业组	东巴	华东师范大学	鲁晓贝、李珊、纪晓荷	王凯、周力
2	15104	软件应用与开发	郑航学子微服务	郑州航空工业管理学院	桑世强、徐传淇	刘超慧
2	15105	软件应用与开发	心游安徽	安徽工程大学	毛羽茜、关庆伟	陶皖、石建国
2	15107	软件应用与开发	多平台实验管理系统	河北大学	胡明珠、张东琦、李森	陈昊

续表

奖项	作品编号	大类(组)	作品名称	参赛学校	作者	指导教师
2	15108	软件应用与开发	河北大学勤工助学管理平台	河北大学	杨亮、马坤坤、高蕾	戴志涛
2	15111	数媒设计民族文化组	苗族刺绣系列银饰	河北大学	刘振、刘宏丽、郎慧敏	齐耀龙、王卫军
2	15116	数媒设计专业组	生病了	河北大学	司哲瑞、郑铁楠、梁赛男	肖胜刚、王卫军
2	15123	软件应用与开发	智能交通目标追踪系统	东北大学	朱德龙、钟惟林、梁蒙佳	郭军
2	15125	数媒设计普通组	怒放的生命	西安电子科技大学	路宁、梁佳、雷子星	王益锋
2	15129	数媒设计普通组	生命之路	安徽农业大学	陈振飞、吴新未	张庆国、宋瑞祥
2	15131	微课与课件	旋转曲面教学课件	安徽农业大学	吴新未、陈振飞	徐丽、杨俊仙
2	15144	软件应用与开发	火箭炮战场特效仿真训练交互程序	中国人民解放军陆军军官学院	张勇、夏超、李泽晖	左从菊、鲁磊纪
2	15153	微课与课件	戳脚拳	沈阳体育学院	王月、胡雪、张良柱	张琳琳、李本一
2	15163	数媒设计专业组	听寂美之生	辽宁师范大学	徐媛、武亚男、王佳玉	张海燕、浦晓亮
2	15165	软件应用与开发	学科竞赛网站	空军工程大学	刘羊羊、史红亮、施超	拓明福、张红梅
2	15172	数媒设计专业组	发尖上的人生	西南石油大学	聂海如、朱秋园、杨扬	焦道利
2	15175	数媒设计普通组	Pray for MH370	大连理工大学	徐美佳	姚翠莉
2	15177	软件应用与开发	顶岗实习系统 APP	四川商务职业学院	王黛、汪靖、周彬	黄颖
2	15181	数媒设计专业组	生命的痕迹	济源职业技术学院	李阳照、王江坤	高占龙、张沛朋
2	15182	软件应用与开发	基于微信公众平台的 ZZIA 校园助手	郑州航空工业管理学院	鲁晓龙、徐怡琳、田家赫	何渊淘
2	15184	软件应用与开发	关注大气,保护家园	合肥财经职业学院	施帅帅、黄峰、高俊侠	鲍秦军、周沐玲
2	15185	数媒设计专业组	LIFE	四川职业技术学院	侯姣菱	蔡劲、马红春
2	15190	数媒设计专业组	《生命·印记》系列平面设计	西藏民族学院	翟彬奇、李美鑫、王云龙	王东

续表

奖项	作品编号	大类(组)	作品名称	参赛学校	作者	指导教师
2	15191	软件应用与开发	国风网站	新乡学院	董琪、王菲	朱楠、胡鹏飞
2	15207	软件应用与开发	大规模机房机器自动标识系统	东华大学	任子初	李柏岩、陶然
2	15215	数媒设计普通组	绿色与生命	雅安职业技术学院	谢云、熊柳、刘馨	苏圆婷
2	15217	微课与课件	“生命进化概论”	辽宁大学	吴文峰、高文祥、张迪	曲大鹏、范铁生
2	15223	软件应用与开发	瓦斯抽放参数分析软件	河南理工大学	赵磊、尤阳	王建芳
2	15227	数媒设计民族文化组	中国梦——梦之生	西安培华学院	魏鼎轩、涂露、李洋	张伟
2	15229	数媒设计专业组	木·躯壳	辽宁工业大学	郝文飞、姚文智、封雅澜	杨天舒、杨天明
2	15231	数媒设计专业组	渴望	河南牧业经济学院(英才校区)	王金萍、李正阳	石燕、吕金龙
2	15237	软件应用与开发	大连东软信息学院官方网站	大连东软信息学院	钱安华、徐燕、刘洋	赖婉芸、闫海珍
2	15240	微课与课件	存储函数	辽东学院	武方芳、何家红、乔磊	曹传晏、鲁琴
2	15241	软件应用与开发	基于MOOC下的学习模式和视频播放器	东北大学	李恒、李毅、廖峭	黄卫祖、穆友胜
2	15243	软件应用与开发	MMpython——基于Python的可扩展的可视化数据挖掘机器学习前端	西华师范大学	张季伦	潘伟
2	15263	数媒设计民族文化组	民族魂	大连民族学院	崔雅霞、侯锡瑞	张伟华、贾玉凤
2	15269	微课与课件	无线局域网	沈阳师范大学	王有为、郝凯杰	邹丽娜、裴若鹏
2	15273	软件应用与开发	非动不可　运动网站	沈阳建筑大学	吕朝晖、方友、李婷	韩子扬、刘继飞
2	15283	软件应用与开发	图书馆小助手	河南理工大学	郭思慧、刘仲秀、常军朋	王建芳
2	15300	数媒设计民族文化组	穿越敬敷书院	安庆师范学院	李旦、祝庆祺、张冬冬	王广军、苏本跃
2	15302	数媒设计普通组	曙光之战	沈阳工学院	卞有界、郑硕、左涛	李志

续表

奖项	作品编号	大类(组)	作品名称	参赛学校	作者	指导教师
2	15307	微课与课件	数据结构——栈及其应用	河北建筑工程学院	韩晓玉、李若麟、崔梦磊	赵巍、孙皓月
2	15309	数媒设计专业组	濒危的生命	辽宁师范大学	石颖、张慈格、周凤新	李玉斌、石中军
2	15317	软件应用与开发	电路实验仿真平台	大连理工大学	杨涛、李睿之、刘文波	马洪连、高新岩
2	15318	软件服务与外包	基于物联网技术的乳及其制品安全溯源信息系统	宁夏大学	马宗元、潘丽静、石磊、姚佳乐	张虹波、匡银虎
2	15324	软件应用与开发	Word 操作评测	安阳师范学院	黄林婷、伏珍淑	贾伟峰、睢丹
2	15331	数媒设计普通组	生命的礼赞	安徽农业大学	吴宗柠、李雪松	闫勇、张长勤
2	15338	数媒设计普通组	生命防线	安阳师范学院	张联威、何彦开、牛海鹏	高国伟、吕鑫
2	15339	数媒设计专业组	为生命着色	安阳师范学院	贾洁、琚梦瑶、张立	王华威、李俊峰
2	15342	数媒设计民族文化组	逛庙会	安阳师范学院	张波洋、张雯、郑晓亮	苏静、王华威
2	15344	微课与课件	探索地外生命 Android 课件制作	大连大学	高孙颖、涂德裁、张帅奇	季长清、王彦春
2	15345	数媒设计民族文化组	凝固在建筑雕刻中的艺术	合肥工业大学	周雨、张云帆、陈雨萍	陆佳
2	15349	数媒设计民族文化组	潍坊风筝创意产品的宣传与推广	东北大学	原艺玮、程思雨、颜晓雯	霍楷
2	15350	微课与课件	“数据库系统概论”课件	沈阳城市建设学院	段玉娟、关博文、刘施翌	杜小甫、金媛媛
2	15352	软件应用与开发	高校第二课堂活动管理系统	中原工学院	张鑫、陈永坤	赵冬、张文宁
2	15372	软件应用与开发	CNG 加气站模拟仿真培训系统	西南石油大学(成都校区)	刘烁裕、吴家兴、汪平	谯英、吴晓南
2	15379	数媒设计专业组	人与鼠	重庆电子工程职业学院	戴博、熊丽君、任雪辉	牟向宇、刘明
2	15385	软件应用与开发	重庆大学蓝盟官方网站(网上报修平台)	重庆大学	冉海茂、蒋丞	刘慧君
2	15388	数媒设计专业组	Huzone——生命特刊	大连工业大学	诺敏、曲诗雨、韩尧	王佳、李欣
2	15389	软件应用与开发	高校教学资源共享平台	上海财经大学	张响蔺、李婧	郑大庆

续表

奖项	作品编号	大类(组)	作品名称	参赛学校	作者	指导教师
2	15392	数媒设计普通组	油库防火救灾辅助系统	大连民族学院	鲁鹏、安泓达、徐彬	王庆春、王楠楠
2	15397	数媒设计普通组	生命的进化	后勤工程学院	陈园林、邢明静、孙广	李蓉
2	15402	数媒设计普通组	THE BUSTLING OF LIFE	沈阳建筑大学	刘治忠、杨思瑶、林洪宇	张辉、任义
2	15408	数媒设计普通组	活着	合肥工业大学(宣城校区)	周宇璋	
2	15424	数媒设计民族文化组	马头琴的传说	沈阳师范大学	刘宣佐、李波、樊磊	白喆、荆永君
2	15425	数媒设计民族文化组	纸剪芳华	沈阳师范大学	刘宣佐、李波、李琦	荆永君、李昕
2	15427	数媒设计普通组	残缺的生命	辽宁对外经贸学院	张潇予、高一鸣、曹向宇	任华新、吕红林
2	15437	数媒设计普通组	生命倒计时	沈阳药科大学	柴智、贾那、王照林	梁建坤
2	15440	数媒设计专业组	年轮	重庆大学	孙爱博	夏青
2	15441	软件服务与外包	校园移动服务平台的应用开发	武汉理工大学	皇甫月雷、魏睐、张子琦、邹彦良、敖昌绪	王舜燕
2	15444	微课与课件	环境科学概论	沈阳药科大学	何璐	梁建坤
2	15450	数媒设计普通组	生命的列车	西华师范大学	杨旭、陈宇洋、蹇会香	贺春林
2	15456	数媒设计普通组	基于 Android 的安全防护应急系统	河北建筑工程学院	郭宇光、陈富强、孙志伟	孙皓月、司亚超
2	15460	数媒设计专业组	明天	黄淮学院	王莉、路凌云、赵会明	韩文利、从继成
2	15462	数媒设计普通组	保护生命——绿城去哪儿了	河南牧业经济学院	王亚君、裴启航	曹琨、李丹
2	15485	数媒设计民族文化组	圆明园四十景图虚拟交互式漫游之上下天光	东北大学	范凯强、陈佳烨、王畅	谢青
2	15490	数媒设计民族文化组	最后的鱼皮部落	大连民族学院	苏静怡、矣鑫、陈熇	王楠楠
2	15491	数媒设计普通组	珍惜生命≠真吸生命	辽宁科技学院	王雪松、陆明川、郑倩倩	卢志鹏、王海波
2	15497	软件应用与开发	自动控制理论虚拟实验平台	沈阳工学院	顾国勇、王哲俊、王尊羿	德湘轶

续表

奖项	作品编号	大类(组)	作品名称	参赛学校	作者	指导教师
2	15507	微课与课件	电子表格数据统计分析	沈阳建筑大学	钱琨、张世宇、王维鑫	王守金、许景科
2	15511	软件应用与开发	趣味地图三——认识世界	四川托普信息技术职业学院	周华杰、张文波、苏翅	王俊海
2	15512	微课与课件	GROUP BY 的使用	沈阳工学院	左文辉、齐金凤、陈丽娜	靳新
2	15515	数媒设计专业组	生命之禁	西华师范大学	陈悦	刘睿
2	15517	数媒设计普通组	下棋可以悔,人生只一回	沈阳化工大学	薛勇斌、翟彦超、徐晓凡	郭仁春
2	15519	数媒设计民族文化组	徽州风情	吉林大学	冯瑜	彭巍
2	15526	数媒设计普通组	遇见生命	沈阳工程学院	程绍博、刘昱伯、邢焕震	侯荣旭、周文平
2	15527	数媒设计普通组	残缺的生命-独特的精彩	沈阳工程学院	于强、尚骏、安柯翰	徐立波、马黎
2	15539	软件应用与开发	计算中心网站设计	华东理工大学	王嘉良	王占全
2	15546	微课与课件	弟子规	沈阳工学院	赵小荻、张涛、聂文超	孔德尉、张文静
2	15552	数媒设计民族文化组	少数民族之建筑之旅	同济大学	钱轶钧、孙磊、张成斌	李湘梅
2	15557	数媒设计专业组	花儿开在月光下	成都农业科技职业学院	邓雅璇、徐莉莉、杨小洁	李辉
2	15567	数媒设计普通组	生命诚可贵 且行且珍惜	大连东软信息学院	徐伟平	徐坤
2	15569	数媒设计专业组	天堂的来信	马鞍山师范高等专科学校	何继涛、赵苇荻、陈小荏	黄凌骜、高婷
2	15572	数媒设计专业组	如果生命逆流	安徽经济管理干部学院	周美玲、孙静文、黄琼琼	林勇、王睿
2	15573	数媒设计民族文化组	瑶寨寻歌	辽宁工业大学	杨彭剑、任姝、李洋	赵鹏
2	15586	软件服务与外包	上海大学实验室预约管理系统	上海大学	何炜、赵帅、丁佳	高珏、高洪皓
2	15590	软件应用与开发	高等学校人力资源管理系统	辽宁工业大学	黄浩、解洪宇、闫雪峰	杜颖、邸长江
2	15591	数媒设计民族文化组	门神文化的介绍与推广	东北大学	张天琦、孙高飞	霍楷

续表

奖项	作品编号	大类(组)	作品名称	参赛学校	作者	指导教师
2	15593	微课与课件	Java 链接 MySQL	辽宁工业大学	于洋	姜悦岭
2	15600	数媒设计专业组	河生映画	安徽师范大学	马草原、曹鹏、李晴晴	孙亮
2	15603	软件应用与开发	CT 仿真操作与诊断训练系统	皖南医学院	周伟庆、张自成、胡振坤	黄磊、翟建
2	15637	微课与课件	引导线交互动画	石河子大学	李雄	张瑞
2	15640	数媒设计民族文化组	古床灵韵	马鞍山师范高等专科学校	康林希、李秀敏、储珍珍	马宗禹、高婷
2	15650	软件应用与开发	我要网	上海电力学院	徐晓冬、王璐婧、张欢	李春丽、潘华
2	15651	数媒设计专业组	转变	中州大学	方正、马合欢	张蕾、郝志萍
2	15653	数媒设计普通组	子欲养，亲何在	中央司法警官学院	于志伟、游丰铭、刘跃	寿莉、高冠东
2	15660	软件应用与开发	烧结机漏风率实时监测系统	辽宁科技大学	毕洪博	杨凯
2	15662	数媒设计专业组	生命与童年	西北工业大学明德学院	王勇、王雨璐、王翔	白珍、冯强
2	15669	数媒设计专业组	“声”生不息	石河子大学	孔良菊	王建
2	15670	微课与课件	电磁场与电磁波教学课件	辽宁工程技术大学	苗爱冬、吴亚玲、孙菊谦	徐光宪、刘超
2	15676	数媒设计专业组	人在旅途	洛阳师范学院	周铄丰	高颖
2	15677	软件应用与开发	华东政法大学普法网	华东政法大学	吴子旭、安峻锋、孙琬晶	单美静
2	15682	软件应用与开发	基于 Android 的数据场景响应及应用系统	西华师范大学	钟传平、卢林、何帅	蒲斌、王锦
2	15685	数媒设计专业组	珍心大冒险	重庆大学	李海石、黄亮、王杰	李刚
2	15689	微课与课件	数据库技术与应用课件-i 学网——综合淘课系统	华东理工大学	张志豪、张天宇、林泽青	胡庆春
2	15690	软件应用与开发	中小企事业单位多平台内容发布系统	重庆工商大学	罗枭、杜健、余芒芒	杨艺
2	15691	软件应用与开发	实训项目管理系统	六安职业技术学院	沈国涛、程金宝、鲁山东	王红、张兴元

续表

奖项	作品编号	大类(组)	作品名称	参赛学校	作者	指导教师
2	15695	数媒设计民族文化组	藏韵	大连工业大学	王静娜、马倩、付尧	栾海龙、刘正阳
2	15697	数媒设计普通组	人生莫如梦	中央司法警官学院	陈珠洙、彭玲、张航	高冠东、寿莉
2	15702	软件应用与开发	校园信息采集与移动互联发布平台	西安电子科技大学	蒋禹、程松、范倩莹	李隐峰
2	15708	软件应用与开发	基于 Android 物流定位系统的设计与实现	南开大学滨海学院	张一帆	刘嘉欣
2	15710	软件应用与开发	美食美客-爱心校园点餐系统	中州大学	张永存、耿晓雷、梁婧萍	王伟、许爽
2	15713	数媒设计普通组	论语新篇	西南财经大学	师鑫颖、熊壮	杨大友
2	15727	软件应用与开发	团委思想教育中心	辽宁省沈阳市东北大学	刘高娃、林野、吴宇博	黄卫祖、任萌
2	15732	数媒设计专业组	拔节	保定学院	赵柳莹、和静那	王倩
2	15735	数媒设计专业组	绽放	河南城建学院	潘雨昊	张向娟、白粒沙
2	15736	数媒设计专业组	血兔	大连民族学院	胡超、于思远、田荫玉	贾玉凤、张伟华
2	15745	数媒设计专业组	失联马航留给我们的命题	中州大学	崔奥、田晓媛、苏小争	郝志萍、陈小冬
2	15748	软件应用与开发	教育保障与团购平台——团课网	大连民族学院	黄湖川、丁心、田原	李锡祚、王立明
2	15777	数媒设计专业组	遗失	西北大学	李叶	任斌
2	15787	数媒设计普通组	诺亚方舟未来展览馆	河北金融学院	刘裕粟、闫明君、苏怡文	苗志刚、曹莹
2	15796	数媒设计民族文化组	少年行	西北大学	胡文嘉、聂其凤	温雅、张辉
2	15810	数媒设计普通组	山东信息职业技术学院 360 全景展示	山东信息职业技术学院	吴可鑫、宫玉玺、王文卿	王国强
2	15811	数媒设计专业组	生命	西北大学艺术学院	王辉	温雅
2	15813	数媒设计专业组	漫步人生	成都农业科技职业学院	陈思思、张小梦、阚婉枫	陈琳
2	15833	软件应用与开发	健康服务平台——呵护健康网	德州学院	于金帅、李理博、朱伟华	郭长友、孙新燕
2	15853	数媒设计普通组	为生命着色	德州学院	张金鑫、高凯强、冯延峰	刘敏、张琦

续表

奖项	作品编号	大类(组)	作品名称	参赛学校	作者	指导教师
2	15859	软件应用与开发	在线订餐系统	四川职业技术学院	黄慧鑫、潘学勇	陈印
2	15884	数媒设计普通组	霾藏蓝天	德州学院	丛志强、袁洋洋、叶丹丹	李杨、张聿华
2	15888	软件应用与开发	C语言学习网站	德州学院	李思武、高凯强	孟俊焕、刘敏
2	15899	软件应用与开发	广告统一部署系统	枣庄科技职业学院	刘帅、尚丽君	秦德杰、岳明
2	15902	软件应用与开发	老龄化信息管理系统	中国人民解放军信息工程大学	曹征强	王运成
2	15918	数媒设计普通组	多彩的生命	枣庄科技职业学院	张杰	孔德萍、乔相臣
2	15922	数媒设计普通组	不只我们有生命	中国海洋大学	厉梦琪、韩泊宁	姜永玲
2	15933	微课与课件	组成原理教学课件	德州学院	王玉锋、张瑞、周晓颖	王洪丰、孙新燕
2	15948	数媒设计专业组	可不可以再一次	安康学院	李梦姣、李泽杰	张超
2	15952	微课与课件	数据结构典型算法演示系统	中原工学院	刘意周、王世瑜、陈绍松	程传鹏
2	15960	数媒设计普通组	抢劫死神	同济大学	韦予杰、黄忠凯、叶峰	李湘梅
2	15961	数媒设计民族文化组	黎锦故事	海南师范大学	刘盼盼、毕瑶、王妍	张清心、陈晓忠
2	15994	软件应用与开发	工程绘图计算教学软件	西安电子科技大学	张聪、吴锐、廖栩锋	李隐峰
2	15997	软件服务与外包	基于Android的MHK单词学习软件	新疆大学	依里亚斯·阿不都、艾合买提·尼亚孜、迪里拜尔·依米提	买合木提·买买提、艾山·吾买尔
2	16000	软件服务与外包	全民邦	中国政法大学	鲁嘉琪、黄晓莺、蔡曜羽	张扬武、王宝珠
2	16010	微课与课件	“网络广告设计与制作”课件	德州学院	黄传朋	冉玉梅、秦丽
2	16016	数媒设计普通组	药心	安徽医学高等专科学校	朱熙	陈涛、胡明
2	16018	数媒设计普通组	生命之绿	上海财经大学	王丹、郑修铉	曹风

续表

奖项	作品编号	大类(组)	作品名称	参赛学校	作者	指导教师
2	16023	软件服务与外包	基于 Kinect 的“身”动数字艺术	西安电子科技大学	孙其功、张诗杰、刘禹、李心睿、刘明珠	李隐峰、杨刚
2	16055	软件服务与外包	餐饮手持设备点餐系统 IcssMos	湖北理工学院	谢冬季、尹维亮、司云飞、张培斌、胡水云	余刚、伍红华
2	16062	软件服务与外包	高校学报在线投稿与办公平台	湖北理工学院	刘作栋、刘政华、廖万君	张国军、程细才
2	16063	软件服务与外包	戈骆心理健康管理平台	石家庄职业技术学院软件学院	安媛媛、刘森、田亚伟、高霞、范亚娇	赵阳
2	16084	软件服务与外包	房地产项目网络营销解决方案	河北金融学院	巫秀红、董昊、李少尧、薛雅、贾荣娟	刘冲、石伟华
2	16108	软件服务与外包	中国大学生计算机设计大赛竞赛平台	中国人民大学	梁俊卫、梁袁、张嘉洋	尤晓东、周小明
2	16160	动漫游戏创意	手机小子四格漫画	北京体育大学	黄京智、濮心亚、苏航	刘玫瑾
2	16175	动漫游戏创意	Egg Crash	大连理工大学	王馨爽、刘敏、尹宏达	李晓芳
2	16208	动漫游戏创意	蚂蚁通缉令	大连民族学院	吴刚、刘曦月、李松洋、陈建旭、崔文植	何加亮、马彪
2	16224	动漫游戏创意	破茧而出	武汉理工大学	陈子鉴、徐馨、徐浩峰	方兴、王舜燕
2	16228	动漫游戏创意	来自星星的狐	东北大学	颜晓雯、程思雨、原艺玮、张森、王墨晗	霍楷
2	16229	动漫游戏创意	最萌宠	福建对外经济贸易职业技术学院	麻俊宇、蒋诗勉、周晏哲	赵燕敏
2	16246	动漫游戏创意	会飞的鼹鼠	湖北理工学院	潘元芳、张莉、郑晓瑞、蒋燕青	徐庆、陈伟
2	16276	动漫游戏创意	To South	西北大学	党超、薛洋	温雅
2	16294	动漫游戏创意	星星狐手机主题	福建农林大学金山学院	陈继商、林加福	杨亮
2	16300	动漫游戏创意	龙	桂林电子科技大学信息科技学院	王川壬	黄晓瑜、李辉

续表

奖项	作品编号	大类(组)	作品名称	参赛学校	作者	指导教师
2	16317	动漫游戏创意	手机小子之奔跑篇	兰州交通大学	阚志梅、张娣、徐敏华	蓝充、刘海
2	16321	动漫游戏创意	ALWAYS LEARNing	兰州交通大学	赵绚尧、刘瑶、章含章	刘海、张国龙
2	16330	动漫游戏创意	只顾盯着鹬鸟的渔童	福建江夏学院	蔡琳琼、苏映雪	林俊、曹洁
3	10023	软件应用与开发	人力资源管理系统	南京林业大学	殷晓飞、肖静静	高德民、韦素云
3	10024	软件应用与开发	基于三维点云数据的树木主枝干骨架提取	南京林业大学	张天安、王宇飞	韦素云、云挺
3	10027	数媒设计普通组	生命	天津工业大学	陶聚磊、张雨鑫、麻琳红	李焕峰、王磊
3	10032	软件服务与外包	履带式目标搜救机器人	河海大学	涂宏、严妍、范文彰、祝朝政、王艺瑶	严锡君、张雪洁
3	10038	软件应用与开发	网络舆情中网民群体行为演变虚拟仿真实验平台	南京理工大学	刁立国、张展笑、王丹诗	吴鹏、陈芬
3	10059	软件应用与开发	基于 LabView 的数字电路虚拟实验平台	天津商业大学	杨少宏、金锐锋、侯晓云	耿艳香
3	10060	数媒设计民族文化组	一榄情深	广东外语外贸大学	李声鹏、杨润德、曾楚梦	陈仕鸿、刘丽玉
3	10061	软件应用与开发	汽车减速器监测系统	南昌大学	田朋云、张洁	罗超
3	10080	软件服务与外包	“众在餐予”——点餐服务系统	宁夏大学	马宗元、潘丽静、石磊、姚佳乐	匡银虎、张虹波
3	10088	数媒设计专业组	生命如水	九江学院	邹敏、王雪、刘孟杰	张亚珍、李融
3	10110	软件应用与开发	机密图像泄密检测系统	武汉理工大学	张镇、王坤、李伟	彭德巍
3	10123	软件应用与开发	安全阀安全保障综合管理信息系统	南京工业大学	张天朔、李雪瓅、魏星	刘学军、王双
3	10124	软件服务与外包	双光谱智能化远程监测系统设计与实现	湖南农业大学	丁毅、谭奇栋、叶秀南	刘波、沈岳
3	10129	软件应用与开发	手机安全卫士	天津农学院	朱楠建、魏泽林	许晓华、陈长喜
3	10135	数媒设计专业组	Life	南开大学滨海学院	杨亚彤、陈思含	张晓媛

续表

奖项	作品编号	大类(组)	作品名称	参赛学校	作者	指导教师
3	10136	软件服务与外包	北京唐图瑞影网站与移动平台应用开发	中国民航飞行学院	徐若恒、陶永江、肖芳、黄礼文、张旭博	路晶、何元清
3	10151	软件应用与开发	画话——以书画会友的社交平台	江西师范大学	张媛、李凡	柯胜男
3	10157	数媒设计普通组	多姿多彩的生命	南京大学	王未阳	陶烨、张洁
3	10158	数媒设计普通组	岛屿	天津农学院	柏慧慧、胡丽萍	何玲、周红
3	10161	微课与课件	轻轨票务系统开发	苏州市职业大学	康登凤、张宁、何永	廖黎莉
3	10171	软件应用与开发	生态渔业展示平台	天津农学院	贡培钧、张益圣、杭高森	许晓华、何玲
3	10175	软件应用与开发	基于 Kinect＋Unity3D 体感交互式虚拟实验平台	江西师范大学	糜棽、罗瑞宸、张运	柯胜男、王懿清
3	10194	数媒设计专业组	起源 Origin	北京工业大学艺术设计学院	李子雄、侯雪娇、王方	张岩、田伟先
3	10216	数媒设计专业组	僵尸囧事	江西师范大学	尧诗恬、甘梦瑶、杨凡	朱昊然
3	10218	数媒设计专业组	Dream & Life	江西师范大学	黄雅雯、陈秋婷、李艳霞	朱昊然
3	10228	软件应用与开发	环境-经济双目标电力负荷优化分配软件	东南大学	程天石、吕家乐	陈伟、许园园
3	10236	软件应用与开发	云南珍品网	云南财经大学	陈兴华、董志永、韩永慧	陈振兴
3	10239	软件应用与开发	基于 MPI 并行计算平台的多轮度任务压缩计算方案	辽宁工业大学	许潇文、张小艳、李晓	刘艺、褚治广
3	10245	软件服务与外包	基于物联网技术的智能家庭防盗系统	辽宁工业大学	李根华、刘蕾蕾、梅俊明、柴雪飞、张小艳	褚治广、张兴
3	10258	数媒设计普通组	生命的旅程	天津农学院	徐静	何玲、陈长喜
3	10264	软件应用与开发	Femtocell 无线通信实验平台	江苏科技大学	户楠楠、陆非寒、吴玉亭	张笑非、徐丹
3	10274	数媒设计普通组	生命在于运动	天津农学院	徐静	何玲、陈长喜

续表

奖项	作品编号	大类(组)	作品名称	参赛学校	作者	指导教师
3	10276	软件服务与外包	基于智能制造系统的物联网3D监控	苏州市职业大学	印丹、余丽媛、高祥	刘昭斌
3	10281	数媒设计专业组	Pretty Home3D	江西师范大学	陈臣洋	曹中华
3	10282	软件服务与外包	互联网热点舆情与追踪	中国人民解放军信息工程大学	肖忠耿、袁晨、孙瑞航、樊秉程、李嘉康	郭志刚
3	10302	软件应用与开发	基于Android手机的万用表设计	昆明理工大学	李泳龙、鲍思成	胡寅
3	10304	软件应用与开发	基于Android的老年人自助急救皮带设计	昆明理工大学	臧瑾、陈雪玉	胡寅
3	10305	软件应用与开发	益点智能家居网	天津天狮学院	米梦宇、徐露	李小红
3	10314	数媒设计专业组	The amazing of life	三峡大学	王丹	王俊英、陈明
3	10332	软件应用与开发	基于雷达回波数据的雷电情况分析	南京信息工程大学	王峥虹、李剑、管正雄	陈文兵、展翔
3	10342	软件服务与外包	矿大校园通	中国矿业大学	冯艺琳、冯剑飞、张攀、张绍楠	张博、夏战国
3	10347	数媒设计专业组	生命寄存体	武汉软件工程职业学院	余冲、瞿定香	鲁娟、夏敏
3	10354	计算机音乐	那一年,这一天	赣南师范学院	曾杰、许瀚文、朱霖霖	杜华龙、杨婷
3	10364	微课与课件	Visual Basic教学——随机数的应用	南京大学金陵学院	姚洵丰、冯章超	张沈梅、孙昊
3	10367	软件服务与外包	面向小微级企业软件定制服务——扬州市机关彩印中心核价生产信息管理系统	南京晓庄学院	许逸名、张茜、卓瑞英	杨宁、李朔
3	10369	数媒设计专业组	龙湖古寨	韩山师范学院	董文纯、姚林钊、谢伟璇	廖华林
3	10376	软件应用与开发	手机商品评论信息抓取与分析	南京理工大学	王颖、苏宁、林森泽	丁晟春、张金柱
3	10382	计算机音乐	做军鞋	赣南师范学院	代敏、叶家伟、夏慧敏	杜华龙、伍润华
3	10411	软件应用与开发	基于Web的作业在线批改系统	华侨大学	林鑫铭、周翔、陈海波	姜林美
3	10412	数媒设计普通组	生命源代码	北京交通大学	唐煌	周围、王移芝

续表

奖项	作品编号	大类(组)	作品名称	参赛学校	作者	指导教师
3	10417	微课与课件	“社会保障国际比较”课件设计	南京师范大学	施依韦、金一戈、孙淑媛	杨俊、郑爱彬
3	10437	软件服务与外包	Seek You——基于安卓平台的 LBS 应用	南京师范大学	曹中奇、刘丹阳、周齐飞	杨俊、郑爱彬
3	10439	数媒设计普通组	倒带人生	南京师范大学	史秋怡、田师华	杨俊、郑爱彬
3	10452	数媒设计普通组	生命的价值	南开大学	陈钰、白玥明	许昱玮、李妍
3	10459	软件服务与外包	基于 CRM 的综合营销管理系统设计	辽宁工程技术大学	籍瑞庆、刘旺、胡杰、吴壮	曲海成、刘腊梅
3	10465	软件应用与开发	论文关系网	湖南农业大学	王波、徐锋、郭兰	肖毅、聂笑一
3	10474	软件服务与外包	自适应数据库变迁的通用查询系统	南京信息职业技术学院	解坤、李大祥、袁昊晨、李琪浩、虞晓	孙仁鹏、何淼
3	10501	数媒设计民族文化组	印象-中国	南昌工程学院	赵勇	万旎
3	10525	软件应用与开发	基于 Android 的大学生个人理财	赣南师范学院	王丽丽、黄爱琳、李丽霞	巫华芳、钟琦
3	10526	软件应用与开发	E-LIBRARY 图书馆预约平台(湖北大学)	湖北大学	唐宇魁、陈康、陈汉中	徐磊
3	10527	软件应用与开发	干部管理工程评价系统	武汉软件工程职业学院	吴鎏玺	刘媛媛、鲁立
3	10536	微课与课件	“足球”课件	赣南师范学院	许馨月、胡雯琳、刘慧	汪玮琳、钟琦
3	10550	软件应用与开发	基于 JavaWeb 的校园订餐网	天津天狮学院	苏磊、莫如辉、吴娅贤	李小红、常振云
3	10554	数媒设计普通组	U R the Apple of My Eye	南京大学	严英慈、魏萍萱	张洁、陶烨
3	10557	软件应用与开发	基于 Android 平台的象棋游戏	天津天狮学院	杨柳、陈先勇、高福星	吕向风、钱冬梅
3	10558	数媒设计专业组	欲	天津天狮学院	林杭、秦欣茹	刘斌、马超
3	10569	软件应用与开发	智慧选址一移动平台的大规模商店选址软件设计与算法优化	大连大学	王熙鹏、吴爽、邵寅博	季长清、张建新
3	10573	微课与课件	“中国画”多媒体课件	南京师范大学	陆心怡、许玲玉	杨俊、郑爱彬
3	10578	数媒设计专业组	时间去哪儿了	甘肃交通职业技术学院	高玉燕	张世辉、王志强

续表

奖项	作品编号	大类(组)	作品名称	参赛学校	作者	指导教师
3	10585	软件应用与开发	基于 Extjs+SSH 的教学考试平台	武汉软件工程职业学院	高阳、杨少峰、龚严华	李文蕙、谢日星
3	10591	软件应用与开发	基于 RFID 的图书自助借还系统	南京航空航天大学金城学院	戚尔江、李磊	王志凌、隋雪莉
3	10598	数媒设计普通组	蝴涂一生	江西师范大学	罗森、潘柳彤	曾雅琳
3	10614	微课与课件	大学英语Ⅱ第三单元：美国教育、媒体与节日	桂林电子科技大学	郑付坤、李玲玉、邝杜振	王冲、吴旭丹
3	10615	计算机音乐	湘妹陀	深圳大学	吴岚岚	谷勇
3	10626	微课与课件	声声慢	韩山师范学院	李伟慧、蔡晓满	江玉珍
3	10638	软件应用与开发	即你图书借阅平台	中央财经大学	欧飞燕、曾志远、王子曰	祝世伟
3	10644	软件应用与开发	移动票务平台的设计	桂林电子科技大学信息科技学院	黄泽康、周文正	龙丹、邱勋拥
3	10659	数媒设计普通组	荒岛历险	山西大学	马超、米鑫、石晋文	吕国英
3	10670	微课与课件	无线路由器的安装与配置	南开大学	易夷则、孙一铭、毛懿荣	许昱玮
3	10686	软件应用与开发	基于微博的计算机学习资源自动分类系统	广东外语外贸大学	周子程、黄卫坚、蔡茂丽	蒋盛益
3	10692	软件应用与开发	学生考勤管理系统	天津师范大学	王子恺、李飞鸿、阿不都热依木·阿不来提	赵川
3	10717	数媒设计普通组	百·态	天津师范大学	李飞鸿、付光晖、徐梦媛	程勇
3	10720	微课与课件	交通规则教学课件	天津外国语大学	蔡彩虹	高蓉蓉
3	10744	数媒设计普通组	哺乳动物育婴室	昆明理工大学	于长庆、曾鹏华、陈坤平	刘泓滨、杜文方
3	10753	软件应用与开发	琵琶语	韩山师范学院	陈东玉	韦宁彬
3	10755	数媒设计专业组	生如夏花	韩山师范学院	刘丽婷	薛胜兰

续表

奖项	作品编号	大类(组)	作品名称	参赛学校	作者	指导教师
3	10756	计算机音乐	理科楼 2000	北京大学	滕跃	苏祺
3	10769	数媒设计专业组	生	天津外国语大学	陈非凡、李志萍	侯双双、张海月
3	10784	软件应用与开发	清明时节	天津师范大学	郭丹、严秀萍	柳彩志
3	10787	数媒设计专业组	“染典姆”——生命	昆明理工大学	彭光毅、葛禹锋	袁思洋、张譞元
3	10788	计算机音乐	不能没有你	西北民族大学	满杰、黎明	果建华、谢建勋
3	10789	数媒设计民族文化组	潮州木雕	韩山师范学院	陈洁玫、林伟鸿、黄彤如	郑耿忠、刘秋梅
3	10807	数媒设计专业组	大器铜官	湖南大学	戴雨静、严康	周虎
3	10810	微课与课件	陶罐与铁罐	赣南师范学院	刘红芳、温慧敏、陈文倩	吴虹、陈舒娅
3	10813	数媒设计普通组	潮州非遗——花灯、木雕、潮绣	韩山师范学院	江悦婷、郑信仪	朱映辉、江玉珍
3	10817	数媒设计普通组	蜀黎	赣南师范学院	彭丽娟、肖璐、李文静	吴虹、钟琦
3	10830	数媒设计专业组	时光密语	江西师范大学	王希楠、尹梦婷、陈翰墨	廖云燕、王萍
3	10831	微课与课件	西周的民事法律制度	赣南师范学院	陈婉新、邓水良、李瑶	吴虹、胡声洲
3	10866	数媒设计民族文化组	华风汉韵	东南大学	谢翱羽、瞿祎程、胡铭觐	丁彧、许园园
3	10873	计算机音乐	月光下的韩江水	韩山师范学院	吴俊、刘凯洁	郑耿忠
3	10890	数媒设计专业组	生死之美	广东药学院	杜丽媛、李建森、陈创立	陈畇燚、刘军
3	10893	软件应用与开发	婚纱摄影学堂	韩山师范学院	陈碧瑶	韦宁彬
3	10919	软件应用与开发	包裹去哪儿了	天津工业大学	姚远、张航、裴敏	任淑霞
3	10937	软件服务与外包	互联网热点舆情和追踪	湘潭大学	王邵华、曾旭东、阿嘎尔、李江涛	欧阳建权、唐欢容
3	10938	数媒设计普通组	生命——活着　爱着　珍惜着	南京大学	韩文婷、周思佳、孙瑜	陶烨、张洁
3	10948	数媒设计普通组	生机	武警后勤学院	郭俊佟、张晶晶、史建勇	孙纳新、杨依依

续表

奖项	作品编号	大类(组)	作品名称	参赛学校	作者	指导教师
3	10949	数媒设计普通组	眠趣	武警后勤学院	符祥、黄玉芬、王爱昕	孙纳新、杨依依
3	10973	微课与课件	子网与子网规划	江苏财经职业技术学院	吴保龙	傅伟、徐连霞
3	10983	微课与课件	数据查询之单表查询	天津工业大学	黄镇、王硕、游京瀚	任淑霞
3	10991	微课与课件	计算机硬件基础	天津师范大学	徐璠、辜振贤、张兆年	郭丽娟
3	11003	数媒设计普通组	iSend爱发送——你身边最好的社交网络发送端	天津大学仁爱学院	介扬、谢兆宇、冯鑫礼	李敬辉
3	11024	数媒设计普通组	Life is a poem	中国人民公安大学	楼叶、吕晓彬、郑婕	王慧
3	11048	软件应用与开发	悦读讲座网——高校讲座信息发布平台	湖南农业大学东方科技学院	冯湘梅、陶晓东、朱卫	聂笑一、肖毅
3	11054	软件应用与开发	云南工商学院ATS学生操行管理系统	云南工商学院	肖野、代荐辉、付宗跃	朱晓晶、李红育
3	11079	软件应用与开发	支持App应用的学评教系统	北京工商大学	高鑫、陈亚康、梁慧	宫树龄
3	11081	数媒设计专业组	留下希望,守住幸福	广东技术师范学院	谢晓欢、李玉苹、林枫	耿英华、李端强
3	11082	数媒设计专业组	爱的明灯	淮阴师范学院	李悦、马雨桐	陈文华、陈长松
3	11097	软件应用与开发	天津大学仁爱学院信息系门户	天津大学仁爱学院	刘炯宁、郭政宏、李俊鹏	种楠楠
3	11100	数媒设计普通组	生命元素变奏曲	天津师范大学	卫玉龙、郑文强	张颖
3	11112	软件应用与开发	优look在线视频	广东技术师范学院	陶维森、张静华、伍婉秋	赵剑冬、许晓安
3	11114	数媒设计民族文化组	魅力潮绣	韩山师范学院	翁琪琦、麦韵诗、刘菊云	郑耿忠、刘秋梅
3	11116	微课与课件	WK0201——Word的邮件合并	广东外语艺术职业学院	黄莹、刘翀、梁志强	杨伟杰、吴挺
3	11127	软件应用与开发	基于海量多媒体信息隐藏的安全存储系统	华侨大学	陈航宇、陈剑	田晖
3	11147	软件服务与外包	网络问政信息平台	惠州学院	刘龙飞、周泽彪、陈赞毅、林兴伟	赵义霞、刘利

续表

奖项	作品编号	大类(组)	作品名称	参赛学校	作者	指导教师
3	11152	数媒设计民族文化组	无梦到徽州	天津工业大学	郭仁琼	刘剑云
3	11163	软件应用与开发	河北经贸大学艺术学院网站	河北经贸大学	李振宇、范小帅、朱嘉鑫	李罡
3	11179	数媒设计普通组	生命长河——关爱濒危物种	韩山师范学院	胡超、杨伟强	郑耿忠、刘秋梅
3	11180	数媒设计普通组	跳动的生命	桂林电子科技大学职业技术学院	唐海超	卢金燕、卢奋
3	11202	软件应用与开发	南京城市职业学院 BBS 论坛	南京城市职业学院	毛伟栋	徐君、井辉
3	11235	数媒设计专业组	雷峰塔之新印象	南昌工程学院	周子杰、蒋彪	钟丽颖
3	11262	计算机音乐	英雄	中国政法大学	王斯迈、张婧、赵艺璇	赵晶明、李激
3	11263	数媒设计普通组	树・生(Life of the Tree)	中国政法大学	章倩樱、何苗、王雅祺	李激、郭梅
3	11269	数媒设计民族文化组	冰莲玉簪	武警后勤学院	郭俊佟、史建勇	孙纳新、杨依依
3	11281	数媒设计专业组	生命的"诠视"	天津师范大学津沽学院	王钊雯、陈柏君、王秋燕	赵玉洁
3	11291	数媒设计专业组	时间失足者	北京语言大学	胡梦非、谢宇桢	张习文
3	11310	软件应用与开发	i-Learning 在线学习平台	广东技术师范学院	余佳恕、莫美琪、李裕珍	赵剑冬、谢运佳
3	11328	数媒设计专业组	生命与环境	广东青年职业学院	陈苏帆、黄丽丹	吴树鑫、黄培泉
3	11335	数媒设计专业组	这生命	中南民族大学	韦巧珍、农春丽	张慧丽
3	11339	数媒设计普通组	生命的悔悟	通化师范学院	陈嵘峰、高志强、李哲安	赵颖群、王巧玲
3	11352	微课与课件	"图形与图像媒体"微课案例	广东青年职业学院	练洁美、姚淑丹、詹舒平	谢志妮、闫振中
3	11364	数媒设计普通组	Life	广东外语外贸大学	吴俊辉、朱夏米、刘芳	叶开、巩文科
3	11388	数媒设计专业组	孕	天津师范大学津沽学院	王秋艳、陈柏君、王钊雯	赵玉洁
3	11432	微课与课件	图层蒙版	曲靖师范学院	资爱霞、王琪、李凤梅	孙丹鹏、孔德剑

续表

奖项	作品编号	大类(组)	作品名称	参赛学校	作者	指导教师
3	11433	微课与课件	Word 邮件合并	曲靖师范学院	田润旭、唐明辉、薛云娇	孙丹鹏、孔德剑
3	11434	微课与课件	Excel 表格中数据的筛选	曲靖师范学院	杨倩倩、吕和龙、杨旭	孙丹鹏、孔德剑
3	11437	计算机音乐	奔跑吧！青春	哈尔滨广厦学院	王观勋、张强、姜阔天	陈井霞
3	11445	数媒设计民族文化组	东方古城堡——客家土楼	北京邮电大学世纪学院	伊璐晗、张若楠	朱颖博
3	11458	数媒设计民族文化组	清真寺建筑	西北民族大学	周鹏	张志腾
3	11471	数媒设计专业组	Lamp life 空气净化路灯	南昌工程学院	康斌、田英杰	段鹏程
3	11492	数媒设计普通组	生命	韩山师范学院	林武佳、唐郭萍、黄映如	朱映辉
3	11493	数媒设计专业组	自然·感悟	北京邮电大学世纪学院	王璐瑶	陈薇
3	11507	软件应用与开发	交换空间	北京工商大学	任叶、王成华、李明昆	王雯、戴明利
3	11512	微课与课件	3D 初中化学学习软件	东南大学	王子晓、韩杰、卢长胜	魏海坤、陈伟
3	11529	数媒设计专业组	珍爱生命，切勿酒驾	广东技术师范学院	李若韩	王竹君、李端强
3	11534	数媒设计专业组	让爱传递(Let Love Pass)	苏州市职业大学	洪思凡、刘婷婷、张宁	刘媛霞
3	11539	软件应用与开发	校园部落格	西北民族大学	王静、程腾坤、陈志斌	蔡正琦、孙静伟
3	11541	数媒设计专业组	爱[艾]的红丝带	中山火炬职业技术学院	陈佳宜、王洁英	伍丹、周慧珺
3	11544	数媒设计民族文化组	平山甲水	西北民族大学	穆龙杰、龙代凡、覃纯	李君利
3	11549	软件应用与开发	班级小助手	广东外语外贸大学	姚娟娜、邹元达、黄燕光	蒋盛益
3	11551	数媒设计专业组	针对藏族三年级同学设计的教学游戏《小卓玛取树种》	西北民族大学	高雅楠、姚翔、褚晓旭	李文丽、梁志成
3	11558	数媒设计普通组	鸟神逃亡战	西北民族大学	秦娇娇、李科、李佳酿	杨雪松
3	11563	数媒设计专业组	生命·MH370	广州航海学院	胡考超、丘森林	李芷萱

续表

奖项	作品编号	大类(组)	作品名称	参赛学校	作者	指导教师
3	11581	软件应用与开发	数字餐厅	北京建筑大学	李旭阳、孙牧云、符其实	冯宏岳、张蕾
3	11583	数媒设计民族文化组	凉州会盟的故事	西北民族大学	郭海菲、马雨萱、曲芯慧	蒲佳、杨旦春
3	11586	微课与课件	路	西北民族大学	张帆、王冬、赵恒	
3	11587	数媒设计普通组	霖	中国人民大学	朱映秋、余雨晗、吴亚明	
3	11595	软件应用与开发	饭否——餐饮系统平台	华侨大学	陈凯军、陈拳、王召	宋益国
3	11603	数媒设计普通组	小旅行	华侨大学	卢俊能、张婉琪	郑光
3	11605	数媒设计民族文化组	马背上的机器人	华侨大学	谢甜、项博、丛语薇	柳欣
3	11616	计算机音乐	繁华盛世	华侨大学	周蓬昆、何俊丽	彭淑娟
3	11618	计算机音乐	记忆	华侨大学	周蓬昆	彭淑娟
3	11624	数媒设计专业组	生息	华侨大学	梁晨曦、凌天宇、郭福眼	郑光
3	11639	数媒设计专业组	生命的旋律	浙江农林大学	孙艳田、孙恩娜	黄慧君、杨文剑
3	11644	数媒设计普通组	Life on Camera	贵州师范大学	蒙仕明、韩金锋、蒋贤宇	吕兵、秦欣
3	11659	软件应用与开发	初中物理实验平台——Bright Circuit	深圳大学	罗岷委、谭惜悦、梁楚疑	张永和、胡世清
3	11671	数媒设计专业组	生命圆舞曲	上海第二工业大学	陈昊、张卓、吴浩然	施红
3	11678	软件应用与开发	CloudQ	东南大学	王量、曹文龙、欧列川	姚莉、陈伟
3	11681	数媒设计普通组	生命协奏曲	广东外语外贸大学	谢文凯、李梓晴、石炯杰	李穗丰、胡春花
3	11685	微课与课件	初识指针	南京工业职业技术学院	郑宗辉、刘志峰、顾婷婷	姜沐、杨正翔
3	11695	数媒设计专业组	生·命	南京信息工程大学	毛文磊	陈曦、马利
3	11702	软件应用与开发	在线虚拟键盘	南京信息工程大学	纪晔	马利、展翔
3	11709	数媒设计专业组	玄·空	南京信息工程大学	张美珍、董佳琦	卢晓天、展翔

续表

奖项	作品编号	大类(组)	作品名称	参赛学校	作者	指导教师
3	11718	数媒设计专业组	生命的眼睛	北京体育大学	汪景塬、张如瑾、张麟	吴垠
3	11719	微课与课件	数据备份与恢复之开盘介绍	南京工业职业技术学院	吴寒、张庆恒、孙凤	胡烈、姜沐
3	11723	数媒设计民族文化组	藏族手工艺品——龙头琴	甘肃民族师范学院	王海龙、赵关琛、宋继彪	马国俊、陈彦峰
3	11725	数媒设计专业组	生命对比——假如生命只剩三天	北京邮电大学世纪学院	康克瑞、孔令枫、陈晨	孙丽娜
3	11730	软件应用与开发	萌芽网儿童安全教育网站	北京邮电大学世纪学院	张晓婷、刘阳、李树森	孙丽娜
3	11736	数媒设计专业组	悟·霾	北京体育大学	魏潇、马敬展、张澎涛	陈志生
3	11738	计算机音乐	松之曲	上海第二工业大学	李国雄	施红
3	11749	数媒设计专业组	生之颂,命之灿	北京大学	李尽沙、刘雨晴、唐铁一	钱丽艳
3	11751	数媒设计专业组	墙洞逃生	成都理工大学	李雨轩、陈丽	蔡彪、吴静
3	11753	数媒设计专业组	半影	江南大学	王芳凝、诸云晖、吴家风	孙俊、谢振平
3	11757	数媒设计专业组	山那边	兰州大学	陈丹、胡萃、丁瑞君	高若宇
3	11769	微课与课件	计算机网络基础——子网掩码	甘肃民族师范学院	巩张云、李会芳	马国俊
3	11798	数媒设计专业组	怀念	深圳大学	马诗燕、陈瑞文、权银清	黄晓东
3	11832	软件服务与外包	高等学校招生信息管理系统	南京理工大学	范佳林、李涛、张灿、陈坤、寇宗婉	岑咏华
3	11841	数媒设计专业组	“儿童早期性教育”教学软件	深圳大学	阮晓晨	叶成林
3	11845	数媒设计普通组	未来人类	广东外语外贸大学	石炯杰	简小庆、吕会红
3	11869	数媒设计专业组	If I have	华中科技大学	上官千千、陈赟、郝雨	龙韧
3	11884	数媒设计专业组	Amazing Life(奇妙的生命)	南京艺术学院	嵇超、包洋洋、唐瑞	马江伟、严宝平
3	11889	数媒设计专业组	明月映河山	北京大学	刘朔岑、王丹丹	龙晓苑
3	11895	微课与课件	镜头语言	广东技术师范学院	廖格倩、黄润梅、廖诗剑	吴仕云

续表

奖项	作品编号	大类(组)	作品名称	参赛学校	作者	指导教师
3	11927	数媒设计专业组	Fight	东北师范大学人文学院	刘明、王晓斌、徐荣光	张晨
3	11931	数媒设计专业组	运动篇	兰州交通大学	秦会珍、孟辛梅	王志荣
3	11939	数媒设计普通组	轮回	江苏第二师范学院	朱文吉、刘玥	王玉玺
3	11940	软件应用与开发	我型我秀-试衣网	浙江财经大学	阎勋、刘惠毅	张滨
3	11947	微课与课件	大学英语综合教程 4	扬州大学	陈波锡、王维、王经纬	徐明
3	11952	微课与课件	镜头的运动	广东技术师范学院	林枫	吴仕云、耿英华
3	11959	数媒设计民族文化组	母亲的艺术	广州大学华软软件学院	张梓桃	张欣
3	11973	软件应用与开发	基于微机械传感器的人体动作捕捉系统	兰州交通大学	袁清普、李建兵	张国龙
3	11974	数媒设计专业组	Make Friends	成都理工大学	李铁林、李博	蔡彪、吴静
3	11976	数媒设计专业组	Find You	深圳大学	李凰、刘胜鹏、张畅	黄晓东
3	11982	软件应用与开发	光扫速递	广东石油化工学院	陈裕万、叶泽江、林声银	梁根、何海燕
3	12006	软件应用与开发	智能通讯——多功能声控	南京邮电大学	卢春红、韦修远、李胜艳	林巧民
3	12021	数媒设计专业组	放	广东技术师范学院	陈红	朱姝
3	12044	数媒设计民族文化组	民族建筑动画——四合院	广东石油化工学院	李锦华、邓浩霖、郑悦信	吴良海、叶奇明
3	12055	数媒设计专业组	水之殇	兰州交通大学	李玲、李枚锦	张建
3	12069	软件应用与开发	“草木之间”茶文化主题网站设计	湖北理工学院	柯贤栋、王金照、邹沙	熊皓、杨慧
3	12075	微课与课件	MOOC 交互式微课程——企业的本元管理	深圳大学	何敏佳、季盈盈、黎晓彤	黄晓东
3	12114	数媒设计专业组	The Beauty Factory	成都理工大学	朱美林、吕静	吴静
3	12124	数媒设计专业组	姐妹	兰州交通大学	张永航宇、李德行、刘帆	王志荣

续表

奖项	作品编号	大类(组)	作品名称	参赛学校	作者	指导教师
3	12131	软件应用与开发	基于GIS技术的城市综合实力数据分析模型	浙江海洋学院	周非凡、李伦、王宁	王德东、潘洪军
3	12132	数媒设计普通组	生命在于运动	浙江海洋学院	葛屹平、陈梦珂、丁宁	任文轩、叶其宏
3	12161	软件应用与开发	《Web程序设计》教学网	河西学院	吴大平、郑亮亮、许德鸿	李莉、高峰
3	12185	数媒设计普通组	味・道	浙江师范大学行知学院	俞璐楠、周薇	吴建军、吕君可
3	12201	数媒设计专业组	拯救生命	甘肃交通职业技术学院	常雅莉	田红
3	12207	数媒设计专业组	孩子说	广州大学华软软件学院	樊绮婷	张欣
3	12211	数媒设计民族文化组	藏传佛教寺院建筑艺术	甘肃民族师范学院	白永祥	马国俊
3	12212	微课与课件	小工具,大作用——Word 2007邮件合并	陇东学院	李文通、蒲莉、焦建锋	严瑾
3	12244	数媒设计专业组	生命在于自我突破	兰州大学	陈学芹	刘阳
3	12262	微课与课件	会听话的PPT——PPT中应用控件插入多媒体	陇东学院	雷海亮、杏光辉、李雅洁	严瑾
3	12268	数媒设计专业组	奋斗一场	兰州大学	游慧霞	刘阳
3	12270	软件应用与开发	选课指南	北京工业大学	台晓禹、隆晓文	葛志远、田伟先
3	12284	软件应用与开发	计算机硬件虚拟实验平台	盐城师范学院	魏桐杭、朱宁波、邱敏	丁向民、董健
3	12287	软件服务与外包	农超宝	南京农业大学	苏晓春、李葛玲、张中楫	叶锡君
3	12303	软件应用与开发	学术交流平台	北京大学	王迪	邓习峰
3	12305	软件应用与开发	限时做(Limited)	成都理工大学	余昌勇、王川	柳立召、蔡彪
3	12314	数媒设计民族文化组	福禄中华	天津师范大学	郑金智、雷剑	贾维
3	12315	数媒设计民族文化组	中国古典建筑	兰州交通大学	于小飞、陈良惠	吴晶
3	12327	数媒设计民族文化组	蝶恋	天津师范大学	褚楚、张新琰、雷健	贾维

续表

奖项	作品编号	大类(组)	作品名称	参赛学校	作者	指导教师
3	12328	软件服务与外包	课堂手机在线测验系统	中国药科大学	赵路路、洪尚志、张灵、翟敏、沈宇杰	王锋、张洁
3	12333	数媒设计普通组	生命是一趟单程	中国药科大学	钟万超	苏静
3	12336	数媒设计专业组	生命	天津师范大学	李一丹、宋亚通	贾潍
3	12340	数媒设计民族文化组	印象·新疆	成都理工大学	王媛媛	吴静
3	12374	软件应用与开发	基于 J2EE＋Struts＋Hibernate 的人力资源管理系统	陇东学院	尚凡帆、党飞熊、苏建兴	李娜
3	12377	数媒设计民族文化组	南衣北服	中华女子学院	邓嘉裴、张金玲、吴沁晔	王建波、李岩
3	12380	软件应用与开发	教师工作量申报与审核系统	中华女子学院	陈嘉欣、吴亚新、高琪	刘开南、宁玲
3	12386	数媒设计普通组	手绘生命	中华女子学院	顾婷婷、薛双双、邱莎	刘开南、乔希
3	12391	数媒设计专业组	To pursue and cherish	中华女子学院	张丽丽、赵劭琪、刘佳宁	李岩、乔希
3	12395	数媒设计民族文化组	装置体验动画《城》	北京工业大学	李柯谕、董辰	王丹
3	12412	数媒设计专业组	瞬	北京工业大学	张文丽、史士彦	吴伟和
3	12415	数媒设计普通组	无药可救	浙江科技学院	黄志斌、黄彦辰、张晶晶	雷运发
3	12417	数媒设计普通组	延续	中华女子学院	王星语、季启琪、夏梦如	李岩、霍旭光
3	12421	数媒设计专业组	生命	江南大学	王智冬、靳希莹、王芳凝	孙俊、谢振平
3	12447	数媒设计专业组	一天	北京工业大学	荣之光、孙洁、周盼	张岩、田伟先
3	12460	微课与课件	程序基本控制结构	怀化学院	禹太璞、叶婷婷、陈克猛	杨玉军、杨夷梅
3	12465	软件应用与开发	基于 Java EE 的企业管理系统	陇东学院	李鹏伟、王辉、独利元	曹建英
3	12471	数媒设计民族文化组	转经筒	甘肃民族师范学院	宋继彪、王海龙、赵关琛	马国俊
3	12499	软件应用与开发	校友管理系统	西北师范大学知行学院	金庸、谢成强	刘玮

续表

奖项	作品编号	大类(组)	作品名称	参赛学校	作者	指导教师
3	12503	软件应用与开发	非洲热点旅游领域语义网站	首都师范大学	毛妮妮、袁克柔、杜乐章	刘杰
3	12514	数媒设计专业组	康巴民族文化	兰州工业学院	张胜华、田玲凤	陆娜、辛欢
3	12517	数媒设计专业组	根号我	杭州师范大学钱江学院	柳莺、焦雨婷、刘珩楷	李一洲
3	12555	数媒设计专业组	微·险	长沙理工大学	李梦雅、王丹妮、吉伟东	王静琦
3	12563	数媒设计专业组	续	武汉理工大学	陈文婷、张艳楠	于鹏、钟钰
3	12569	数媒设计专业组	生命的独白	兰州工业学院	康佳	辛欢、陆娜
3	12571	数媒设计专业组	JSJDS2014-12571	定西师范高等专科学校	王志吉	冯月华、文银娟
3	12585	软件应用与开发	“C语言”虚拟实验平台	江苏财经职业技术学院	苗欣、邱琳原、王玲	干建松
3	12594	数媒设计专业组	半个拥抱	长沙理工大学	李强强、王文娟、马海燕	王静琦
3	12599	数媒设计普通组	生命-水	云南师范大学文理学院	沈德印	周帆帆
3	12604	数媒设计普通组	生命去哪儿了	昆明理工大学	龚泽政、贾积锐	余正涛、方娇莉
3	12613	软件应用与开发	基于粗糙集的糖尿病并发症辅助诊断系统开发与实现	江西中医药大学	汪佳琴、夏叶	聂斌、杜建强
3	12615	数媒设计民族文化组	LIFE(生命)	长沙理工大学	解碧玲、张琼、夏奇	张剑
3	12644	数媒设计普通组	阳光下的梦想	湖北工程学院	刘洋、姜海涛、唐宁	程姗姗、吴淑珍
3	12648	数媒设计专业组	璀璨生命	德宏师范高等专科学校	孙晓琳、周泽程	杨树涛
3	12651	数媒设计专业组	生命线(Lifeline)	浙江科技学院	夏玲、金烨、许贝蒂	刘省权、雷运发
3	12656	软件应用与开发	“易行”一基于空间反近邻查询算法的移动拼车软件	大连大学	阮佩琪、黄继婷、杨威	季长清、谢景卫
3	12661	数媒设计民族文化组	竹林深处	北京林业大学	张俊	彭月橙
3	12668	计算机音乐	那年的一些事一些情	沈阳建筑大学	黄海珊、罗程	董洁、孙雪洋

续表

奖项	作品编号	大类(组)	作品名称	参赛学校	作者	指导教师
3	12681	软件应用与开发	“Web 前端开发”课程网	浙江理工大学科技与艺术学院	许群	鲍小忠
3	12693	数媒设计普通组	不要弄脏了我的画	北京科技大学	郑智予、侯冕、郑旭明	张敏
3	12696	软件服务与外包	基于安卓客户端的酒水业务管理系统	云南师范大学	朱进星、曾思遥、黄红伟	白磊、周屹
3	12698	计算机音乐	秋水伊人	滁州学院	邹庆、靳金陵、程刚	陈宝利、李道琳
3	12726	数媒设计普通组	多足救援行走器	昆明理工大学	林根令、孟凡博	吴涛、刘泓滨
3	12728	数媒设计民族文化组	五彩花腰傣	中南民族大学	李建东、杜鑫萍、陈琼	陈桂
3	12741	数媒设计普通组	生命的力量	保山学院	姚拾江、陆绍启	李怡宏
3	12743	数媒设计专业组	乐生活——且乐且珍惜	浙江农林大学天目学院	吴青青、王梦倩	方善用、李文博
3	12747	计算机音乐	天仙	四川音乐学院	任天宇	姚琦、吴万新
3	12768	数媒设计民族文化组	民族服饰 大美天成	南开大学	古朴	高裴裴
3	12781	数媒设计民族文化组	回忆水乡	北京汇佳职业学院	张志君、蔡麟烨、姚鸿飞	李田
3	12792	软件应用与开发	梦之站团队官方网站	长沙理工大学	谢梦、潘海南、冯大立	汤强
3	12793	计算机音乐	空白格	上海师范大学	吴晨业	赵晶、彭程
3	12809	数媒设计专业组	纸叶	湖北美术学院	覃言	王诚、高翔
3	12812	软件应用与开发	课程精灵	中国政法大学	邓巍、彭粒一、郑一妹	宗恒、张扬武
3	12819	数媒设计民族文化组	胡同儿	北京工业大学	潘鑫、姚子龙、张珺颖	张岩、李颖
3	12826	计算机音乐	霸王别姬	南京艺术学院	段子格	庄曜
3	12846	软件服务与外包	餐饮手持设备点餐系统 ICSS-MOS	大连理工大学	包震、宋连博、刘杰、张璐、周荣鑫	邱铁
3	12851	数媒设计普通组	生命的启示	宁波卫生职业技术学院	范晓明、林彬彬、施方莉	范鲁宁

续表

奖项	作品编号	大类(组)	作品名称	参赛学校	作者	指导教师
3	12852	微课与课件	WK0603-C语言中强化 if 结构语句	紫琅职业技术学院	王吉平	王雪梅、卫丽华
3	12859	微课与课件	摄影技艺之构图	湖北工程学院	杨雅琪、卢寒、邹玲玲	程姗姗
3	12871	数媒设计专业组	命运交响曲	武昌职业学院	梁宇、柳婉欣、洪慧芬	马涛、何莉
3	12879	软件应用与开发	“网站建设与管理技术”网络教学平台	宁波卫生职业技术学院	蔡起伟	童亚琴、阮焕立
3	12882	数媒设计专业组	春意	湖北美术学院	赵晶、江晨	王诚
3	12895	数媒设计民族文化组	寻梦	广西师范大学	颜越	徐晨帆、杨家明
3	12897	数媒设计专业组	生命的悸动	云南能源职业技术学院	李檬、杨澜、杨兰	邓坤
3	12906	数媒设计专业组	生命的色彩	华侨大学	张俊杰	萧宗志
3	12907	软件应用与开发	基于跨平台的桌面化多媒体资源共享系统	长沙理工大学	吴梦升、刘星鹭、肖瑶	汤强
3	12915	数媒设计民族文化组	中国古建筑的屋顶脊饰	华中师范大学	朱晓雅、刘晗、杜明珠	涂凌琳
3	12925	数媒设计专业组	跳动——广西师范大学雁山校区设计学院景观改造设计	广西师范大学	韦静林	孙启微、尹旭红
3	12929	软件应用与开发	基于专家系统的计算机辅助量刑系统	中南财经政法大学	孔令彤	金大卫
3	12940	软件应用与开发	数据库课程教学移动系统	北京林业大学	王璨、邹利浪、朱琳	田萱
3	12941	数媒设计普通组	基于安卓手机的个人目标实现应用	华侨大学	池海霄、范宗文	王晋隆
3	12944	微课与课件	乘法的认识	金陵科技学院	林豪杰	洪蕾
3	12951	数媒设计民族文化组	哈尼族文化	玉溪师范学院	熊艳娇、张建敏	龚萍
3	12973	数媒设计民族文化组	水傣	广西师范大学	邓翠娟	朱艺华
3	12983	数媒设计普通组	四季生命	湖南工学院	曹畅、胡龙平	陈敏、戴成秋
3	12985	软件服务与外包	Idea Decide Enlighten Application(创意启发器)	大连理工大学	张璐、周荣鑫、陆立昊、刘杰、裘毅	邱铁

续表

奖项	作品编号	大类(组)	作品名称	参赛学校	作者	指导教师
3	12995	数媒设计民族文化组	《争风吹》电子读物	北京服装学院	刘雄飞	唐芃、王春蓬
3	12999	数媒设计专业组	生命	天津天狮学院	单利鑫	田罡
3	13006	数媒设计专业组	“找你位”定位软件	广东农工商职业技术学院	陈杰、刘承友、蔡庆明	李冬睿、张鹏飞
3	13027	数媒设计专业组	基于 Kinect 的交互媒体	北方工业大学	黄凯斯、廖金巧、文明云	宋伟
3	13034	微课与课件	藏行功课	西藏大学	雷清波、殷继宁、巴桑欧珠	索南尖措
3	13036	计算机音乐	凤阳花鼓	滁州学院	吴建、邹庆、吴梦宇	陈宝利、李道琳
3	13039	软件应用与开发	基于 Web 的本科生选导师管理信息系统的设计和实现	云南民族大学	钟先俊、王仕超	江涛
3	13050	计算机音乐	Future Shadow	大连东软信息学院	路晨阳	徐坤
3	13057	微课与课件	FOR 循环讲解——FOR YOU	嘉兴学院	戴婕妤、王紫鹦、郑梦洁	贾小军
3	13065	数媒设计民族文化组	盛夏端午	广西师范大学	孙志文、谭晶晶	王丽媛
3	13069	数媒设计专业组	烈火如歌	浙江树人学院	戴莹莹、钱路、童巧蓉	范雄、樊嵘
3	13073	微课与课件	基于 Flash 的《数据结构》算法动态演示课件	北京林业大学	苏翔、毕涛、杨火能	李冬梅
3	13091	软件应用与开发	交换空间	中南财经政法大学	张梦琦、李瑞琪	叶焕倬、向卓元
3	13098	数媒设计专业组	生命树	玉溪师范学院	代锦涵、陈进思、李露	马静
3	13121	软件应用与开发	尚膳美食网站	紫琅职业技术学院	胡婷	卫丽华、陈莉莉
3	13138	数媒设计专业组	失衡的天平	浙江农林大学	金森均、孙佳益	黄慧君、杨文剑
3	13141	数媒设计专业组	光痕	贵州师范大学	杨国彬、廖文祥、沈玉	沈磊、李炳乾
3	13152	软件服务与外包	极品学习网	石家庄学院	杨博文、邢智、魏爽	姚振伟

续表

奖项	作品编号	大类（组）	作品名称	参赛学校	作者	指导教师
3	13177	软件应用与开发	呼吸的责任——“抵御雾霾 全民参与”公益网站	华中师范大学	黄梦娇、单琼、金开	庄黎
3	13185	数媒设计专业组	传承	曲靖师范学院	龚冰、沈楠楠、曾玮钰	胡天文、陈永梅
3	13200	数媒设计民族文化组	指尖上的云南	曲靖师范学院	李茜、王丽萍、谭敏	包娜、张利明
3	13209	数媒设计专业组	生命“不”语	曲靖师范学院	彭惊智、司娅蓉、曾渤珈	包娜、张利明
3	13214	软件应用与开发	基于 RCT 应用的飞机订票系统	广西师范大学	卢毅、黄小萍、陈敏妮	孙涛、刘金露
3	13219	数媒设计专业组	生命本源于天然	曲靖师范学院	艾班、党国明、周涛	包娜、张利明
3	13221	数媒设计民族文化组	民族印象	曲靖师范学院	金丽娅、朱娜、常馨月	包娜、孔德剑
3	13250	软件应用与开发	基于 GPU 集群的格子 Boltzmann 流体模拟并行算法的设计与实现	广西师范大学	俸毅、苏智彬、徐杨	覃章荣
3	13253	微课与课件	个人信息安全保护	浙江传媒学院	简捷、张翼飞、熊灿	俞承杭
3	13255	微课与课件	C 语言——选择结构	运城学院	高湘丽	万小红、郝蕊洁
3	13260	软件应用与开发	师大交友网	云南师范大学	张战春、杨杨、伍微微	容冰、范新军
3	13262	数媒设计专业组	快到桶里来 环保装置	北京服装学院	胡盛垚、霍佳倩	王春蓬、唐芃
3	13274	数媒设计专业组	环卫英雄(Super-Cleaner)	浙江传媒学院	李颖超、谢昱、黄德辉	张帆
3	13290	软件应用与开发	书友之家网站设计	武汉科技大学城市学院	陈东雁、杨建全、黄雨	周凤丽、林晓丽
3	13303	数媒设计专业组	沙漏	江汉大学	孟亚茹、蔺代宝、徐黎芳	裘晓菲、杨毅
3	13319	软件应用与开发	在线失物招领平台——天眼	湖北大学	杨振国、贾凯歌、王家乐	徐磊
3	13332	数媒设计专业组	生命的色彩	玉溪师范学院	王婷、吴正芳、赵玉坤	龚萍
3	13335	数媒设计民族文化组	倮韵	云南财经大学	张晶晶、姚远、樊德坤	兰婕、王良
3	13337	数媒设计专业组	BORN AGAIN	云南林业职业技术学院	徐少春	丁杨、杨丽芳

续表

奖项	作品编号	大类(组)	作品名称	参赛学校	作者	指导教师
3	13341	数媒设计专业组	生命树	云南林业职业技术学院	李兰兰	丁杨、杨丽芳
3	13346	数媒设计民族文化组	句町印象	云南财经大学	黄京、李佳、李美妮	兰婕、宁东玲
3	13357	数媒设计普通组	托起生命之绿	武警后勤学院	姜凯、张博文、周晨	孙纳新、杨依依
3	13370	数媒设计专业组	生命不再孤单	江西科技师范大学	刘斯亭	王莉
3	13377	微课与课件	“C语言程序设计”课件	长沙民政职业技术学院	林刚	陈翠娥
3	13385	软件应用与开发	摄影之家	武汉科技大学城市学院	胡禅、阮志强、王远冲	于海平、李雪燕
3	13388	软件应用与开发	点餐系统	西北民族大学	潘克泽、石晨、黎秀青	田双亮
3	13395	数媒设计专业组	假如你不曾离开	湖北师范学院	史轲胤、陈琦、刘能	柯文燕
3	13396	软件应用与开发	股票预测分析器	云南财经大学	宋竞楠、张文婧、段娉婷	沈俊媛、李铁冰
3	13398	计算机音乐	祁门怀古	四川音乐学院	陈桐	姚琦、杨万钧
3	13400	数媒设计专业组	PM2.5大作战	南京艺术学院	汪晶晶、谢亚男	马江伟、严宝平
3	13426	计算机音乐	审判日	四川音乐学院	熊清雨	吴万新、姚琦
3	13440	数媒设计专业组	我的大学生活——燃烧的梦	玉溪农业职业技术学院	冯帅	李冬梅
3	13450	软件应用与开发	慈善网站设计	武汉外语外事职业学院	胡源、陈晗	周凤丽、林晓丽
3	13458	数媒设计专业组	微生活	华中农业大学楚天学院	谢添、胡娟、王一童	王娜、吴慧婷
3	13487	微课与课件	VF中的子程序与过程	嘉兴学院	陈尧、吴小平、杨莎莎	贾小军
3	13488	软件应用与开发	微电影投票系统	江汉大学	陈波	杜治汉、高凤芬
3	13494	微课与课件	“欧姆定律”课件	玉溪师范学院	杨杏芬、刘争早、李金全	王晓艳
3	13501	数媒设计专业组	生命·律动	长沙理工大学	毛立婷、胡琴、张中阳	张剑

续表

奖项	作品编号	大类(组)	作品名称	参赛学校	作者	指导教师
3	13503	微课与课件	中国行政区域划分及简介	云南财经大学中华职业学院	董瑾、向梦迪	王良、赵颖
3	13510	微课与课件	Prezi 的使用讲解	山西财经大学	冯宇璐、刘子境、史芊芊	王昌、陈亚丽
3	13511	数媒设计普通组	Time	北京信息科技大学	袁慧、常帅、梁瑞雯	崔巍
3	13531	计算机音乐	电脑的时代	广西师范大学	孙美楠、张兆传	卢洁
3	13540	计算机音乐	迷失	杭州师范大学	管磊	段瑞雷
3	13547	数媒设计专业组	生活	江汉大学	高希玮、陈小宇	王楠、王颖
3	13549	数媒设计专业组	生命·重生	江汉大学	李丽君、周亮	殷亚林、彭岗
3	13561	数媒设计专业组	生命环流	福建农林大学	尤达、郑敬、张皓	高博、吴文娟
3	13564	微课与课件	幼儿数字认识亲子游戏	宁波大学	王璐、张毓珊、毕颖	王慧、胡总
3	13568	软件应用与开发	视界网络新媒体社团	江汉大学	王晓晨、夏宇、潘琴	赵之泓、孙华
3	13579	计算机音乐	J-Wave	浙江传媒学院	卢楚濛、王润琦、黄华莹	谢飞跃
3	13586	数媒设计专业组	一千零二页	浙江农林大学天目学院	王梦倩、吴青青	陈英、方善用
3	13597	软件应用与开发	谈装网	武汉体育学院	邵小来、罗圣楷、王海涛	洪伟、彭李明
3	13611	微课与课件	Flash 综合案例之葵花向阳	湖南大学	肖念、王绍远	李小英、谷长龙
3	13613	计算机音乐	思念	辽宁科技学院	范东波、孙长磊、李在时	马菱、顾吉胜
3	13621	数媒设计专业组	App-故宫轶事	中国人民大学	洪彬彬、吴广宇	葛勇、甘华
3	13630	数媒设计专业组	幻听	武汉体育学院	姜鹏飞、李璇、罗圣楷	蒋立兵、周彤
3	13633	计算机音乐	新生	四川音乐学院	张瑞	姚琦
3	13650	微课与课件	生活与科技	江西科技师范大学	付梦媛	况扬、周汉清

续表

奖项	作品编号	大类(组)	作品名称	参赛学校	作者	指导教师
3	13652	数媒设计专业组	Waiting——有位　餐厅等位移动终端	北京服装学院	姜程子、翁昕、李祎璇	熊红云、唐芃
3	13654	数媒设计专业组	生命之重,青春之轻	江西科技师范大学	黄霁野、于宁、潘圣楠	况扬、罗英
3	13663	软件应用与开发	基于 GPU 的气泡运动格子波尔兹曼动力学研究	广西师范大学	劳承鹏、谭盼、严红瑞	张超英
3	13693	数媒设计专业组	荒诞剧两则	云南师范大学	刘一丁、张如盛基	蔡文华
3	13706	数媒设计专业组	大学生,生命不能承受之轻	中南民族大学	卢欣、叶琼、梁婷	黄迎新
3	13722	微课与课件	三分钟了解指针	武汉工程大学	施臻、张恒、杨玉芳	吕涛
3	13723	数媒设计专业组	圣婴	江西科技师范大学	廖晓龙、陈琪瑶、胡宇萌	陶莉、郑睿颖
3	13729	计算机音乐	那年那月	山东艺术学院	董宜儒、温焱、高亚楠	刘晓鹏
3	13732	软件服务与外包	iTime 时间管理应用	华中师范大学	张炳权、王奕昉、王文丰	赵刚
3	13741	数媒设计专业组	草样年华	昆明学院	邓娜、崔庆建、夏文彬	曾湧
3	13754	数媒设计民族文化组	三维动画作品—中国梦之故宫	湖北工程学院	姜世马、唐陆梅、周妙	程姗姗
3	13771	数媒设计民族文化组	古韵凤凰	吉首大学	刘送杰、林哲、林巧玉	尹鹏飞、李建锋
3	13780	数媒设计普通组	隋唐传说	江西财经大学	陈鑫、朱墨、熊潇潇	李华旸
3	13807	数媒设计普通组	生之所向	宁波大学	张盈盈、洪妃妃	黄冬明、郑华安
3	13814	软件应用与开发	美食俘虏	桂林电子科技大学职业技术学院	贤家仍、谷静静、苏姗姗	刘利民、吴飞燕
3	13815	数媒设计民族文化组	东方古赞丽	怀化学院	蒋林佳、熊秀容	杨夷梅、杨玉军
3	13816	数媒设计普通组	生命的几何	云南国防工业职业技术学院	周鹏炜	李娇
3	13821	计算机音乐	云姝	浙江传媒学院	赵鑫诚	黄川

续表

奖项	作品编号	大类(组)	作品名称	参赛学校	作者	指导教师
3	13831	数媒设计普通组	惜,生命	怀化学院	吴佳贵、张冰玲、雷广艳	杨夷梅、杨玉军
3	13833	软件应用与开发	数字砖	深圳大学	叶苏柯、李佳丽	曹晓明
3	13844	数媒设计专业组	众生平等	桂林电子科技大学职业技术学院	陈文弘、林官武	吴飞燕、甘杜芬
3	13845	软件服务与外包	蓝牙点名系统	河海大学文天学院	李明、李克兵、陈朋	王瑜、倪天伟
3	13859	数媒设计专业组	爱 自由 放手	长江大学	谢秋艳、王爽林、冯振坤	周汝瑞
3	13863	数媒设计专业组	Stop Killing	桂林电子科技大学职业技术学院	林官武、陈文弘、谢宏燕	吴飞燕、刘利民
3	13864	数媒设计普通组	生命之光	云南大学旅游文化学院	李博、张畅	
3	13867	软件应用与开发	基于WiFi技术的智能家居系统	云南民族大学	陈思静、张凯、杨朵	施国兴
3	13878	数媒设计专业组	人链	长江大学	陈颖豪、李丰毅、蔡龙	魏登峰
3	13879	数媒设计民族文化组	藏秘茶包装设计	云南民族大学	李万芬、张红梅、付燕	解梦伟
3	13892	数媒设计专业组	Sunflower	浙江金融职业学院	林晓宇、王凤会、陈雅丽	路淑芳、朱建新
3	13897	数媒设计普通组	梦萦土家族风俗	吉首大学	彭忠怀、陈梧桥	欧云、李宗寿
3	13908	计算机音乐	此致	浙江传媒学院	马麟、赵鑫诚	黄川
3	13937	数媒设计专业组	生命的成长.爱的轮回	湖南大学	郭缤泽、龚一凡、秦林瑜	江海、尹庚
3	13940	微课与课件	计算机应用领域与系统安全	怀化学院	张伟、谢倩、雷涛	杨玉军、李晓梅
3	13941	数媒设计普通组	生命在于运动	苏州经贸职业技术学院	查灵燕	陈豪、魏娜
3	13950	数媒设计普通组	尊重生命	吉首大学	陈晓娅、陈星、陈芳芳	徐倩、欧云
3	13952	数媒设计专业组	藤之韵——生命的舞者	云南民族大学	李进波、李杰功、陈思婷	安星霖
3	13959	计算机音乐	我的世界变了	河北大学	苑珍珍、张雪西、周一凡	朱沛龙、王卫军

续表

奖项	作品编号	大类(组)	作品名称	参赛学校	作者	指导教师
3	13966	数媒设计普通组	海洋生命之海豚	苏州经贸职业技术学院	邵荣菲	陈豪、魏娜
3	13976	微课与课件	空间几何体基础	河西学院	李万明、韩春玲	李一清、张静
3	13995	数媒设计专业组	水沐雨花	云南民族大学	许志华、肖红、王绍银	安星霖
3	14032	数媒设计专业组	生命诚可贵	怀化学院	文艺、张赛格、欧银申	李晓梅、赵嫦花
3	14033	数媒设计专业组	我们该停止的杀戮	怀化学院	莫石坚、李建华、陈鲁明	余聂芳、卢友敏
3	14036	数媒设计普通组	生命的四季	怀化学院	胡志慧、李远洋、王仁	高艳霞、姚敦红
3	14039	软件应用与开发	五溪流域民族民间工艺美术数字资源库	怀化学院	黄泽西、姚梦梦、杨桢	姚敦红、张文
3	14053	数媒设计专业组	远飞生命	桂林电子科技大学职业技术学院	黎栋兴、陶敏、温翠华	甘杜芬、刘利民
3	14061	微课与课件	数据查询	玉溪农业职业技术学院	李有兰	王丽芳
3	14069	数媒设计专业组	非药不可	湖南第一师范学院	王芳、罗馨、曾卓	朱承学、易利
3	14070	数媒设计普通组	顽强的生命——梅	丽江师范高等专科学校	杨兆永	张俞玲、杨继琼
3	14074	数媒设计专业组	向左走 * 向右走	武汉体育学院	周文、易梦婷、朱丽玲	蒋立兵、杜芸芸
3	14080	计算机音乐	Distance	汉口学院	黄琛、廖鑫、徐文琪	刘胜洪、董燕燕
3	14081	计算机音乐	中国风遇见爵士	大连理工大学	吴畏	
3	14083	数媒设计专业组	生命	北京邮电大学世纪学院	廖慧雪	马天容
3	14093	数媒设计专业组	燃烧	昆明学院	苏云涛、龙明珠、徐禹	蔡文忠
3	14094	微课与课件	AE 基础讲解——手机动画案例	湖北理工学院	印加伟、黄佳	吕璐、袁涌
3	14099	微课与课件	现代主义四大先驱	云南农业大学	徐瑞阳、金戈、董彦杉	李显秋
3	14104	数媒设计专业组	爱——永生	云南财经大学	赵鸣、吕竹婷	李莉平、沈俊媛

续表

奖项	作品编号	大类(组)	作品名称	参赛学校	作者	指导教师
3	14134	微课与课件	Excel数据统计实践课——运动员比赛成绩处理	武汉体育学院	管雪妮、陈泳因、姜鹏飞	蒋立兵、汪明春
3	14136	数媒设计民族文化组	蜂蜡生花——安顺蜡染	安顺学院	罗乾粉、帅想、余粮	田建勇、石林江
3	14178	微课与课件	计算机硬件	湖北工业大学	宋瑶、吴冕、王学璠	叶志伟
3	14206	计算机音乐	沉没	武汉音乐学院	叶超然	李云鹏
3	14219	数媒设计普通组	春天的美好	云南大学	罗亚军	杨俊东
3	14255	数媒设计普通组	Follow Me	湖南大学	王颖、陈辉	周虎、肖要强
3	14303	软件应用与开发	面向群组的通讯录平台	江西师范大学(瑶湖校区)	李晓科、王宏凯、陈浩宇	朱虎平、倪海英
3	14326	微课与课件	WK0409-生活中的无线网络	中国人民大学	黄炜、李张毅、平泽宇	
3	14335	微课与课件	图形与图像媒体之Photoshop	中国人民大学	莫婉琦、王之佳	
3	14370	计算机音乐	视频《宵禁》	海南软件职业技术学院	姚建华	王晓天、王智忠
3	14401	计算机音乐	沂蒙山小调	海口经济学院	王思宇	杨帆
3	14409	数媒设计专业组	致我们终将经历的青春	湖南大学	付琪、姚咪咪	江海、尹庚
3	14432	软件应用与开发	实训平台管理	哈尔滨学院	杨萧睿、吴官清、樊鹏博	张立臣、任向民
3	14434	微课与课件	DoS与DDoS攻击检测与防御	哈尔滨金融学院	李丹、龚兰兰	于淑华
3	14437	数媒设计普通组	美丽的一点红	哈尔滨金融学院	吴冬燕	郭海霞
3	14439	数媒设计普通组	Life's circle	哈尔滨金融学院	廉洁童、马薇、马璐璐	郭海霞、齐景嘉
3	14440	软件应用与开发	随聊(校园随聊)	绥化学院	杨庆松、王新、刘强	孙珊珊、王志国
3	14441	微课与课件	“大学计算机基础”PowerPoint 2010示例微课	哈尔滨商业大学	邵雪菲、王骏业、岳雪威	金一宁、马炳鹏
3	14450	数媒设计普通组	四川信息职业技术学院	四川信息职业技术学院	吴锐、陈鹏、孙雨	曾兆敏

续表

奖项	作品编号	大类(组)	作品名称	参赛学校	作者	指导教师
3	14465	软件应用与开发	基于智能车牌识别的违章信息管理系统	新疆师范大学	吕利兵、王亳鹰、林法鑫	任鸽、杨勇
3	14468	数媒设计专业组	生命——干“悲”	合肥共达职业技术学院	方平平、陈燕、江珍	胡善涛、王建梅
3	14478	数媒设计普通组	且行且珍惜	泸州医学院	王莉、罗文韬、程永胜	甘小勇
3	14480	计算机音乐	天堂海	安徽大学	刘奕、张媛媛	
3	14486	数媒设计专业组	热血青春——缘定鹦哥岭	海南师范大学	康妮、林炜婷、刘泽阳	冯建平
3	14493	软件应用与开发	基于正则表达式的PHP页面入侵信息检测与防御系统	西昌学院	田贵辉	韩德、黎华
3	14500	数媒设计专业组	时间与生命	新疆乌鲁木齐职业大学	张雅蓉、李玉	孙利
3	14503	计算机音乐	快乐的建筑工	海口经济学院	卢小亚	杨帆
3	14508	软件应用与开发	基于模糊评判的信息安全风险评估系统	西南石油大学	杨肖、敬智杰、杨子纯	杨力、彭博
3	14510	软件应用与开发	爱卡 ICard 网站设计	西南财经大学	侯霁芝、苏雨轩、周小焱	李自力
3	14512	数媒设计专业组	生命元素	四川工程职业技术学院	黄龑、吴鹏	何伟
3	14529	数媒设计民族文化组	哈萨克族服饰	新疆工程学院	帕拉沙提·哈木拉提	任晓芳、刘艳
3	14534	软件服务与外包	二工大校园行	上海第二工业大学	陈奇炫、桂维忠、王衡	蒋文蓉、陈建
3	14542	计算机音乐	曙光	沈阳师范大学	闫泽一、刘倩倩、佟恩卓	裴若鹏、孙冠宇
3	14544	数媒设计普通组	生命接力	阿克苏职业技术学院	梁文婷、王磊、丁文奇	雷雨、李兵
3	14545	计算机音乐	Rebirth	西安电子科技大学	廖宇轩、张雨、白冰洋	
3	14549	数媒设计普通组	生命与环境	重庆三峡学院	黄定兴、王桢柯、朱玉兵	徐兵
3	14554	数媒设计专业组	错过	宜宾学院	罗志豪、张蓓蕾、刘玉芹	姚丕荣
3	14558	数媒设计民族文化组	南水	宜宾学院	雷晓鸣、黄欢、陈峤	蓝天

续表

奖项	作品编号	大类(组)	作品名称	参赛学校	作者	指导教师
3	14560	软件应用与开发	基于智能算法的股指预测系统	德州学院	施骏鹏、郭敬波	王丽丽、杨光军
3	14567	软件应用与开发	石河子天佐农业发展有限责任公司生产管理系统	石河子大学	徐平、朱梦奇、杨敏	赵欣
3	14569	软件应用与开发	河北联合大学新生小助手	河北联合大学	李玲玲、张双习、张月月	吴亚峰、魏明军
3	14570	数媒设计普通组	拯救生命——拆弹部队	河北联合大学	陈泽鑫、陈国卿、程祎	吴亚峰、魏明军
3	14571	数媒设计普通组	拯救蘑菇村	河北联合大学	汪博文、倪文帅、王冬	吴亚峰、苏亚光
3	14572	计算机音乐	愤怒的解脱	德州学院	沙妍、曹彦璐	孙志卓、陈玉栋
3	14595	数媒设计专业组	乌鸦反哺	河北经贸大学	李凤玲、陈忠财	李罡、高大中
3	14599	数媒设计普通组	圈圈校园	河北经贸大学	张震、李杨、王欣欣	卢云、白彦峰
3	14605	软件应用与开发	ISchool	河北农业大学	郭玉乐、张迎乐、王欣沛	郭涛、陈晨
3	14609	软件应用与开发	健身房网络管理系统	吉林大学	高庆洋、李海亚、曹佳瑞	邹密、徐昊
3	14610	数媒设计普通组	听,生命在诉说!	新疆医科大学	尹哲、陈之源	田翔华
3	14616	微课与课件	小学数学第一册双语教学课件	喀什师范学院	艾力亚尔·艾尼瓦尔、阿卜杜瓦力·艾尔肯	孜克尔·阿布都热合曼
3	14624	软件应用与开发	清新物语读书导航	石家庄学院	刘婷、管纪伟、杜鲸笙	符蕴芳
3	14625	数媒设计普通组	生命变奏曲	重庆师范大学	冯明杰、刘尧、朱潇逸	兰晓红
3	14632	软件服务与外包	停车位手机预定与支付系统	苏州科技学院	郑雄风、王振坤、蔡韬、黄熙、顾涛	张妮、唐佳佳
3	14635	数媒设计民族文化组	民族图腾	河北大学工商学院	任丽颖、王欣然、陈雨	刘红娜、安海宁
3	14641	软件应用与开发	基于 MATLAB Web Server 的医学切片虚拟实验平台	成都医学院	钟群、杨欣月、邓先梅	胡艳梅、羊牧
3	14653	微课与课件	WK0701 屏幕文本呈现规则	燕山大学	毕安琪、刘新倩、张铁柱	孔得伟、梁顺攀

续表

奖项	作品编号	大类(组)	作品名称	参赛学校	作者	指导教师
3	14656	软件应用与开发	基于C#和TinyOS的无人机地面控制站软件设计	燕山大学	王奇、胡亚丹、王佳奇	穆运峰
3	14664	计算机音乐	小背篓	沈阳师范大学	佟恩卓、刘倩倩、闫泽一	裴若鹏、孙冠宇
3	14665	数媒设计专业组	珍爱生命保护地球	安徽广播影视职业技术学院	陈杨、白杨	李倩、李燕
3	14666	软件应用与开发	南疆牧草病虫害资源库建设	塔里木大学	李丹、田强、黄超	高贤强
3	14671	软件应用与开发	投影触屏研究与实现	重庆大学	谭勇、张红杰	张毅
3	14673	软件应用与开发	基于局域网的分布式文件存储系统	重庆大学	阳平、向俊奇、陈潇漪	郭平
3	14679	数媒设计普通组	珍爱生命,远离雾霾	塔里木大学	慈维涛、肖旭	吴刚、司春景
3	14680	软件应用与开发	基于二维码的资产管理系统	重庆大学	陈国凯、王晓辉、田野	王茜、张程
3	14682	数媒设计专业组	飞翔	塔里木大学	买吾兰·玉努斯、阿依仙木·木哈买提、阿尔孜古丽·艾力	王中伟
3	14685	软件应用与开发	慢性乙型肝炎智能辅助诊断系统	上海中医药大学	陶项良、吴海燕、陆旭东	车立娟
3	14686	软件应用与开发	中医体质养生系统	上海中医药大学	董文阳、厉越	杨丽琴
3	14687	数媒设计专业组	如此解释	绵阳职业技术学院	钟雪	李敏
3	14688	微课与课件	安全用电	塔里木大学	白建国、赵志远、张风旗	王宪磊
3	14690	软件应用与开发	换热网络模拟实验平台	华东理工大学	王卓然、常玉龙、姜金宁	王占全
3	14691	数媒设计民族文化组	指尖上的中国	上海商学院	王亚男、谢子微、殷飞涛	李智敏、刘富强
3	14694	软件应用与开发	基于统计计算的维吾尔语固定搭配词识别软件	新疆大学	阿布力米提·艾海提、阿依努尔·图尔迪、热则亚·图苏托合体	买合木提·买买提、麦热哈巴·艾力

续表

奖项	作品编号	大类(组)	作品名称	参赛学校	作者	指导教师
3	14704	软件应用与开发	基于词典的乌兹别克语-维吾尔语翻译小工具	新疆大学	古丽妮萨柯孜·艾散、阿依先古丽·吾美尔江、吾布力卡斯木·麦麦提	卡哈尔江、买合木提·买买提
3	14707	软件应用与开发	基于云储存的密码自动输入软件的设计与实现	华东政法大学	王翰林、曹媛媛、贾宇驰	焦娜
3	14710	软件应用与开发	源深体育中心预约系统	上海海洋大学	张婷、梁素玲、魏伟	王令群
3	14712	软件应用与开发	自行车租借管理系统	上海理工大学	汪明明、何梦芸、唐颖	杨赞
3	14718	软件应用与开发	商业进销存数据处理系统	上海商学院	王天、李姣依、王如蓁	谈嵘
3	14735	软件应用与开发	基于二维码技术的宠物救助网站的设计与实现	上海商学院	葛丽平、闵玮雯、顾杰	沈群力
3	14739	数媒设计普通组	生命创造奇迹——我们的奇迹	上海海洋大学	张贤良、乔扬	艾鸿
3	14742	数媒设计专业组	珍爱生命，远离烟草	石河子大学	郝伟杰	王党飞
3	14745	数媒设计普通组	珍惜生命，热爱生活	河北大学工商学院	孙玲月、赵东妮、李晓彤	刘红娜、安海宁
3	14746	微课与课件	计算机应用基础——存储器容量扩展	河北建筑工程学院	袁晨昊、李赛赛、陈倩倩	温秀梅、孙皓月
3	14747	软件应用与开发	《我在临港》网站设计	上海海洋大学	周明、徐琰皓、朱怡馨	郭承霞、张晨静
3	14748	数媒设计普通组	我要去献血！	华东师范大学	单馨、王晨	陈志云、刘垚
3	14750	计算机音乐	Heaven	武汉音乐学院	聂婉迪	李鹏云
3	14753	数媒设计普通组	生命在于会运动	川北医学院	占志朋、张旭林、仲伟	刘正龙
3	14754	数媒设计普通组	The Milk of Life——酸奶全攻略	川北医学院	谭春林、王维、段瑶	刘正龙
3	14761	数媒设计民族文化组	水磨古镇三维模拟动画	阿坝师范高等专科学校	谢迪、李涛	邓世垠
3	14763	软件应用与开发	电商平台微信营销解决方案	河北金融学院	巫秀红、石志伟、刘敏贤	刘冲、郑艳娟
3	14766	数媒设计普通组	生命	雅安职业技术学院	谢安帮	周洁

续表

奖项	作品编号	大类(组)	作品名称	参赛学校	作者	指导教师
3	14789	数媒设计普通组	生命之源——水稻	海南师范大学	李锦慧、雷依蕾、陈思琪	陈才谋、刘家宁
3	14792	数媒设计专业组	尊重生命,爱己及人	北华大学	李昊、秦诗、杨永福	葛涵、匡海滨
3	14795	软件应用与开发	自强励志成长综合管理系统	上海第二工业大学	陈惠超、吴世益	潘海兰、蒋文蓉
3	14798	软件应用与开发	一人一本	上海第二工业大学	宋来忠、黄晓雨	闫季鸿、林士玮
3	14817	数媒设计民族文化组	指尖上的艺术:民族手工艺品	西南民族大学	许庆富、李长军、刘洋	梁良、罗洪
3	14818	软件应用与开发	热带农业服务信息交互系统	海南大学	毛成林、马乾、陈奕良	李怀成、胡怀谨
3	14821	软件应用与开发	基于二维码的国家保安员准考证制作与查询系统	新疆警察学院	牟仲红、李宁、王文斌	赵旭东、贺一峰
3	14827	软件应用与开发	在线考试系统	邯郸学院	赵明亮、刘亚迪、马仲军	丁万宁、王凤丽
3	14828	软件应用与开发	基于 GIS 的资源管理系统	西华师范大学	伍明川、李佳、王博生	何先波
3	14829	数媒设计专业组	我说生命	长春工程学院	李坤、闫盛、武彭帅	端文新
3	14835	数媒设计专业组	活力	成都纺织高等专科学校	张涛、漆雪强、赵达	李繁、薛杨
3	14836	软件应用与开发	安徽行	安徽师范大学皖江学院	张杰	荣姗姗、张辉
3	14847	软件应用与开发	柔灵久科技	安徽建筑大学	冯德政、陈一欣、彭文达	王立新、程远
3	14849	数媒设计普通组	看见	新疆医科大学	孙阿娜、王哲	毕雪华
3	14856	微课与课件	数据库基础精品课件	滁州学院	王玉婷、周雪晴	程辉、王继东
3	14858	软件应用与开发	词义标注语料库管理系统	新疆师范大学	刘若兰	杨勇、任鸽
3	14860	软件应用与开发	天景道路公司项目管理系统	石河子大学	王云雷	于宝华
3	14864	软件应用与开发	石河子大学实践教学综合管理平台	石河子大学	王云雷	于宝华
3	14867	数媒设计专业组	生命线	长春工程学院	杨鑫、沈玲玲、郑婕	端文新、李长雨

续表

奖项	作品编号	大类(组)	作品名称	参赛学校	作者	指导教师
3	14875	数媒设计普通组	24点游戏	河北农大现科	彭鹏、王会林、李艳芹	郭涛、魏东蕊
3	14878	软件应用与开发	一起上课吧	同济大学	林晓虎、廖勇、张馨匀	袁科萍
3	14882	数媒设计专业组	Save us!	安徽师范大学皖江学院	汤娟娟	周琢、张辉
3	14889	数媒设计专业组	重生	安徽师范大学皖江学院	谢文华	张辉、方芳
3	14891	数媒设计民族文化组	剪·艺	安徽师范大学皖江学院	王紫强	张辉、荣珊珊
3	14896	数媒设计专业组	珍爱生命拒绝皮草	安徽广播影视职业技术学院	徐菁彬、曹洁	李倩、李燕
3	14906	数媒设计民族文化组	寻民族旧梦之徽州印象	安徽师范大学皖江学院	谢文华	张辉、荣姗珊
3	14907	微课与课件	T-SQL 语句	蚌埠学院	杨建	王祎
3	14908	微课与课件	计算机拓扑结构	蚌埠学院	许明鹤	王祎
3	14911	数媒设计民族文化组	中国传统建筑——园林·风	上海对外经贸大学	何逸、施予、何亮	顾振宇
3	14921	数媒设计民族文化组	民族服饰虚拟试衣间	东华大学	张永林、朱仕杰	张红军、王晓琳
3	14924	软件应用与开发	基于改进的 CTT 智能评分系统	滁州学院	杜飞、闪露、王晴雨	马良、孙海英
3	14930	软件应用与开发	Spare Time	海南师范大学	吴智雄、许茹茵、张放	蒋永辉、曹均阔
3	14933	数媒设计专业组	有限的生命	宿州职业技术学院	范杰、刘健、焦家旗	魏三强、程家超
3	14939	软件服务与外包	基于 Android 的移动目标检测	安徽工程大学	杨浩、姜跃、陈志军	谷灵康
3	14941	数媒设计专业组	中国梦	安徽财经大学	徐洁、郭宏韬	刘丹、胡凌云
3	14943	数媒设计普通组	撒哈拉沙漠的雨	海南工商职业学院	罗淇文、王明远、颉映圣	祁冰
3	14944	微课与课件	绘声绘影视频剪辑微课	河北农业大学现代科技学院	杨立杰、邓小弦、姬佳伟	王文显、高月季
3	14946	数媒设计普通组	寻找生命之源	安徽师范大学皖江学院	沈冬咏	张辉、荣姗珊

续表

奖项	作品编号	大类(组)	作品名称	参赛学校	作者	指导教师
3	14949	微课与课件	化工球罐爆炸模拟及拦截分析程序实践课程	华东理工大学	汤新天、范竞存	赵敏
3	14954	数媒设计普通组	守护	安徽建筑大学	宋登宇	邓静、方绍正
3	14955	数媒设计普通组	生命	西南财经大学	王萌、代胜龙、雷蕾	李自力
3	14957	软件应用与开发	上海对外经贸大学学生素质综合测评创新实践能力加分(个人项目)管理信息系统	上海对外经贸大学	雷昊发、沈娴	郑戟明
3	14960	软件应用与开发	协作消费平台开发	东华大学	丁文成、邢国权、陈乐	刘玉
3	14965	软件应用与开发	某高校二手书交易平台数据库管理系统	西南财经大学	税丹丹、吕坤	王涛
3	14967	微课与课件	抠图技法之快速蒙版	河北师范大学	孙瑞、张玉珍、刘静	白然
3	14968	数媒设计民族文化组	印象徽州	黄山学院	史盈盈、叶英贵	李春燕、汪海波
3	14969	数媒设计专业组	色彩	新疆艺术学院	陈泽涵	朱雪莲
3	14970	数媒设计普通组	生命的厚重	东北师范大学人文学院	马威、李缘英、李静婷	孙慧、牟磊
3	14982	微课与课件	城市的生命	安徽大学	江晨晨、周久人、符如成	岳山、吕萌
3	14984	微课与课件	生命说	安徽大学	刘悦、邵丝语、管倩茹	郑海
3	14986	数媒设计普通组	生命志在行走	安徽大学	周颖	胡勇
3	14990	数媒设计专业组	城逝	安徽大学	余少峰、杜轩、张俊	岳山、吕萌
3	14991	数媒设计普通组	燃烧的生命	雅安职业技术学院	余敖、卫周桃、朱红梅	苏圆婷
3	14995	数媒设计民族文化组	雁南飞	安徽大学	石烽、李莉、陈婷婷	陈成亮
3	14996	数媒设计民族文化组	民族风情	安徽大学	郑玮、聂安琪	
3	14999	数媒设计普通组	Hunt Sky(猎天)	安徽财经大学	马飞标	罗恒洋、魏苏林

续表

奖项	作品编号	大类(组)	作品名称	参赛学校	作　者	指导教师
3	15005	软件应用与开发	基于分形的树木形态模拟系统	沈阳农业大学	张龙军	王立地
3	15008	数媒设计普通组	生命之钟	克拉玛依职业技术学院	罗双	杨静
3	15012	数媒设计专业组	生命系列作品	新疆农业职业技术学院	王浩、何娟、张卫兵	党宏平
3	15013	软件应用与开发	学生在线自主学习系统	中国人民解放军信息工程大学	刘凯旋、蒋冰清、涂腾	刘铁铭
3	15014	数媒设计普通组	反思生命	河北建筑工程学院	周尔京、张晓青、吴洪伟	祁爱华、赵翊君
3	15016	微课与课件	中华民族服饰	安徽农业大学	宁愉加	李洋、王永梅
3	15018	软件应用与开发	管理信息系统在线教学平台	沈阳建筑大学	张司琪	王守金、刘天波
3	15019	软件应用与开发	学生考勤和作业管理系统	郑州轻工业学院	张凯翔、沈洋、程小康	张志锋
3	15020	软件应用与开发	摩登原始人	南阳师范学院	曹丽、刘晓	王兴、刘长旺
3	15024	数媒设计专业组	昙花一现	合肥财经职业学院	刘青云、张静、朱海燕	杨婷
3	15025	软件应用与开发	分布式内存对象缓存管理平台	辽宁工业大学	苏雨林、聂正平、李根华	李昕、褚治广
3	15026	软件应用与开发	基于移动平台的点名系统	辽宁工业大学	刘蕾蕾、田雨琪、齐刚	褚治广、张兴
3	15027	软件应用与开发	基于.NET的C语言在线考试系统	辽宁工业大学	郭继朋、于扬红雪、穆春敬	张军、褚治广
3	15028	数媒设计普通组	生命的历程	辽宁工业大学	王恩博、王景阳、李玉东	褚治广、卢曼慧
3	15029	微课与课件	WK0505——数据库应用	辽宁工业大学	刘蕾蕾、王江平、许潇文	教巍巍、褚治广
3	15030	微课与课件	WK0302——声音媒体	辽宁工业大学	赵彬杰、刘一博、娄欢	张颖、褚治广
3	15033	数媒设计民族文化组	黎锦的艺术	海南大学	干璐、周颖、谢俊睿	邓晰
3	15035	数媒设计专业组	The Road Of Life	大连东软信息学院	史昊凡、王少钰、高艺玮	师玉洁、王保青
3	15037	数媒设计普通组	Pandora Puzzle	大连民族学院	曹献文、申鹏、马伊莎	何加亮、逄凌滨

续表

奖项	作品编号	大类(组)	作品名称	参赛学校	作者	指导教师
3	15045	数媒设计专业组	生命重现之美丽人生	渤海大学	程甜甜、王双双	赵焱、王莉军
3	15046	数媒设计普通组	炫舞生命	大连理工大学	黄雪原	
3	15050	软件应用与开发	南美白对虾疾病诊断专家系统	上海海洋大学	刘臻、林何磊、狄方方	袁红春
3	15051	软件应用与开发	交流电	上海电力学院	陈燕岗、钱晴晴、陈佳楠	李春丽、潘华
3	15052	数媒设计专业组	生之源	辽宁石油化工大学	李颖、张令兵、高思瑶	王宇彤、任斌
3	15054	数媒设计专业组	生命之美	河南城建学院	程廷	张向娟、白粒沙
3	15055	微课与课件	关系代数的除运算	沈阳建筑大学	丁慧、白丽妮、张淑慧	董洁、孙雪洋
3	15056	微课与课件	3D打印电子商务网站(原名：3D-Wheel网站设计)	上海商学院	方星力、王如蓁、王杰	刘攀、谈嵘
3	15057	软件服务与外包	北京市交通路况实时导航系统	大连民族学院	柳光海、张召、陈建旭、闫继发、王宇彤	何加亮、逄凌滨
3	15059	微课与课件	细胞器与跨膜运输	沈阳师范大学	袁媛、孙琳、朱昱洁	王飞
3	15060	数媒设计民族文化组	传承精髓——民族建筑	沈阳师范大学	贺洋、刘贝贝、姜昆	白喆、潘伟
3	15063	微课与课件	面向回溯问题的教学用演示软件	安庆师范学院	唐宗力、夏永超、葛芸	张步忠、朱世娟
3	15064	软件应用与开发	辽宁石油化工大学国际教育学院教务管理信息系统	辽宁石油化工大学	高丰伟、肖瑶、徐苹	王福威、纪玉波
3	15066	软件应用与开发	校园微电影分享点播系统	沈阳农业大学	董超华、潘延炳、曾永	李竹林、郑伟
3	15067	数媒设计民族文化组	魅力傣族	沈阳师范大学	王鑫、叶青、石平飞	白喆、刘超
3	15068	数媒设计普通组	时间＝生命,去哪儿了	辽宁工业大学	李响、李涛、刘伟杰	刘鸿沈
3	15069	数媒设计民族文化组	爱我中华	安庆师范学院	吴玲玲、宋娜、朱如梦	刘奎、张翠娟
3	15071	软件应用与开发	高校企业办公自动化系统	沈阳大学	吕雪伟、张舒鑫、张亚琴	高玉潼、原玥

续表

奖项	作品编号	大类(组)	作品名称	参赛学校	作者	指导教师
3	15072	数媒设计专业组	食品安全与生命健康	东北大学	赵柳依、肖宇航、周长威	霍楷
3	15073	数媒设计民族文化组	青韵	黄山学院	张颖、叶英贵、钟艺帆	汪海波、程晓东
3	15074	软件应用与开发	课程串行化管理系统	沈阳师范大学	秦冲、唐梦迪、丁士鹏	于世东、刘春颖
3	15075	软件应用与开发	大学生心理咨询系统	辽宁石油化工大学	曹震、何志强、包乾	石元博、冯锡炜
3	15076	软件应用与开发	高校阳光趣味运动会管理系统	辽宁科技学院	马志铎、吴万华、王迪	刘滨、刘丽华
3	15078	微课与课件	财会系统“微课”	上海商学院	沙曼、唐嘉捷、仲作宇	谈嵘
3	15080	软件服务与外包	校园公共自行车系统	华东师范大学	殷超群、郑惺、刘甦璟	江振然、沈建华
3	15086	软件应用与开发	高校人力资源管理系统	辽宁对外经贸学院	吴其滨、刘洋洋、李鑫	吕洪林、裘志华
3	15088	数媒设计普通组	生命的延续	沈阳工学院	邵振华、卢作顺、王瑞	冯暖、贾婷
3	15089	数媒设计专业组	生命“进行时！”	阿坝师范高等专科学校	张瑜	李雯雯
3	15090	数媒设计专业组	生命的呵护	大连理工大学	高新、李洋、陈树村	陈岩、林墨飞
3	15091	软件应用与开发	基于 RFID 的校园安全管理系统	沈阳工业大学	张立伟、姜祥林、付杰	冯海文
3	15092	数媒设计民族文化组	藤艺系列	大连理工大学	王曦莹、赖城峰、高新	陈岩、张耿
3	15094	软件应用与开发	基于人性化思考的助学商务管理系统	东华大学	刘春垚、张珍、郭煜辉	刘玉、马彪
3	15097	数媒设计普通组	生命之轨迹	沈阳师范大学	李秋实、韩知璇、周颖慧	刘冰、杨亮
3	15099	软件应用与开发	班级网站	河南师范大学	刘家诚、张克朋、秦蓓	史春花、范海菊
3	15100	数媒设计专业组	Health Ski 竞技滑雪	沈阳理工大学	刘炳柏、陈雨佳、韩振才	祁燕、刘丽萍
3	15101	软件应用与开发	基于移动网络的大学生科技竞赛评分系统	大连大学	曹杰、江雪平、谷雪	季长清、姜英华
3	15103	软件应用与开发	通用机器人仿真平台	东北大学	朱德龙、常雪枫、王兆琦	佟国峰

续表

奖项	作品编号	大类(组)	作品名称	参赛学校	作者	指导教师
3	15106	数媒设计普通组	看天气问穿衣网	上海商学院	胡馨滢、王逸晨、梁惠民	李智敏、刘富强
3	15109	数媒设计普通组	为什么是我	沈阳化工大学	范长志、徐嘉、郎海洋	张立忠、郭北涛
3	15110	数媒设计民族文化组	满纹纳情、苗韵风采	河北大学	闫若欣、陈孟鸽、董晓涵	朱佩龙、王卫军
3	15112	数媒设计普通组	“我”即是生命	河北大学	赵天禹	肖胜刚、王卫军
3	15113	数媒设计普通组	珍爱生命,保护家园	河北大学	李堃田、江亮亮、务圣洁	肖胜刚、王卫军
3	15114	数媒设计专业组	拥抱生命	河北大学	边旭、李芳、金钰涵	陶朋、甄真
3	15115	数媒设计专业组	她和她的猫	河北大学	宁堃、唐伯依、范翰文	陶朋、朱江
3	15117	数媒设计专业组	不要让生命成为它眼里的奢望	河北大学	陈艳艳、付晓倩、孙瑶瑶	王卫军、张慧
3	15119	软件应用与开发	博雅大学生创业超市管理系统	辽宁科技学院	费迪	刘丽华、刘滨
3	15122	数媒设计普通组	走出华容道	辽宁科技学院	丁乃琪、王婷婷、屈平洋	刘滨、刘丽华
3	15124	微课与课件	汉诺塔——数据结构辅助教学课件	辽宁科技学院	谭宾宾、黄清燕、马超	刘滨、刘丽华
3	15132	数媒设计普通组	纤尘,生命	河南师范大学	王海飞、席君帅、邢问天	史春花、杨文强
3	15133	数媒设计普通组	树・心・家	大连交通大学	李昊、张钊、宋睿	丁立佳
3	15136	软件应用与开发	无忧管家	西安电子科技大学	杨晓声、李朋林、李婉萍	李隐峰
3	15139	软件应用与开发	基于 HTML5 的心理学教学辅助网站	华东师范大学	曾柏然、宋星云、陈子予	刘艳
3	15141	软件应用与开发	基于 Jack 平台的正步队列动作仿真实现	中国人民解放军陆军军官学院	王浩、崔子健、吴楚南	王欢、周丽媛
3	15150	数媒设计专业组	珍重生命	辽宁科技学院	苏东旭、徐雷雷、潘永宝	白冰洋、孟祥武
3	15152	数媒设计民族文化组	魅影	辽宁科技学院	李彦霖、陈影、高志玲	王锐、田柳
3	15154	数媒设计专业组	从现在开始	辽宁大学	王肖萌、邹佳敏	王志宇、姜永刚

续表

奖项	作品编号	大类(组)	作品名称	参赛学校	作者	指导教师
3	15156	数媒设计民族文化组	民族风	沈阳工学院	孙亚婷、韩瑞南、孙玥	徐香坤
3	15157	软件应用与开发	airD——基于PHP的在线预约订单系统	西安培华学院	唐隆君、张文彬、鄢中涛	张伟
3	15160	微课与课件	看云识天气	西华师范大学	刘巳丹、刘倩倩、吴博	黄冠
3	15161	数媒设计民族文化组	摩登苗乡	辽宁科技学院	韩瑞、李艳楠、包博文	邹妍、赵向东
3	15164	数媒设计专业组	生命的意义	辽宁科技学院	饶颖、佘淼	刘平平、任丽华
3	15166	数媒设计普通组	岩缝间的蒲公英	沈阳建筑大学	张司琪	王守金、孙焕良
3	15186	数媒设计民族文化组	汉服	西藏民族学院	袁源	张善心
3	15187	数媒设计普通组	生命如梅	辽宁科技学院	刘博、蒋平、刘东辉	于会敏、孙炽昕
3	15193	数媒设计普通组	小豆豆的故事	上海商学院	朱竟成、黄敏、张康	李智敏、王明佳
3	15196	微课与课件	学习十八大精神	安庆师范学院	王冰洁、艾中文、方竹	李培森、金中朝
3	15202	微课与课件	网页竖排文字的制作	沈阳建筑大学	张司琪	王鑫、袁帅
3	15208	软件应用与开发	沈阳工学院项目申报系统	沈阳工学院	冉梦影、佟娜、徐姝宁	吴晓艳
3	15219	数媒设计普通组	城市流浪动物——我将何去何从	大连东软信息学院	廖斌	朱万隆
3	15220	数媒设计普通组	向前(Keep Walking)	重庆师范大学	朱潇逸、白阳、陈子烨	朱德利
3	15225	数媒设计专业组	生命之源——水	郑州城市职业学院	刘志莹	李晶晶、张君瑞
3	15232	软件应用与开发	书香门第	马鞍山师范高等专科学校	尹清云、钱克彬	王雅婷、汤宁
3	15233	数媒设计民族文化组	与"室"俱进	西安培华学院	王舜尧、郭佩、杨爱英	张伟
3	15234	软件应用与开发	元回收——二手手机回收服务平台	辽宁大学	谭元日、何声一	曲大鹏
3	15239	软件应用与开发	基于C/S模式的考试系统	辽东学院	青峰、王鑫、尹浩权	王震、聂丹
3	15244	软件应用与开发	我的青春	西安培华学院	李伟、权永亮、胡楠	张伟

续表

奖项	作品编号	大类(组)	作品名称	参赛学校	作者	指导教师
3	15253	软件应用与开发	微信企业平台	陕西理工学院	孙熙杰、刘渴娜、韩波	李征
3	15254	数媒设计普通组	HTML5 学习应用手机 App	邯郸学院	路尘、耿红伟、崔月娇	王凤丽
3	15255	数媒设计民族文化组	故宫游记	安庆师范学院	伊伟、刘敏、谢健健	王广军、苏本跃
3	15257	数媒设计普通组	飞蛾的选择	沈阳建筑大学	王一名、马逍、杨杰	王守金、栾方军
3	15260	软件应用与开发	基于 3DGIS 的城市内涝淹水效果模拟系统设计与开发	沈阳建筑大学	曹阳、刘伟、刘汉迪	毕天平、李海英
3	15262	数媒设计普通组	爱我中华	安徽文达信息工程学院	李飞虎、刘洋洋、赵文祥	丁磊、徐学斌
3	15264	数媒设计普通组	天辰(RGB)游戏	大连医科大学中山学院	司明、吴海兵、屈天舒	魏银华、董洁
3	15267	软件应用与开发	基于.Net 平台小虫网上购书系统	郑州轻工业学院	陈贞、刘战旗、宋亚楠	沈高峰、赵进超
3	15274	软件应用与开发	学道	重庆师范大学	罗红霞、赵红羽	罗凌
3	15279	软件应用与开发	海珍品病害防治专家系统	大连海洋大学	廖健、王冠、鲁怀财	李然、于红
3	15282	软件服务与外包	排爆机器人及控制系统	安徽农业大学	王军、孙珂、方岳涛	孟浩、陈卫
3	15286	数媒设计普通组	Life can be	辽宁大学	吴优	傅国栋
3	15287	数媒设计专业组	生命之筑	辽宁工业大学	孟繁珺、王逸凡、王晓彤	许东、王雪英
3	15294	数媒设计专业组	多功能模块化病床设计	辽宁工业大学	王博、高翀、宫航	武志军
3	15295	软件应用与开发	简易与老人对话系统	上海理工大学	高宏飞、郑少银、苑肖嵘	臧劲松
3	15296	数媒设计专业组	善美保定	河北软件职业技术学院	崔静、高凯荣、王金金	刘庆、于洋
3	15299	数媒设计普通组	生命的赞美诗	沈阳化工大学	冯宁、王文潇	程艳荣、高巍
3	15303	数媒设计专业组	生之韵	同济大学	解李烜、崔军、韩铮	李湘梅
3	15306	数媒设计专业组	“凶”器	沈阳建筑大学	肖露露、李星童、刘玥良	高品、王守金

续表

奖项	作品编号	大类(组)	作品名称	参赛学校	作者	指导教师
3	15308	数媒设计普通组	候鸟迁徙	沈阳建筑大学	司小波、吴清兰、关晓敏	杜利明、王凤英
3	15310	数媒设计专业组	生命在呐喊	沈阳建筑大学	李宗泽	高品、王守金
3	15314	软件应用与开发	C++ 在线考试系统	安徽工程大学	杨玉仁、张浩东、李梦楠	汪国武、潘海玉
3	15319	数媒设计专业组	达达的奇妙冒险	大连东软信息学院	赵广环、李婉舒	王保青、师王洁
3	15321	数媒设计民族文化组	中国剪纸艺术	华东师范大学	万若珈、丁依文、张亚琳	江红
3	15323	数媒设计普通组	大学,我们应该做什么	安徽财经大学	张太雷、孔德夫	张玮、徐勇
3	15326	数媒设计普通组	生命・奉献	合肥工业大学(宣城校区)	陈天祥、黄源、舒勇	符晓四、华丽
3	15327	数媒设计专业组	致那些天堂的灵魂	沈阳师范大学	臧薇、王云凤、魏莉雯	杨亮、罗旭
3	15328	数媒设计民族文化组	京剧扑克	安徽省马鞍山师范高等专科学校	蔡文颖、陈璐璐、田文倩	水淼、胡鑫
3	15329	软件应用与开发	人工智能模拟平台	合肥工业大学宣城校区	潘汀	
3	15334	数媒设计普通组	为生命起航	合肥工业大学(宣城校区)	王奇奇、周常睿	余刘琅
3	15336	软件应用与开发	中国传统文化基础网	安徽理工大学	沈修庆	石文兵
3	15337	数媒设计普通组	反对堕胎	大连民族学院	崔成亮	于玉海、付杰
3	15341	数媒设计民族文化组	商殇	安阳师范学院	卢同硕、姚建超、杨义忠	牛红惠、王华威
3	15343	软件应用与开发	张家口义工网站	河北建筑工程学院	杜妙娜、张万发、李若麟	温秀梅、孙皓月
3	15351	数媒设计民族文化组	民族之美——手工艺品	合肥工业大学(宣城校区)	高康康、贾博远、雷晓文	陆佳
3	15353	数媒设计民族文化组	一曲霓裳舞千年	沈阳建筑大学	孙菲曈、康星、童莹莹	王凤英、杜利明
3	15354	数媒设计普通组	爱之萦华	河南牧业经济学院(英才校区)	王姣姣、张国微、王翠菊	李宏伟、王洪涛
3	15355	数媒设计专业组	马航去的地方	大连东软信息学院	苏阳、周航	李婷婷

续表

奖项	作品编号	大类(组)	作品名称	参赛学校	作　　者	指导教师
3	15357	数媒设计普通组	All the life	大连东软信息学院	张飒、张晓琪、夏雨佳	姜微
3	15359	微课与课件	足球教学——了解足球	安徽理工大学	徐敬坤	胡彪
3	15362	数媒设计普通组	逝去的生命	辽宁大学	张清博	傅国栋
3	15368	数媒设计普通组	希望	西安电子科技大学	柴双霞、翟静蕾、张子昂	王益锋
3	15370	数媒设计专业组	子非鱼 DV 影片	大连医科大学中山学院	宁英吉	盖玉强、袁德尊
3	15371	软件应用与开发	虚拟新大	新疆大学	陈权、李川、袁婷婷	杨焱青、杨文忠
3	15373	微课与课件	WK0109——常用工具软件的使用中通过光盘加密方法保护私有数据	沈阳药科大学	谢雨晴、黎秋媛	梁建坤
3	15374	数媒设计普通组	珍爱生命，预防溺水	合肥工业大学	刘健、蔡梦娇、许雯	余刘琅
3	15376	数媒设计专业组	燃烧的生命	四川化工职业技术学院	晏亭亭、曹棚、范国保	张竞波
3	15380	软件应用与开发	幼儿早教网站	重庆师范大学	文诗琪、王莹莹、周小雯	罗凌
3	15381	数媒设计专业组	死亡与新生	大连理工大学	王瑜、赵亚楠、张倩	崔银河
3	15382	软件应用与开发	高校桶装水信息化管理平台	重庆文理学院	曹剑龙、姜良熠、梁雪蓉	吴莹莹
3	15383	数媒设计民族文化组	文化驿站	合肥工业大学	刘健、武胜、王奇奇	
3	15387	软件应用与开发	魅力安徽	安徽工程大学	斯念、周政政、周岩	姚红燕
3	15395	数媒设计普通组	追寻生命	后勤工程学院	吴剑、刘环宇、尹文琦	敬晓愚
3	15396	微课与课件	自顶向下逐步求精的程序设计方法实例	沈阳工业大学	刘也凡、郭赢龙、王壮	田艳丰、刘振宇
3	15399	数媒设计专业组	生命，有权挑战与相信	大连理工大学	鲍蔚萌、阿力木江、李风广	崔银河
3	15404	微课与课件	牛奶去哪了？——基于 EPC 技术的食品安全追溯应用	沈阳工学院	肖杰、董忆慈、杨雪晴	付丽华、赵云鹏
3	15406	数媒设计普通组	疯狂的世界	合肥工业大学	李勋、周煜松、王天笑	杨风云

续表

奖项	作品编号	大类(组)	作品名称	参赛学校	作者	指导教师
3	15409	软件应用与开发	海洋环境预测预警系统	大连海洋大学	鲁怀财、廖健、郑翔宇	李然、黄璐
3	15411	微课与课件	高中物理“楞次定律”多媒体课件	大连大学	郭若水、陈子豪、魏鸿铭	王静、季长清
3	15412	微课与课件	生命旅程	沈阳化工大学	朱嘉良、王芾、张爽	姜楠、曹连刚
3	15417	微课与课件	Internet 基础	沈阳师范大学	佟雪、王凯文、胡天雪	刘立群、杨亮
3	15419	数媒设计普通组	时间都去哪儿了	沈阳师范大学	扈迪、佟雪、刘赫	刘立群、黄志丹
3	15429	软件应用与开发	科大英语学习网	辽宁科技大学	赵世成	张美娜
3	15433	软件应用与开发	徽州文化	合肥工业大学(宣城校区)	赵轩浩、黄涛、瞿自章	
3	15434	数媒设计普通组	时间都去哪儿了	合肥工业大学	瞿自章、赵轩浩、陈纯洁	
3	15435	软件应用与开发	水木青年大学生信息服务网站	辽宁工程技术大学	贾子钰、许中、陈跃波	刘宪国
3	15436	数媒设计普通组	交通安全知识纸牌游戏	沈阳化工大学	周登钰、陶贵元、李乾	石满祥、王军
3	15438	数媒设计专业组	指尖绣	西华师范大学	冯宝安、安志婕	王亮
3	15442	数媒设计专业组	永恒的温暖	大连民族学院	胡凌倩、朱琳娜、孙小和	张伟华、贾玉凤
3	15443	软件应用与开发	城市交通流量分析及疏通模拟软件	辽宁师范大学	谢亮、刚占慧、杨学军	张大为、王大鹏
3	15445	软件应用与开发	美丽诗篇	滁州学院	赵楠、胡倍、陈加龙	赵国柱、赵欢欢
3	15446	数媒设计普通组	生命的力量	中央司法警官学院	高翔、施承乾	寿莉、高冠东
3	15449	微课与课件	WK0303——图像的合成	沈阳师范大学	徐聪颖、时光洁、任冬梅	薛峰、裴若鹏
3	15457	软件应用与开发	食全食美	合肥财经职业学院	丁智、黄鹤忠、康凯	周沭玲、郑湘辉
3	15461	微课与课件	小池	沈阳工程学院	耿昊、陆冉	顾健
3	15463	软件应用与开发	大学生创业加盟网	商洛学院	燕鹏、孙立望、王静	刘爱军
3	15472	软件应用与开发	云平台与C/S模式相结合的程序评测系统	滁州学院	李彪、刘忠强、薛东阳	赵瑞斌

续表

奖项	作品编号	大类(组)	作品名称	参赛学校	作者	指导教师
3	15473	数媒设计专业组	生命·农业	辽宁师范大学	纪倩、李文笛	丁男、任德强
3	15474	数媒设计普通组	轨迹	大连东软信息学院	张喜民、陈佳康、彭婷婷	付立民、李义楠
3	15475	数媒设计民族文化组	中华民族文化之灯谜	郑州华信学院	蔡庆庆、潘磊、秦玲	赵轲、陈闯
3	15478	数媒设计民族文化组	少数民族新石器时代文物展览纪念品设计	大连东软信息学院	闫鸣、李沐泽、葛展	赵鲁宁、邱雅慧
3	15481	数媒设计民族文化组	中国蔚县剪纸	河北建筑工程学院	王志鹏、高宏亮、吕炎杰	康洪波、司亚超
3	15482	软件服务与外包	基于CAN总线温度自控调节远程监控系统	南京工业职业技术学院	周川、梅杰、陶晓庆、王文娟	朱其慎、崔群
3	15487	数媒设计民族文化组	中华民族建筑电子杂志《民韵之殿》	沈阳工学院	宋爽、孙昊鹏、富雪	赵云鹏
3	15488	软件应用与开发	芜湖旅游网	马鞍山师范高等专科学校	周晓云	叶根梅、水淼
3	15489	数媒设计专业组	珍爱生命,远离艾滋	沈阳工学院	曹雲雲、宋爽、高爽	王瑶、赵炜
3	15495	数媒设计专业组	防治雾霾 珍爱生命	保定学院	张思达	李伟
3	15498	数媒设计普通组	生命礼赞	安徽农业大学	杨丽、张文杰	张庆国、陈德玲
3	15499	数媒设计普通组	“家”,你们去哪里了?	商洛学院	张韶	张林
3	15500	数媒设计民族文化组	中国民族建筑	安徽农业大学	汤文雅	丁春荣、刘连忠
3	15501	软件应用与开发	“Flash CS4 动画制作教程”教学网站	新乡学院	王亚平、杜雯	朱楠
3	15503	软件应用与开发	茶韵	辽宁科技学院	李荣伟、纪刚	张宏、王海波
3	15504	软件服务与外包	社团之星大学生社团活动助手	沈阳工学院	连文典、王冠男、鲁思宇	赵云鹏
3	15505	数媒设计普通组	生命	沈阳药科大学	王烨、张惠芬	梁建坤
3	15508	微课与课件	微课件“计算机网络在线学习平台”创新学习模式的革命	沈阳工学院	孙昊鹏、富雪	赵云鹏

续表

奖项	作品编号	大类(组)	作品名称	参赛学校	作者	指导教师
3	15509	数媒设计专业组	儿童肥胖 & 健康	沈阳工学院	宋爽、曹雲雲、高爽	王瑶、胡德强
3	15510	数媒设计普通组	生命	渤海大学	孙国庆、姜爽、夏爽	高丽娜
3	15513	数媒设计专业组	那一世	吉林大学	赵孟、王严	彭巍
3	15518	数媒设计普通组	静观生命	沈阳工程学院	董冰、孟子铁、安柯翰	周本海、姚大鹏
3	15521	数媒设计专业组	生命的密码——墨之韵,剪之巧	安徽经济管理干部学院	罗玉、段瑞、张微	李六杏、唐立
3	15528	微课与课件	使用 ADO. NET 进行数据库连接	沈阳建筑大学	唐瀚林、马嘉翌、王帅	王守金、王永会
3	15531	软件应用与开发	大田作物土壤墒情智能决策支持系统	石河子大学	李延辉、李同杰	李志刚、于宝华
3	15532	数媒设计专业组	礼物	东华大学	唐琪、葛瑶	王晓琳、杨娟
3	15534	软件应用与开发	知“食”长乐网	华东理工大学	汪朝旭、邢维龙	胡庆春
3	15542	软件应用与开发	农用透视仪系统	沈阳大学	朱亚鹏、夏浩宇、唐小奔	原玥、周昕
3	15547	软件服务与外包	音乐利刃	华东理工大学	杨诣非、孙居一、崔恒滔	胡庆春
3	15548	数媒设计普通组	十面霾伏——还给生命一片蓝天	沈阳工学院	管理、邢有明、陈燕强	耿欣、张文静
3	15549	数媒设计普通组	多彩生命	郑州轻工业学院	朱志恒、杨美静、张艳梅	尚展垒、沈高峰
3	15550	数媒设计普通组	生命赞歌	辽宁工程技术大学	刘慈航、丁盛鹏、郭桐	马玉林、程瑶
3	15551	数媒设计民族文化组	国风	吉林大学	赵孟、王严	赵冬梅
3	15553	数媒设计民族文化组	顿开尘外想,拟入画中行——古典园林体验馆设计	后勤工程学院	黄帅、董航、陈暲	苟平
3	15554	软件应用与开发	大学生勤工助学平台网站	沈阳工业大学	张路兵、孙彬、孙强	丁革媛、宋扬
3	15555	微课与课件	AE 爆破文字特效	辽宁工业大学	尹郡	姜悦岭
3	15559	软件应用与开发	按户计量的供热计费管理系统	河北建筑工程学院	孙鹏飞、武利云、孙培顺	董颢霞

续表

奖项	作品编号	大类(组)	作品名称	参赛学校	作者	指导教师
3	15561	软件应用与开发	Flash 精品课程网站	宿州职业技术学院	陈啸天、徐东生	陈伟、王莉
3	15583	软件应用与开发	智能教师监考分配系统	沈阳师范大学	李红艳、李庭洋、刘台振	毕婧、李海洋
3	15594	数媒设计民族文化组	书法匾额设计与生成	上海海事大学	江诗琴、程伟亮	章夏芬
3	15597	微课与课件	连续信号的采样与重构	沈阳化工大学	李学玲、孙悦哲、申兴国	郭仁春、赵立杰
3	15598	软件服务与外包	鱼游旅游服务平台	宁波大红鹰学院	周森鹏、刘疆伟、林志伟、周燕、陈凯铭	陆正球、周春良
3	15599	数媒设计民族文化组	华夏国粹	皖南医学院	洪晨刚、王飞、张仕杰	都芳、马少勇
3	15602	软件应用与开发	雷霆突袭	西华师范大学	郭孟坤、段汶伯、张睿	滕华
3	15604	数媒设计专业组	生命的逆生长	吉林大学	王政博	赵冬梅
3	15605	微课与课件	"图像处理"课件	新疆克拉玛依职业技术学院	雒霞、张玉坤	杜玉兰
3	15608	软件应用与开发	芜湖民族风景名胜	皖南医学院	王吉平、贾中道、何志刚	韩仁瑞、张业睿
3	15609	软件服务与外包	基于 Android 的图像识别与文字识别翻译	东北大学	陈麒、董鑫、李金鹏、马如军、邱煜晶	朱靖波
3	15616	数媒设计普通组	萌动	安徽农业大学	杨亚东、梁芳芳	杨宝华、杨涛
3	15618	微课与课件	传承	西华师范大学	蒲彩霞、邱敉莉、尚凌	黄冠
3	15620	数媒设计专业组	让留守儿童在阳光下绽放	马鞍山师范高等专科学校	郑莹莹、魏玉玲	马宗禹、李清
3	15624	数媒设计专业组	拯救	西华师范大学	魏光静、孟建坤、蒲彩霞	黄冠
3	15629	数媒设计专业组	阳光下的倪珊	马鞍山师范高等专科学校	汪宏祥、黄菊、丁文莉	黄凌骛、高婷
3	15631	数媒设计专业组	"艾"与被爱	马鞍山师范高等专科学校	贾文艺、李何晴、金春妮	马宗禹、高婷
3	15632	微课与课件	视图的应用	新疆警察学院	熊江涛、杜新、唐月娟	王亚娟、木塔里甫·木明

续表

奖项	作品编号	大类(组)	作品名称	参赛学校	作者	指导教师
3	15635	软件应用与开发	校园二手交易平台	商洛学院	李吴奇、秦庆庆、张煌	王重英、卢琼
3	15638	微课与课件	教学课件之物联网	安徽农业大学	汪可、肖遥	孙怡、张武
3	15639	软件应用与开发	安农助手	安徽农业大学	杨亚东、梁芳芳	杨宝华、孙怡
3	15646	数媒设计民族文化组	清明上河水系工程三维漫游动画	黄河水利职业技术学院	王素梅、李翠阁	姜锐、李艳静
3	15657	软件服务与外包	"一点无忧"快递收发智能管理系统	长沙民政职业技术学院	匡穗之、李立、蔡素	邓河、王芬
3	15658	数媒设计专业组	生命·创造	东北大学	陈建烽、徐凯、孙春月	谢青
3	15663	数媒设计专业组	生命——线	沈阳城市学院	杨百仑	高旭
3	15664	软件应用与开发	手机赚钱网	河北农业大学现代科技学院	刘东雨、郭辉	高月季、王文显
3	15666	数媒设计专业组	潮汕印	韩山师范学院	姚林钊、刘丽婷、王伟东	薛胜兰
3	15667	数媒设计普通组	基于 Kinect 的体感控制机器人	三亚学院	魏茗、欧阳彬林	辛光红
3	15671	数媒设计专业组	生命·运动	西北工业大学明德学院	王雅晴、万珊、许均天	舒粉利
3	15672	软件应用与开发	政府效能建设数据录入分析系统	六安职业技术学院	何永强、李锁、严婷婷	王红、陈功平
3	15678	软件应用与开发	分布光度实验测试平台	大连工业大学	徐国帅、刘倩、邬宏博	张竞辉、曹冠英
3	15681	数媒设计民族文化组	中华民族文化简介	洛阳师范学院	陈晨、邓琳花、冯双双	柴虹
3	15683	数媒设计民族文化组	步缕围裳	辽宁工业大学	于庄、李沅香、毕雪冬	杨帆
3	15688	数媒设计普通组	生命的奥秘	辽宁工业大学	解齐、周洋、何军	刘鸿沈
3	15696	数媒设计民族文化组	中华民族建筑三维展示	中央司法警官学院	孙鹏、陈浩邦、练泽仁	高冠东、王晶
3	15699	软件应用与开发	海洋科普网	同济大学	姜斌、支澳威、杨军	邹红艳
3	15701	数媒设计专业组	生命之歌	重庆大学	马浚淋、张裕权	夏青
3	15705	数媒设计普通组	Life-Hope-Future	郑州轻工业学院	王梦琳、刘志豪、陈丹丹	司丽娜、孙雪津

续表

奖项	作品编号	大类(组)	作品名称	参赛学校	作者	指导教师
3	15714	软件应用与开发	街景校园	大连交通大学	曹乾、王通、唐周益丹	马海波
3	15716	数媒设计专业组	回归	中州大学	陈波、连永哲、王耀乐	解浩、陈小冬
3	15718	数媒设计民族文化组	你不知道的“饰”	大连民族学院	王梦雨、臧琪、洁雅	杨玥、范一峰
3	15719	数媒设计专业组	生命法则	中州大学	焦延涛、孙苗苗	张蕾、张慧
3	15720	数媒设计专业组	姚阿姨和她的宠物们	大连民族学院	肖如兰、邹宇	李文哲、高江龙
3	15721	数媒设计专业组	卓别林相馆	大连民族学院	张媛、王昱茗、刘佳斌	李文哲、高江龙
3	15722	数媒设计专业组	心跳	沈阳师范大学	张彦君、陈旭东	宋倬、施淼
3	15723	数媒设计普通组	医药冷链物流配送过程可视化	上海商学院	逯宇凡、黄伟、周培林	司文、胡巧多
3	15725	数媒设计专业组	生命	保定学院	冯昱、胡琪莎、李晓靖	王怀宇
3	15728	微课与课件	PHP 建站中的分层设计思想	华东理工大学	施林成、梁粤晨	王立中
3	15730	数媒设计专业组	等待一分钟	保定学院	黄聪俐、刘桥娜	王倩
3	15731	数媒设计民族文化组	岂曰无衣　与子同袍	西北工业大学明德学院	姚洁、王微微、于攀	崔岩
3	15737	软件应用与开发	吉林旅游信息管理系统	通化师范学院	李哲安、郭婧婧、邢恩旗	赵颖群、王巧玲
3	15738	数媒设计专业组	逃离地球的鱼	安徽师范大学	宁瑶瑶	孙亮
3	15739	数媒设计民族文化组	布依之韵——利悠热谐谐	西安电子科技大学	吕才兵、努尔艾力·麦麦提、谭建东	胡建伟
3	15744	数媒设计专业组	农谚中的智慧	淄博职业学院动漫艺术系	李丹、王丹丹、张聪	魏国平
3	15749	数媒设计普通组	居家养老管理系统	河南牧业经济学院	唐田田	崔利、杨毅
3	15750	数媒设计民族文化组	新生·长命	西北工业大学明德学院	顾书寓、张聚慧	舒粉利
3	15751	数媒设计普通组	室内空气更新提示仪	大连大学	蒋皓、张丽	贾卫平

续表

奖项	作品编号	大类(组)	作品名称	参赛学校	作者	指导教师
3	15753	数媒设计普通组	一念之间	辽宁对外经贸学院	谢思远、王明丽	景慎艳、续蕾
3	15754	微课与课件	爱的一生	华东理工大学	史伟玉、王世绮、王敏	李昱瑾
3	15756	微课与课件	数据库设计概述微课件	辽宁工程技术大学	李大为、陈刚、刘怡	程瑶、马玉林
3	15759	数媒设计普通组	基于移动云平台的生命健康实时干预系统	西安电子科技大学	王珂、李旭、袁方彬	马续补
3	15761	微课与课件	Wk0301——多媒体技术与应用选讲	辽宁工程技术大学	李晓菲、王雷、王岩	程瑶、马玉林
3	15764	数媒设计专业组	新生	西北大学	何苗、杨光、田勇	张磊
3	15768	数媒设计民族文化组	秦潮	西北大学	薛洋	温雅
3	15769	数媒设计民族文化组	回清倒影	大连工业大学	刘晓杰、张亚洁、谢昕	栾海龙、蔡维
3	15773	软件服务与外包	中华茶文化项目	长春工业大学	赵梦迪、谭蓉、王焕丽	吴德胜
3	15774	软件应用与开发	巴客旅游网	四川商务职业学院	胡豪、李珊珊、夏兰洁	严珩
3	15776	数媒设计专业组	行动边缘	山东信息职业技术学院	方杨、崔键、姜广庆	纪新蕾、王国强
3	15778	软件应用与开发	基于DICOM图像的医生辅助诊断平台	大连东软信息学院	曾阳	陈艳秋
3	15780	数媒设计普通组	挣脱	大连交通大学	王维玺、辛士超、李昊	丁立佳
3	15784	软件应用与开发	基于地理位置的学生信息管理系统	大连交通大学	钟宏远、王建武、王金强	马海波
3	15786	微课与课件	计算机应用基础	淮南师范学院	陶潜	朱毅
3	15790	数媒设计专业组	生命创造希望	淮南师范学院	李璐、王杰、徐成栋	刘海芹
3	15791	数媒设计专业组	生命是一场美丽的旅行	西北工业大学明德学院	刘超、于非凡、冯浩煜	舒粉利
3	15792	数媒设计专业组	“吸”望	淮南师范学院	孙梦琪	许留军、姚国任
3	15793	数媒设计普通组	太阳去哪了？	淮南师范学院	薛丽丽、朱玲	吴满意、杨渊

续表

奖项	作品编号	大类(组)	作品名称	参赛学校	作者	指导教师
3	15794	数媒设计专业组	Time Less	沈阳师范大学	叶青、沈静静、邢晓宇	国玉霞、李文
3	15797	数媒设计专业组	时间都去哪了	山东科技职业学院	郭云娜、魏征	李璐
3	15799	数媒设计民族文化组	念奴娇·书东流村壁	西北大学	李晓洁、殷甜甜	张辉、温雅
3	15804	数媒设计专业组	生命无常,爱永存	西北工业大学明德学院	杨美美、刘媛、任贵蓉	冯强
3	15818	软件应用与开发	服务器状态监控软件	西安电子科技大学	张曦桐、柏晓强、宋晓辉	李隐峰
3	15824	数媒设计民族文化组	中国民族建筑欣赏	山东科技职业学院	宋科伟	武莹
3	15827	微课与课件	电通量高斯定理	大连工业大学	孙家庚、冉龙飞、王斌	吕桓林、康丽
3	15836	数媒设计专业组	生命密码	德州学院	俞昌宗、郭颂、侯敬蕾	杨蕾、黄雯
3	15839	数媒设计专业组	生命的主旋律	德州学院	孟庆发、张鑫	桑艳霞、赵环秀
3	15840	数媒设计普通组	生命	德州学院	刘媛、郑薛良、张帅帅	任立春、霍洪田
3	15842	数媒设计民族文化组	中国古代武侠服饰设计	西北大学	戎晓	温雅
3	15843	数媒设计普通组	生命至情	德州学院	牛芳芳	陈相霞、魏希德
3	15844	数媒设计民族文化组	鲁南石板房部落	德州学院	褚洪贵、黄银柳	杨光军、王丽丽
3	15846	数媒设计专业组	生命的掌纹	中国海洋大学	许琳琳	陈雷、姜永玲
3	15852	微课与课件	走进 Internet——表单	德州学院	张立军、郝卫杰、孙宗良	秦丽、郭长友
3	15857	数媒设计专业组	盲	天津师范大学	郭龙、冯如贤、罗兰	蒋克岩、沈葳
3	15858	数媒设计普通组	红	德州学院	雷振华、熊壮志、于仁汇	秦丽、李丽
3	15868	数媒设计专业组	时间就是生命	石河子大学	唐新然	王健
3	15869	数媒设计普通组	珍爱生命	河北金融学院	刘云蓁	柳凌燕
3	15876	数媒设计专业组	你听,生命在呐喊	德州学院	齐晔彤、马雅丽	李庚明、杨平

续表

奖项	作品编号	大类(组)	作品名称	参赛学校	作者	指导教师
3	15878	数媒设计专业组	生命(人植物动物)	安徽农业大学经济技术学院	倪新旺	王克纯
3	15886	数媒设计专业组	生命在路上	沈阳师范大学	王芳、张艳丽	杨雪华、程立英
3	15896	数媒设计专业组	舞动生命	枣庄科技职业学院	马淑新	雷利香、陈克坦
3	15901	软件应用与开发	Momot 法语背单词	上海外国语大学	王海燕、全舟芷萱	冯桂尔
3	15910	软件应用与开发	山东高速潍莱公路有限公司测评系统	山东信息职业技术学院	张奥运、高和存、崔长林	张兴科
3	15919	数媒设计普通组	怒放的生命	德州学院	李彦亭、刘妍男、柴慧	刘敏、郑要权
3	15920	软件服务与外包	面向移动终端(Android)的教职工基础信息采集系统	西安石油大学	董西荣、何阳春、詹进超、崔福罡、张林	王宏、孔劼
3	15921	数媒设计专业组	伤害与保护都取决于您的手中	枣庄科技职业学院	于晨虹	孙文、杜丽
3	15929	软件应用与开发	教务信息管理门户网站	西北大学	陈鸿达	李康、李剑利
3	15936	数媒设计民族文化组	安庆文化	安徽三联学院	朱德国、杨君	陶宗华、林亚杰
3	15940	数媒设计专业组	生命(请对生命负责)	安徽农业大学经济技术学院	祝昕	王克纯
3	15946	数媒设计民族文化组	少数民族风俗系列插画	山东工艺美术学院	齐金荣	牟堂娟
3	15954	微课与课件	分钟数学之下雨天如何减少淋雨	金陵科技学院	李伟杰、张鹏鹏	洪蕾
3	15955	数媒设计专业组	生 · 冥	安康学院	李泽杰、李梦姣	李亚娟、张超
3	15963	软件应用与开发	新闻网页自动文摘系统	中原工学院	贾忠贤、单林涛、陈绍松	程传鹏
3	15986	微课与课件	Maya nParticle 粒子特效应用	大连东软信息学院	王凡、王婉君	赵然
3	15993	软件服务与外包	基于 LBS 的互助信息平台：助助	东华大学	姜元杰、周旻捷、简文浩	黄永锋
3	15998	软件服务与外包	互联网热点舆情和追踪	西安电子科技大学	杨耀荣、邓康锴、胡万兴、陈梦雪	胡建伟

续表

奖项	作品编号	大类(组)	作品名称	参赛学校	作　　者	指导教师
3	16008	软件应用与开发	德州学院仪器设备管理系统	德州学院	孙振国、杨洋、李海杰	李海军、沙焕滨
3	16011	软件应用与开发	德州学院科技创新管理系统	德州学院	马文臻、李忠波、魏璇	霍洪典、张建臣
3	16012	数媒设计普通组	DV 影片——医者仁心	安徽医学高等专科学校	陈竹稳、朱灿、王年鹏	陈涛、童绪军
3	16024	数媒设计普通组	Life 的时光法则	大连科技学院	韦璐、余梦梦、张丽萍	何丹丹、王立娟
3	16027	数媒设计普通组	生命的律动	大连科技学院	李玉凤、康秀钦	何丹丹、侯洪凤
3	16029	软件服务与外包	超市智能储物系统	德州学院	陈其敢、李广宇、汤鹏燕	王荣燕、胡凯
3	16031	软件应用与开发	自然与生命	中州大学	赵一豪、熊猛、王磊	刘艳、张建平
3	16032	软件服务与外包	小海豚电子教室	长沙理工大学	马力、许志昊、张康毅、周牧、文智惠	熊兵、彭玉旭
3	16038	软件服务与外包	《食美客-餐饮外卖》服务端与 Android 客户端的设计与实现	云南国防工业职业技术学院	殷俊、李沐阳、杨斐	刘春华
3	16043	软件服务与外包	餐饮手持设备点餐系统 ICSS-MOS	河南理工大学	张燚、王冲冲、刘仲秀、许旭东、张青松	王建芳
3	16045	软件服务与外包	e-Tour	天津工业大学	向浩、任旭、陶旭、陈晓旭、包茗予	任淑霞、王明月
3	16046	软件服务与外包	停车位手机预定与支付系统	燕山大学	王海波、王雷、齐海亮	李贤善
3	16047	软件服务与外包	捉迷藏的机器人	宜宾学院	王安华、胡光钊、罗鑫	黎波、黄东
3	16048	软件服务与外包	基于无线局域网的室内定位系统	中南财经政法大学	王宏宇、冯浩、吕涛、李蕊伶、胡加亮	屈振新
3	16054	软件服务与外包	日本微生活	常熟理工学院	张华、黄梦娇、郑帅、许涛、陶天炜	温杰、周剑
3	16065	软件服务与外包	如果跳蚤会说话/Talking Flea	北京语言大学	左婧、吴晓芳、柏柳青	陈琳
3	16068	软件服务与外包	“地主之谊”创新式旅游服务平台设计	浙江农林大学	李群、陈怡、楼浩璇	陈英、滕红艳
3	16073	软件服务与外包	软件结构设计的演化生成	南京工业大学	车宝真、蒋信厚、兰健	蔚承建、刘斌

续表

奖项	作品编号	大类(组)	作品名称	参赛学校	作者	指导教师
3	16075	软件服务与外包	江苏师范大学微信信息门户	江苏师范大学	殷泳、胡化东、张钰莹、彭瑞	宋子强、孟凡立
3	16081	软件服务与外包	基于Android的校园移动门户的设计与实现	大连医科大学中山学院	曾一福、李宇、林剑锋、李磊、陆小辉	张鹏、刘传霞
3	16083	软件服务与外包	基于车联网的智能交通信息系统	怀化学院	戴翔、李固、贺长生、袁敏文、姚瑶	林晶
3	16093	软件服务与外包	餐饮手持设备点餐系统 ICSS-MOS	海南大学	王可颖、杨亚星、柯晓洲、黎力华	黄萍、黎才茂
3	16102	软件服务与外包	校园停车宝	福建农林大学	林玉清、陈志灵、吴晨钟、王坤林、林凯	张振昌、王长缨
3	16109	软件服务与外包	餐饮手持设备点餐系统	沈阳化工大学	黎标、王晓韵、韩东阳、陈国枭、薛勇斌	白海军、郭仁春
3	16112	软件服务与外包	北京林业大学数字化移动标本馆系统的研究与建设	北京林业大学	王铂	田萱、张海燕
3	16124	软件服务与外包	影楼管理系统设计与实现	浙江传媒学院	邱华晓、王琦、陈卓琦	李虎雄、杨帆
3	16150	动漫游戏创意	星星狐的表情系列	西北大学	聂其凤、汤茜	温雅
3	16163	动漫游戏创意	森宝猜字填词游戏	湖南大学	周佩瑶、张乐乐、喻显铭	江海、吴蓉晖
3	16167	动漫游戏创意	动物狂欢节	中国传媒大学	黄慎泽、刘枝秀、张宇	李萌、蒋希娜
3	16183	动漫游戏创意	疯狂的滑板	宁波大学	卓珊珊、杨迪、肖若琛	梅剑峰、黄冬明
3	16191	动漫游戏创意	文明始祖	天津天狮学院	张蕊	刘斌、马超
3	16203	动漫游戏创意	黑眼圈	南阳师范学院	袁文、陈昊旭、翟壮壮、万亚男、郭倩	魏琪、张跃武
3	16209	动漫游戏创意	鼓浪屿·慢时光	云南大学	李源灏、王菡苑、杨董茜、张小沛、蒋星元	杨俊东
3	16227	动漫游戏创意	创意拼图	汉口学院	刘普、黄梅、林家延、夏太平、李霆	王维虎、吴红
3	16248	动漫游戏创意	红烧肉	玉溪农业职业技术学院	李婷莉	杜鹃

续表

奖项	作品编号	大类(组)	作品名称	参赛学校	作者	指导教师
3	16251	动漫游戏创意	一百个胡萝卜	南阳师范学院	王鼎、杜少旭、郝一斌、张以、徐帆	王兴、魏琪
3	16255	动漫游戏创意	四格漫画	武昌职业学院	吴艳芳、徐芳、马思雨、宋甜甜	马涛
3	16257	动漫游戏创意	Under the Sea	华侨大学	何嘉涛、谢思宗、熊英杰、张志成	
3	16261	动漫游戏创意	艺术生之四格漫画	福建农林大学金山学院	张志强、许佳伦、刘珊珊	杨亮、郑艳
3	16271	动漫游戏创意	星星狐动态表情包	大连东软信息学院	郭天骄、娄曦文	高楠、付力娅
3	16278	动漫游戏创意	羊狐	北京语言大学	胡梦非、谢宇桢、曾文惠	张习文、徐征
3	16283	动漫游戏创意	沙	桂林电子科技大学信息科技学院	宋茂炎、陈宇豪、景帅	黄晓瑜、李辉
3	16286	动漫游戏创意	动物世界	西北大学	王辉	温雅
3	16305	动漫游戏创意	飞	福建农林大学	李嘉、尤达、郑敬	王婧、高博
3	16310	动漫游戏创意	生命线	怀化学院	汤政、何强、王艳	蒋启明
3	16331	动漫游戏创意	梦	福建江夏学院	雷小敏、王乃渊、黄奇异、金纬	林俊
3	16336	动漫游戏创意	寻幸福	福建江夏学院	张飞仙	田保峰、曹洁
优胜	16144	动漫游戏创意	剑心之守护圣兽村	华侨大学	陈雷、童振楠、杨悦、杨晓婕	洪欣
优胜	16146	动漫游戏创意	飞鸽传奇	德州学院	刘业兴、段明月、白荣雪、张毅	郑文艳、王洪丰
优胜	16153	动漫游戏创意	马到何处是成功	商洛学院	张韶、余露、马俊杰	张林、王重英
优胜	16157	动漫游戏创意	奔跑吧！武先生	大连理工大学	高志远、范世青、卫凌宇	李晓芳
优胜	16170	动漫游戏创意	逗逗虎之如果我有超能力	大连东软信息学院	刘宇凡、孟笑羽	刘超亮
优胜	16187	动漫游戏创意	The Last Day	宁波大学	宋予成、王曼斐、夏雪、蒋蓝星	应良中、邢方
优胜	16193	动漫游戏创意	千与千鲟	西安培华学院	魏鼎轩、李海峰、段风晨、李洋、赵炜炜	张伟

续表

奖项	作品编号	大类(组)	作品名称	参赛学校	作者	指导教师
优胜	16197	动漫游戏创意	晋升之旅	大连东软信息学院	张雲夏、韩雪、王崇刚	李婷婷
优胜	16200	动漫游戏创意	电话那头	西安培华学院	王瑶、叶晓新、王雅荣、张文刚、桑贤邦	唐明、张伟
优胜	16205	动漫游戏创意	土豆侠跑酷	南阳师范学院	刘晓、焦一航、吴琼琼、常欢、王海宁	贺宝月、刘长旺
优胜	16212	动漫游戏创意	星星狐的世界——可爱表情系列	宁波大学	毕颖、王璐、蒋学梅	陈燕燕、王慧
优胜	16214	动漫游戏创意	蝶之梦	湖北理工学院	庄自山、宋湾湾、史乐蒙	刘满中、胡伶俐
优胜	16216	动漫游戏创意	掌上公交	怀化学院	李固、秦立柱、姚春雨、刘成军	林晶
优胜	16217	动漫游戏创意	基于 Android 的凤凰导游系统	怀化学院	贺长生、侯谦、尹素雪	林晶
优胜	16219	动漫游戏创意	赫拉之歌	天津天狮学院	杨涅	刘斌
优胜	16223	动漫游戏创意	家里的小危险	武昌职业学院	梁宇、曾雪璐、柳婉欣、洪慧芬	马涛
优胜	16230	动漫游戏创意	基于 Flash 的绿色环保游戏设计与制作	湖北理工学院	黄佳、印加伟	吕璐、熊皓
优胜	16235	动漫游戏创意	逗逗虎之聪明的大脑	哈尔滨商业大学	张子豪、邢宇含、蒋斐、张诗宇、朱荟宇	郑德权、张冰
优胜	16236	动漫游戏创意	绿豆蛙——上学记	哈尔滨商业大学	曹壮、孙萌、徐艺桐、王成、赵新宇	郑德权、张冰
优胜	16238	动漫游戏创意	萌宠星星狐	淮南师范学院	徐成栋、斯元平、李璐、王杰	陈广宏
优胜	16241	动漫游戏创意	科技校园系列之隐身叶，万能卡	玉溪农业职业技术学院	杨德兆	杜鹃
优胜	16245	动漫游戏创意	土豆侠钓鱼	南阳师范学院	赵蕴薇、刘冬辉、宋丛颖、董明鑫、邵壮壮	曾鹏、刘长旺
优胜	16250	动漫游戏创意	父爱从未离开	怀化学院	何银雪、杨紫幸	林晶
优胜	16262	动漫游戏创意	云端的动物王国	云南大学	王菡苑	杨俊东
优胜	16263	动漫游戏创意	猫的七宗罪	福建农林大学	尤达、郑敬、代玉、白灵、许耀根	高博、吴文娟

续表

奖项	作品编号	大类(组)	作品名称	参赛学校	作者	指导教师
优胜	16265	动漫游戏创意	星星狐动画表情	武昌职业学院	李维、刘随襄、刘扬	李帅帅、凡鸿
优胜	16266	动漫游戏创意	漫画	汉口学院	李沪平、陈远孚、邓昶之、吴科、彭斐	王维虎、晏柯
优胜	16267	动漫游戏创意	爱上厦门 100 秒	淮南师范学院	朱玲	白林、朱扬宝
优胜	16273	动漫游戏创意	奔跑吧！ 地鼠	汉口学院	唐丽、黄蓉、杨雪君、钟艳红、文彬	王维虎、郑玉梅
优胜	16277	动漫游戏创意	歹鱼	大连东软信息学院	阎唯一、陈伯通、史昊凡	冯赫
优胜	16290	动漫游戏创意	Potato Sman	南京艺术学院	邓旺、胡威	马江伟
优胜	16299	动漫游戏创意	这个世界不只有你	汉口学院	吴海平、莫仕杨、舒志强、林锐、田旭东	王维虎、谭庆芳
优胜	16311	动漫游戏创意	寻水记	福建农林大学	郑美玲、聂珊珊、蔡凤娇、陈玲玲	王婧、高博
优胜	16312	动漫游戏创意	抉择	怀化学院	贺盼华、冯甜、吴瑶	蒋启明
优胜	16318	动漫游戏创意	“海底总动员”主题网站设计	吉林大学	赵力奇、申强、曲尚航、张晗、冯凯	徐昊、别玉涛
优胜	16319	动漫游戏创意	手机小子表情	兰州交通大学	李腾飞、马雪银、张晨光、施慧颖	张国龙、王永生
优胜	16324	动漫游戏创意	舌尖上的爱	兰州交通大学	陈曦、刘瑶、李腾飞	王永生、蓝充
优胜	16329	动漫游戏创意	妒娘	福建江夏学院	潘秋羽、郑鹏昌、周敏、陈然、曾雅燕	田保峰
优胜	16339	动漫游戏创意	厦门印象	福建农林大学	付祥、翁煜雯、尤达、郭凌怡、代玉	高博、周知
优胜	16344	动漫游戏创意	星星狐	福建农林大学	代玉、尤达、郑敬、张云晖、高燕龙	高博、余静
优胜	16346	动漫游戏创意	凄天	福建江夏学院	刘杰、张小青、宋仁杰、张琦、郑宇舟	田保峰

8.3　2014年(第7届)中国大学生计算机设计大赛作品选登

【10017】 | 怎样安装一台无线路由器

参赛学校：北京体育大学

参赛分类：微课与课件|网络应用

获得奖项：一等奖

作　　者：黄京智、张铁君、韩烨

指导教师：徐明明

作品简介

本作品是教授路由器安装方法以及配置的微课短片。我们使用漫画和动画相结合的方式进行教学。我们的教授方式生动有趣，尽量用最简单的语言讲清楚这些内容，并且以一个剧本的形式，让上课就像看电视剧一样，能够吸引住人们的注意力。课后设计了作业和其他方式的测评，有助于学生更好地学习。

为了使课程的讲授尽可能地有吸引力，本作品特地采用了简单的动画、三分屏等来表现整个课程，整体风格清新明快、生动活泼，有效地避免了课程原本可能的枯燥，让人能够在轻松有趣的故事性课程中，掌握无线路由器的安装。本作品的亮点很多，如原创的故事情节和课程形式借鉴了清华大学、北京大学和台湾大学的网络课程，所有的漫画皆为原创，由组内同学手绘而成。

安装说明

在暴风影音中播放即可。

演示效果

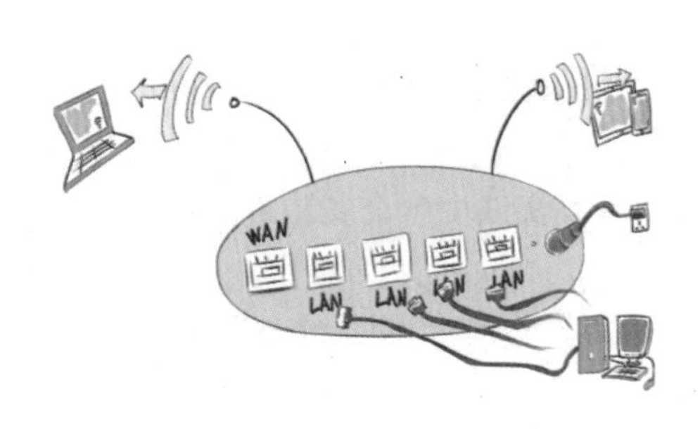

设计思路

作品思路：

1. 以静态漫画为主，动画和视频为辅，实现视觉上的良好体验，吸引观众有兴趣看完微课视频，并且实现教学效果。

2. 视频以现实布线操作、上机系统界面操作为主。

3. 习题和实践应用设计别出心裁，避免枯燥乏味。

具体步骤：

1. 以一个故事作为引子，进入讲授部分。

2. 开头标出课程标题，制作人员，制作单位。

3. 第一项内容，教授在各种网络源下，无线路由器对应的安装布线方法。包括ADSL和局域网布线方法。此内容使用实际拍摄操作为主。

4. 第二项内容，在计算机上录屏演示，教授无线路由器的无线发射配置。

5. 第三项内容，漫画演示常见问题的解决方案。

三项内容的其他部分和细节，均使用手绘漫画来讲授。再使用镜头旋转移动的方式来过场。

设计重点与难点

重点：

1. 教授路由器布线技术，通过实际操作来演示，并且辅助以动画和图像。

2. 演示无线路由器的设置，用电脑录屏软件，辅以第二窗口录像真实讲授，以达到较好的效果。

3. 路由器桥接部分，会实际演示我们学校食堂路由器桥接的照片，简单介绍怎样设置桥接。

4. 设计非常丰富有趣的作业，让我们的授课对象在实践中学会安装路由器的过程。

难点：

1. 多种软件配合使用：包括动画，漫画，视频的剪辑。其中，漫画绘制和动画制作，对于我们这些非专业的学生，并不简单。

2. 怎样上课才能获得较好的效果？通过设计教案和完整的配套说明，来保证课程质量。

3. 作业的设计要新奇有趣，并且能在实践中完成作业。

【10068】 | 日落北京16时59分

参赛学校：中国传媒大学
参赛分类：计算机音乐|视频配乐
获得奖项：一等奖
作　　者：曹雨濛
指导教师：王铉

作品简介

《日落北京16时59分》(Beijing Sunset 16:59)是一首视频配乐作品，视频为原创。
音乐风格为电子乐Electro，主题表达新老北京生活对比以及童年追忆。
短片全片采用Lomokino FilmMaker/Fuji Superia 200胶片拍摄。

- 作曲 曹雨濛
- 编曲 曹雨濛
- 混音 曹雨濛
- 导演 曹雨濛
- 摄影 张天笠
- 剪辑 张天笠 葛聪
- 艺术设计 焦博昂
- 操作平台 Logic Pro X/Logic Pro 9 联合制作
- 混录平台 Pro Tools 9
- 主要音源 ES2/EXS24/Ultrabeat
- 指导教师：王铉
- 中国传媒大学音乐与录音艺术学院出版

安装说明

在媒体播放器中播放即可。

演示效果

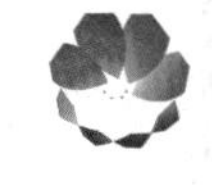

BEIJING SUNSET 16:59

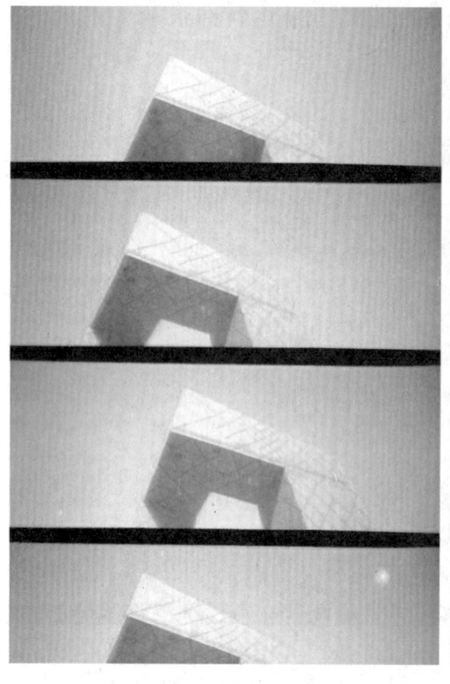

消防通道
严禁停车

设计思路

日落北京16时59分(Beijing Sunset 16:59)

全曲长4分26秒,主题表现老北京和现代化北京的生活节奏对比以及向往慢速的普通生活。16时59分有两种寓意,一为接近日落时间,二为上班族的下班时间前一分钟。全曲除具有老北京特色的吆喝声,无更多的民族特色乐器,更多地替代为电子乐器和西洋乐器,表达现代化城市的外表已经几乎覆盖了它历史的容貌。四个色彩不明亮的和声贯穿整曲,钢琴的四个和声主音Eb、D、Gb、F也强调了旋律的色彩,使乐曲气氛与短片中的温暖色调形成鲜明对比。跳动的Synth Leads电子乐器表现上班族的生活状态,波动起伏却充满创新。乐曲将近结尾处再现特色吆喝声,与电子乐器相搭配出现,表现了新北京的特点,即融合了老北京的闲适生活元素以及现代化城市的高速发展水平,缺一不可,相辅相成。

短片全片采用Lomokino Super 35 MovieMaker /Fuji Superia 200胶片拍摄,体现复古色彩。片中人物设定为生活在现代化北京的老北京人,全片无固定故事性,老旧自行车陆续穿过城市代表性地标,用逻辑冲突使人产生对过去的追忆。

设计重点与难点

设计重点在于用Lomokino FilmMaker/Fuji Superia 200胶片拍摄的后期处理过程较为复杂,Lomokino相机为手摇胶片电影相机,可使用任何35mm胶卷拍摄制作出短小但充满创意的短片,通过转动快门杆进行拍摄,洗印成片每张4格,通过剪辑定格为固定尺寸,一张35mm胶卷底片包含四格快门相片,通过反转片冲洗、扫描、Final Cut Pro 10后期剪辑后处理成影片效果,全片共用7卷Fuji Superia 200胶卷,共1008格快门相片,按照每秒5帧的速度逐个播放。

北京市城市规划以天安门为中心呈环状结构，环路作为主要交通路线。根据卫星定位图绘制的环路图在抠像后叠入短片，在短片中间穿插了环路扩张的变化图，并标注了各自总长度，与音乐节奏变化同步，使观者迅速感受到城市的发展变化。

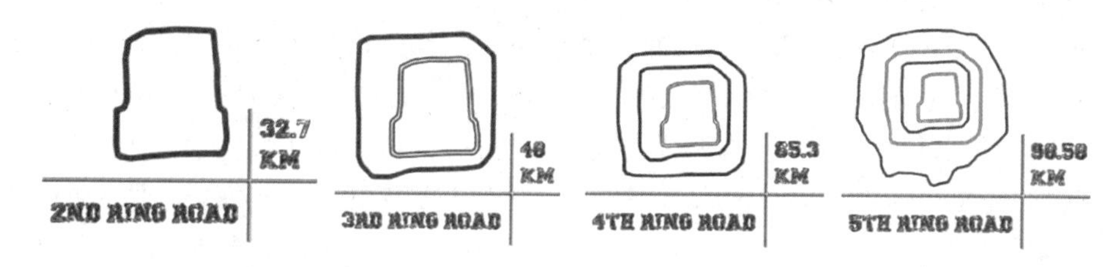

【10758】 | 生命故事

参赛学校：中国政法大学

参赛分类：数媒设计普通组|图形图像设计

获得奖项：一等奖

作　　者：黎俊志、钟静瑶、于姣

指导教师：王立梅、宗恒

作品简介

生命的可珍可贵无法用言语来形容。虽然在灾难与意外面前，生命也会表现出脆弱的一面，可当这些故事上演，人性的伟大，生命的光荣便可以从中丈量。我们无法忘记故事中的人们，故事中鲜活的生命，于是，便创作了这一系列以“生命故事”为主题的作品。通过真实记载这些感人的、震撼人心的生命故事，传达我们对生命的赞美、热爱与崇敬的主题。本图亦实现了创意与现实的融合，从时间和空间两个维度对生命在突发情况之下的情形进行了巧妙展现，采用了手绘、PS、摄影、人体建模等技术，同时以统一画风表现出来，形象地表现了生命最本质的特色、生命中那些无法忘却的痕迹与情感波动。

安装说明

用普通图像浏览软件即可观看。

演示效果

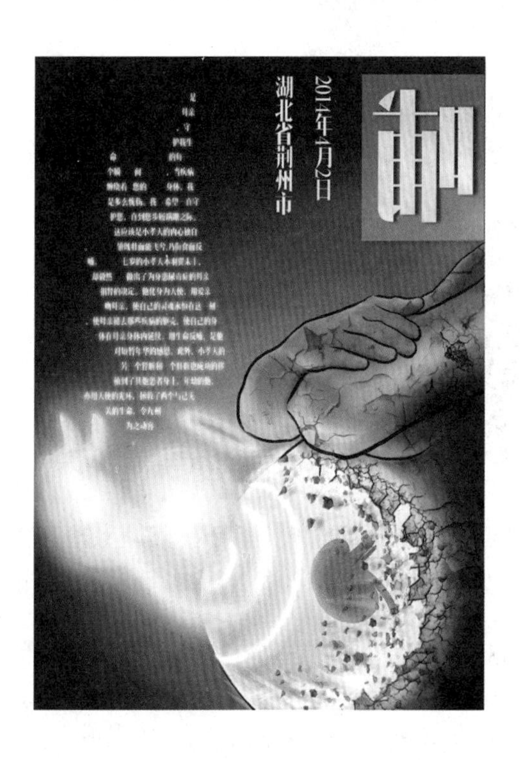

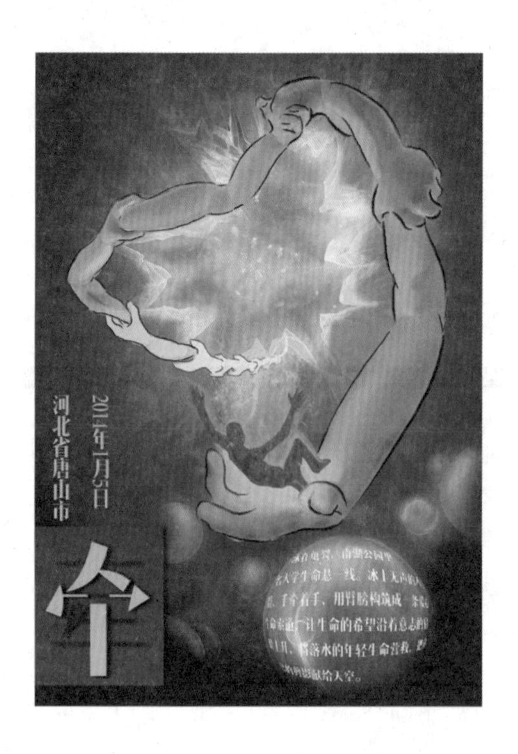

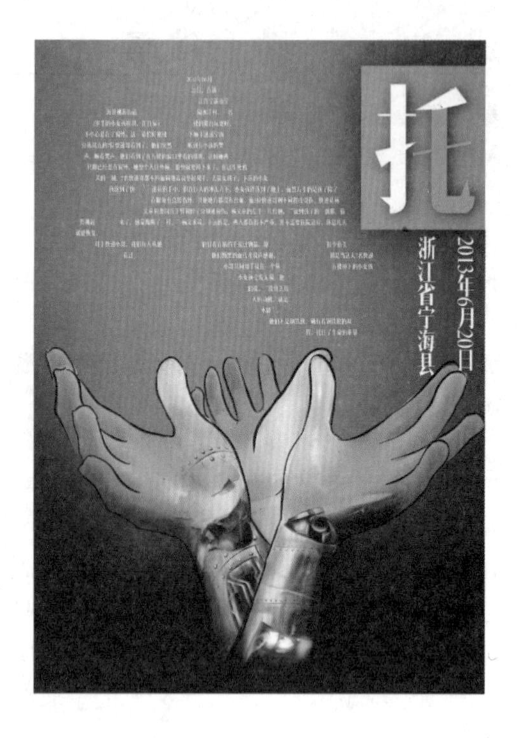

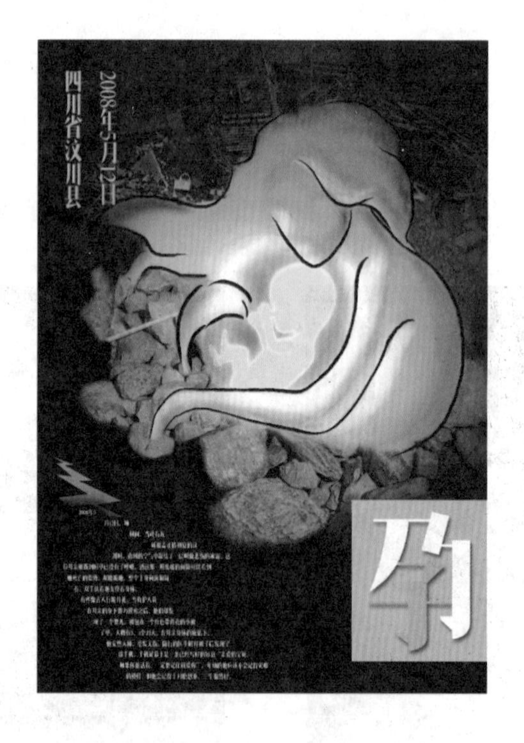

设计思路

主题设计

一花一世界，一树一菩提，世界存在于人的脑海，生命依托于人的记忆。每个人的生命是由发生在不同时空维度的故事随机组合，然后熠熠生辉。回首人类的生命历史，人类用了 2000 个世纪的“弹指一挥间”，成为了地球的主宰，但总有一个瞬间，文字、图片，凝固在故事发生的片段中，彰显生命的某些特质。自西方文艺复兴以来，从拉斐尔《披纱巾的少女》，我们看到自然的女性身躯，美到极致的容颜，挣脱了宗教与神秘的面纱，世俗的生命、个体的价值才得到充分的赞美。我们创作的这一系列作品，亦旨在以艺术的手法来重现发生在普通人生命中的故事的某个瞬间，以及凝聚在这其中的人们的情感波动与生命的光荣。

生命中上演的故事千姿百态，亦有一些意外与灾难阴沉了生命的明媚，在突破那些阴霾重重之后，生命会点亮曾经的暗夜。于是，我们从近年发生的自然灾难、意外事故中选取了五个故事，分别创作了名为《哺——幼子情深，用生命反哺》、《等——众里寻它等候生命回声》、《牵——绝处逢生牵引生命索道》、《托——千钧一发托举生命希望》、《孕——母爱齐天孕育生命奇迹》的五幅作品，讲述了自 2008 年 5 月 12 日汶川地震以来到 2014 年 4 月 2 日的小孝天捐肾救母的故事。其间还包括浙江省宁海县快递员用双手托举从五楼坠落的小孩的故事、河北省唐山市南湖公园中群众手牵手，营救落水青年的故事，以及今年牵动人心、至今没有结果的马航事件。

我们希望再现故事时能够表达一种生命的正能量与积极情绪的传播，以《牵——绝处逢生牵引生命索道》为例，图整体视角为从湖底仰望湖面冰窟，边缘轮廓的暗色调寓意为此时落水生命面临较为紧急的状况，而湖心的亮光则是代表了湖面上的群众手牵手，为落水青年带来生命的希望。整体画作在遵循平面设计规则的同时，有所创新，内容上以写意表达现实，虚实结合；构图上注重空间纵深感，追求画面感染力，配色中注重对比色与渐变背景的使用。

综上，我们的主题，即是通过再现这些在意外与灾难面前的生命故事，来展示生命的伟大、奇迹、希望与生命中流淌的各种情愫，来谱写一首关于生命的赞歌。

结构设计

两条线索交织，时空的结合，分设小主题进行升华。

线索一：真实的生命故事。

每幅图都记录了一个真实的生命故事，它们串联成一套作品。我们选择的故事都是不期而至，但是通过人类的意志，与在意外面前迸发的精神，生命的内涵得到彰显，进而突出生命的特质。比如小孝天的故事凸显对生命的感恩，马航事件凸显对生命的尊重等。

线索二：图文结合巧妙地来阐述故事的发生，以抽象的方法与思维来表达具象的事件。

本系列图的主要特征是图面意象与异形文字的融合。每个由异形文字构成的路径又同时作为平面图形的组成部分，这是图作者充分构思后的成果。此外，通过“托物言意”的方式，以一定的机理、肤质等来表达意象。

我们对每幅图都设计了小主题，从而对整个主题进行升华。

内容设计

1.《哺——幼子情深，用生命反哺》

七岁的小孝天羽翼未丰，却毅然做出了为母亲捐肾的决定。帮助母亲重返健康。该作品中反写的“哺”字之下是因疾病缠身而皮肤皲裂的母亲，母亲皮肤上的裂纹是通过笔刷绘制而成，母亲身体的曲线将图形分成两个对比部分。代表着小孝天的天使亲吻母亲之后，裂纹逐渐从母亲身上褪去。我们参考固定物的裂变设计了母亲肤质中裂纹由近及远的褪变。全图背景采用从黄色到黑色的渐变，小天使及周边的光芒是整个图的聚焦点。

2.《等——众里寻它等候生命回声》

失联的马航 370,239 个生命,牵动着我们的心,以“等”为题的图所表述的是一只断了线的风筝在浩瀚穹宇间飘舞,而茫茫云海之上呈现出飞机轮廓的银河则代表了失联的马航。“等”字与“筝”字的叠加,正是图中人儿等候断线风筝的蕴意,而等也是失联家属对马航不变的期盼。云海之上由异形文字组成的纸飞机飘向未知的终点,同样体现了我们对于马航事件中生命的祈盼,祈盼其找到回家的路。从 2014 年 3 月 8 日事情发生至今,马航仍然行驶在路上,我们亦未曾放弃救援与等待的希望。

3.《牵——绝处逢生牵引生命索道》

黑暗的深渊之中,冰冷的绝境之时,南湖公园的冰面上,年轻的生命岌岌可危,而一条由臂膀构筑的爱心生命索道通向那亟待援助的生命,让生命的希望沿着意志的肩膀上升。湖底圆形的气泡形文字,默默地记录下这段众志成城、援救生命故事。坠入水中的人物剪影,代表了落水的大学生。本图采用向心式结构,视角为从湖底仰视湖面的冰窟,湖底气泡以及从湖面射向湖底的光线的明暗变化都体现出一种视觉空间感。“牵”字由拼色组合,浅蓝色巧妙地阐述了整个故事:“人”在冰面的裂缝(缺了一个口的“一”)上连起一条生命索道。

4.《托——千钧一发托举生命希望》

故事中,7 名快递员共同用手托起一个从五楼坠落的小女孩,小女孩毫发无伤。图中,异形文字构成坠落的小孩,营造出一种坠落之际的紧迫感。“托”字中的“乇”部分,结构为“七”字上有一撇,正是七名快递员在危机时刻,托起幼弱生命的写照。人的身体中蕴藏着钢铁的意志,所以我们赋予手臂与手掌金属外壳的质感,同时由于事件中快递小哥受了伤,我们赋予手臂及掌心一定的裂痕效果。本图的亮点在于上下结构的平衡处理,简洁直观的构图设计。

5.《孕——母爱齐天孕育生命奇迹》

这是一个关于母爱的生命故事。汶川地震中,天崩地裂之际,这位母亲被发现时已经没有呼吸,小孩子却在母亲用身体铸成的臂弯中安然入睡,拉伸变形的“孕”字正是图中母亲紧紧怀抱孩子的写照,上方白色的“乃”字对应母亲轮廓的颜色,“子”则对应母亲怀中婴儿的颜色,体现了母亲对孩子的重新孕育。地震后,暗色调的渐变背景下的乱石与建筑物废墟,与母亲身体内部的亮色调形成鲜明对比,突出母亲身体内部的安详与希望,文中的乱石也是我们的摄影成果。而异形文字则构成地面裂缝。

亮点设计

1. 人体建模

生命故事中有许多人体的构建,为了更精准的把握人体身形,我们利用 design doll 等人体建模软件进行建模,所以图中人体都是我们自己的原创所得。

2. 主题字设计

几乎每个主题字都是采用拼色,而且浅色部分对应主图颜色。五幅图较为统一。如“牵”“托”“孕”则与原图结构对应,“等”则与“筝”字叠加,代表了图中人物与风筝的意象,“哺”字反写,取反哺之意。

3. 意象体现

“等”中的风筝,“牵”中的臂膀等都是通过写意手法表现真实的事物。这种意象体现来之不易,是本作品独一无二的创意。

设计重点与难点

（一）设计重点

1. 故事现实背景与精神内涵的艺术化再现

我们希望真实再现故事的情节，但也要用写意的手法来进行艺术化处理。如何将两者结合，取决于故事题材与主题的阐述。如何能够直观地讲述故事，表现生命的特性是设计的重点。

2. 元素的选取与运用

以"哺"为例，如何选取母亲与孩子的元素，乃至如何选择母亲身体的肤质、皮肤的裂纹都是我们需要设计的重点。

3. 如何契合主题

我们一直在思考，哪些故事能够传达生命的主题？生命的故事千姿百态，我们所选择的是可以通过处理之后表达生命在正能量的传递下而重现生机的图片。而且在构图中，我们也在不断捉摸图形如何与主题契合。

（二）设计难点

在创作中，如何统一作品，使得五幅图成一套作品，费了我们诸多功夫。其中，有一些图创作出来，单图与主题极为契合，可是与其他成图没有明显的系统特征，我们也只能忍痛割爱了。（各位老师可以通过关注我们"生命故事"的微信公共主页来查看这些图片喔！这是我们的创意二维码，我们也在通过创作有关生命的作品来支持公益事业）。其次，我们小组成员虽然已经有着较为成熟的手绘功底，可是如何在计算机上用 PS CS5、PS CS6、Adobe Illustrator CS6、Adobe AE CS4 等软件来表现主题则需要自学相关软件操作知识。我们在手绘方面是利用了触摸更为灵敏的 UGEE CV720 手绘板，可是其精准度毕竟不如在画纸上手绘。我们还在设计中采用了 Eye Candy 4000、Virtual Painter、KPT Effects、Color Efex Pro 3.0 Complete 等外挂滤镜。这些技术难题，都是我们通过自学攻克的。最后，配色也是设计难点。我们作品的配色有共性，既有主题一致方面的考虑，也有作者本身的偏好。

另外，每幅图都有其设计难点，分述如下。

1.《哺——幼子情深，用生命反哺》

"哺"所描述的故事并没有一个皆大欢喜的结局，小孝天在捐肾之后就去世了，生病时的母亲亦很难通过十分具有美感的方式表现。所以图片中天使形象的小孩子与有着皲裂肤质的母亲则较为隐晦地表现了这一事实。而在具体肤质表现上，我们尝试过陶瓷的裂纹、陶土的裂纹、大理石的裂纹等，最终得出图中较为接近人体肤质，效果也比较好的裂纹。小孩子的设计也经过多次调整形态、比例、角度，才有现在图中的效果。

2.《等——众里寻它等候生命回声》

飞机的形象经历了从实体飞机模型到二维飞机模型再到图中飞机形状的银河的变化过程。每一次改动都伴随着整幅图布局的改变。各元素的排放位置，也经过多次调试。我们初步作图时马航事件刚发生，相关人士都在为之祈愿，所以当时的立意为"祈"，可之后马航事件跌宕起伏，如何使图片与现实情况相吻合，是设计难点之一。为保证原创性，减少引用素材，图中的月亮是我们自己拍摄的。

3.《牵——绝处逢生牵引生命索道》

这幅图是我们花费笔墨最少的图，灵感几乎在一瞬间喷涌而成。即使这样，臂膀的排布也是我们在人体建模软件中多次调制而成，文字与图片融合时，球面化处理则是技术考验。

4.《托——千钧一发托举生命希望》

异形文字构成的小孩，其形态与文字数量的编辑是一大难点，最后图中钢铁臂的处理，经历了从最初处理不善导致血肉模糊，到现在美观兼具蕴意的效果。

5.《孕——母爱齐天孕育生命奇迹》

本图中文字的摆放险些成为鸡肋，一开始我们将文字置于母亲身体之上，显得画蛇添足，最后，用文字构成裂缝，则较为契合故事的发生背景——地震。建筑物废墟光影的处理则需要十分细致的手绘功底。

以我们现在的技术水平，做出目前效果图并不难，难的是我们为之所做的大量尝试，每幅图都至少有 20 幅以上的实验品，其中，指导老师也为图片修改提供了意见，并最终从这几十幅单图中选出成品。在此，感谢老师对我们的支持！

【11627】 | 卵子黑市

参赛学校：北京体育大学

参赛分类：微课与课件|其他课程课件

获得奖项：一等奖

作　　者：侯昭然、朱镕鑫、冉博文

指导教师：赵岩

作品简介

卵子黑市是运动人体科学专业的一门专业选修课《运动遗传学》中辅助生殖技术中的一个知识点。本课程以人类当今生殖现状引入，在交待了辅助生殖技术和手段的基础上，主要讲解卵子黑市的产生背景，黑市上对于卵子捐献者的要求，捐献卵子对女性的危害，对社会的影响以及对伦理道德的影响，最后阐明作为一名新时代女性，不能为了一时的利益而让自己受到伤害的主要观点。作品主要运用手绘元素，以其幽默诙谐的表达风格和premiere 和 After Effect 等专业非线性视频编辑软件的精良制作效果吸引观看者，引起大家对卵子黑市这一社会问题以及人生观，价值观的思考。

安装说明

在媒体播放器中播放即可。

演示效果

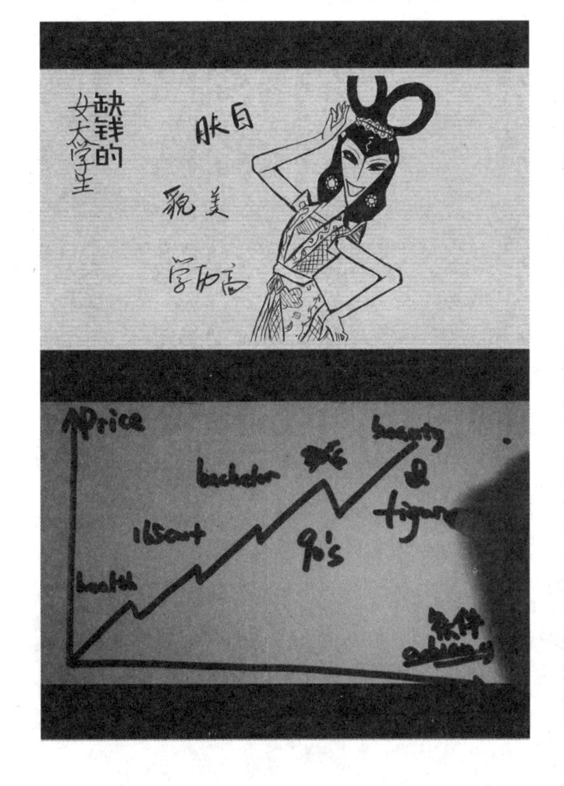

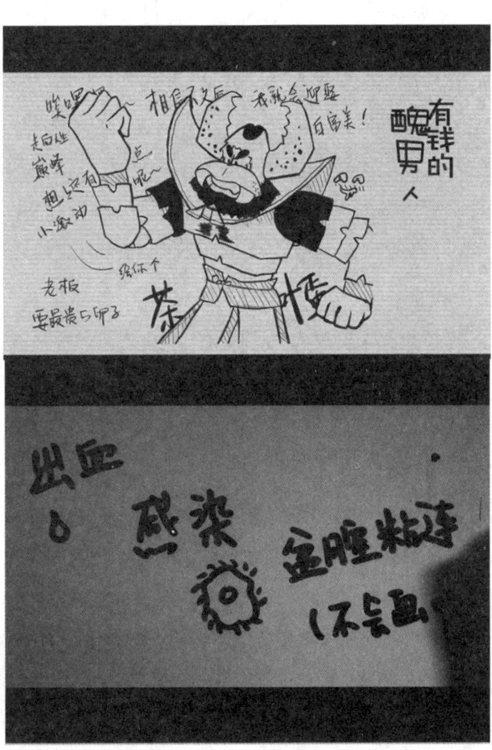

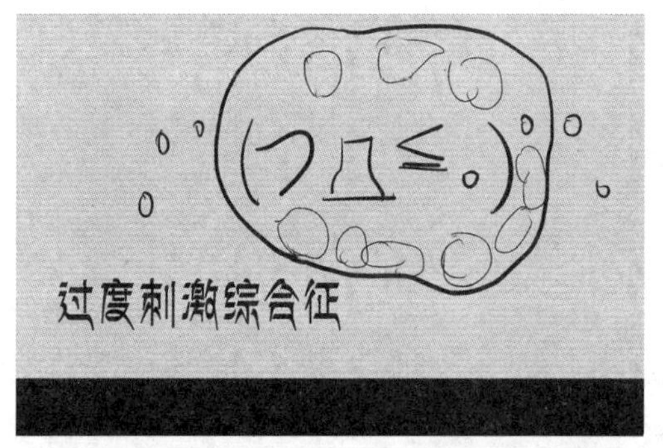

设计思路

我们选择了“卵子黑市”作为设计题目。繁衍，是人类得以世代生存在地球上的唯一手段。然而，当今人类的生殖现状却不容乐观。遗传学是一门研究生物的遗传与变异的科学，辅助生殖技术是遗传学的重要专题之一。辅助生殖技术在为人们解决众多生殖问题的同时，也带来了很多负面影响，其中影响最为严重的就是卵子黑市。

所谓卵子黑市，是指女性通过中介非法将卵子捐献给不知名的买家，以此来获得金钱方面的回报。随着近年来不孕不育发病率的逐年升高以及卵子黑市的回报收益逐年升高，许多年轻貌美的女大学生选择了这种错误的赚钱方式。与此同时，卵子买家也将目光对准名牌高校的女大学生，对于捐卵者的要求不断提高。然而，在利益背后，捐卵对女大学生的身体和心理都造成了无法弥补的伤害，也引发了一系列社会问题和道德伦理问题。

本课件围绕“卵子黑市”，以人类当今生殖现状为切入点，在交待了辅助生殖技术和手段的基础上，讲解了卵子黑市的产生背景，黑市上对于卵子捐献者的要求，捐献卵子的过程及对女性的危害，对社会的影响以及对伦理道德的影响，最后阐明作为一名新时代女性，不能为了一时的利益而让自己受到伤害的主要观点。通过对这些问题的概述，引发同学们对于人生观及价值观的思考。

为了避免作品过于单调，变为简单的陈述，我们在作品中运用了大量手绘元素，并使用了 premiere 和 After Effect 等专业视频编辑软件制作出更加完美的画面，幽默的配音使课件整体风格变得更加诙谐，引起观看者兴趣，增加课件的知识性和趣味性，以达到最佳的课件讲授效果。

设计重点与难点

设计重点：

作品重点是讲解遗传学中辅助生殖技术专题下卵子黑市的问题。有很多人并不了解卵子黑市这一社会问题，如何通过我们的作品使观看者了解什么是卵子黑市以及卵子黑市带来的众多弊端，引发人们对于社会问题和道德伦理问题的诸多思考是本课件设计的重点。

设计难点：

1. 表现形式及旁白语言的组织：作为运动遗传学课程的一部分，如果全部按照教科书或者简单地制作一个 PPT 来讲解相关内容可能无法很好地被没有接受过相关系统教育的非生物专业学生理解。故确定一种合适的形式并组织易于被接受的语言成为一个难点。

2. 根据小组成员的讨论决定用手绘等方式并适当运用网络语言来营造出一个诙谐幽默的环境，手绘动画形象的确定也成为一个难点。

3. 话题引入，如何从一开始就抓住人的眼球。

4. 视频制作。

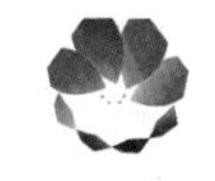

【11740】 | 剪之韵

参赛学校：中国政法大学

参赛分类：数媒设计民族文化组|交互媒体

获得奖项：一等奖

作　　者：伍松、田泽文、董柯

指导教师：郭梅、王立梅

作品简介

剪之韵电子杂志秉承华夏千年剪纸之美，蕴含呼唤传承民族传统文化的深切情感，从内容到表现形式，中国风贯穿始终，浓淡相宜，古今交融，为读者呈现了剪纸之“韵”。作为电子杂志的开篇，我们设计了一段中国风的水墨动画作为探寻剪纸之韵的引子。

杂志目录分为两版，一是经典目录，通过单击相应部分可去往对应页面，二是通过单击经典目录下方的场景切换到场景目录版面。

杂志共分为七部分，分别为古韵新彩、探韵溯源、韵传千载、流派芳韵、匠心独韵、品茗赏韵、韵动我心，每部分均由导航页版面和内版面构成，七个部分的导航页面统一为水墨风格，手写的书法与蝴蝶、印章结合，构成了我们独创的导航页 logo。

安装说明

单击即可直接播放。

演示效果

剪之韵
播放

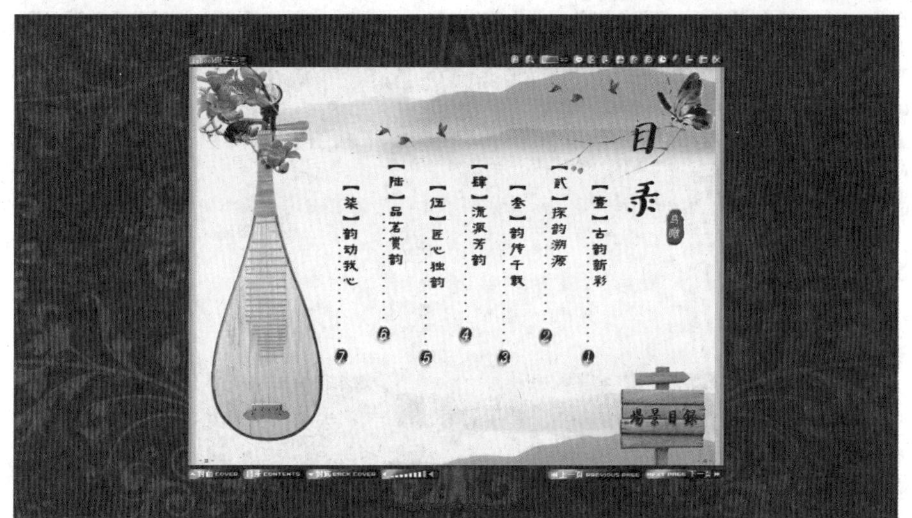
目录
【壹】古韵新彩
【贰】探韵溯源
【叁】韵传千载
【肆】流派芳韵
【伍】匠心独韵
【陆】品茗赏韵
【柒】韵动我心
场景目录

古韵新彩

探韵溯源
汉朝时期，一位书生十
分落魄，家里有一位身
体不好的妻子似玉，
一个6-7岁的男孩碧玉。
在接近年关的时候……

流派芳韵
北派
蔚县剪纸
陕西剪纸
胶东剪纸
南派
福建剪纸
河阳剪纸
扬州剪纸

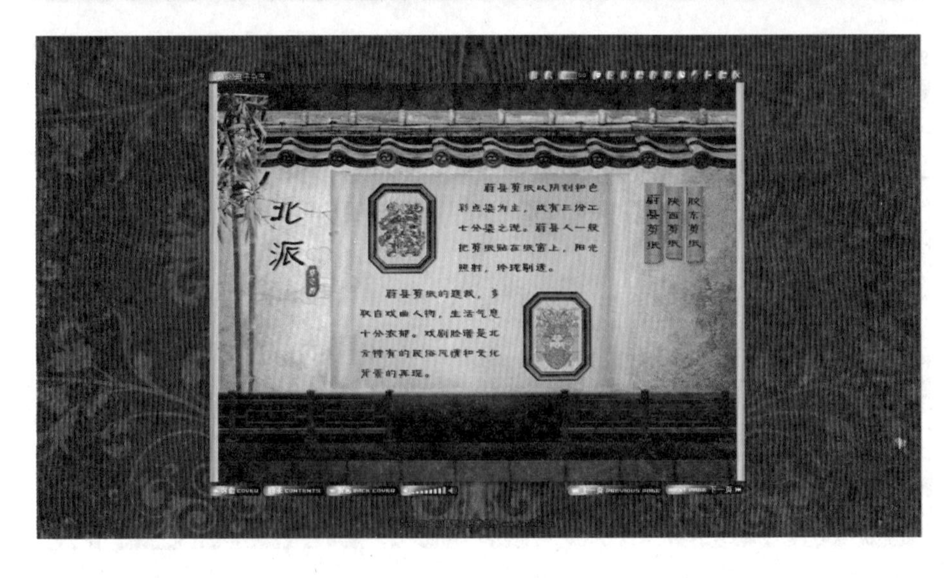
北派
蔚县剪纸以阴刻和色彩点染为主，故有三分工七分染之说。蔚县人一般把剪纸贴在纸窗上，阳光照射，玲珑剔透。
蔚县剪纸的题材，多取自戏曲人物，生活气息十分浓郁。戏剧脸谱是北方特有的民俗风情和文化背景的再现。
蔚县剪纸
陕西剪纸
胶东剪纸

设计思路

主题的确定

剪纸艺术是中华民族传统的手工艺品，它源远流长，经久不衰，是中国民间艺术的瑰宝，已成为世界艺术宝库中的一种珍藏。那质朴、生动有趣的艺术造型，有着独特的艺术魅力。其特点主要表现在空间观念的二维性，刀味纸感，线条与装饰，写意与寓意等许多方面。

2010 年，中国剪纸顺利通过联合国教科文组织保护非物质文化遗产政府间委员会审批，被列入《人类非物质文化遗产代表作名录》。今天，传承和发扬民族传统手工艺品的技法与精神内涵成为紧要任务。基于以上考虑，我们制作剪之韵电子杂志，用意有三：其一，为读者呈上韵味十足，回味无穷的视听盛宴；其二，向读者普及剪纸的知识，激发更多的人关注与喜爱民族手工艺品；其三，传达传承中华民族传统文化的宗旨。

杂志的表现方式

在电子杂志的开篇，我们设计了一段中国风的水墨动画作为探寻剪纸之韵的引子。写意山水中飞出的蹁跹蝴蝶，停驻在树枝上，配以剪之韵的标题和印章效果，构成了杂志的 logo，石质的剪刀中巧妙的包含了"播放"二字，单击"播放"后，即可欣赏动画。在水墨背景的衬托中，剪纸作品依次展示，与"传承"主题文字相呼应，最后，伴随着一只摇曳的小舟，引领读者走进剪纸天地，领略它的独特韵味。

杂志共分为七部分，分别为古韵新彩、探韵溯源、韵传千载、流派芳韵、匠心独韵、品茗赏韵、韵动我心，每部分由导航页版面和内版面构成，七个部分的导航页面统一为水墨风格，手写的书法与蝴蝶、印章结合，构成了我们独创的导航页 logo。

杂志目录分为两版，一是经典目录，通过单击相应部分可去往对应页面，二是通过单击经典目录下方的场景目录，切换到场景目录版面，场景目录是 3D 效果的古典室内装潢设计，通过单击相应的物品，如花瓶、时钟，也可以去往对应页面，这是我们对电子杂志目录页的创新设计。

第一部分"古韵新彩"，展示新时期剪纸元素的新应用，唯美的剪纸妆和迪奥剪纸风格视频，令读者耳目一新。

第二部分“探韵溯源”，将剪纸起源的三个传说故事“老人剪福传艺”，“武帝剪纸招魂”，“成王剪叶封地”娓娓道来，增添趣味性。

第三部分“韵传千载”，呈现剪纸历史发展的五个时期，从新石器时期到元明清时期，各阶段的剪纸发展特征由文字和图片双重展示，读者单击剪纸作品可观看精美大图。

第四部分“流派芳韵”，讲述民俗剪纸的南北两大派系，并分别在南北两大派系中，各挑选了有代表性的地方剪纸进行作品展示和文字介绍。

第五部分“匠心独韵”，为读者展示剪纸工具的用法，并设计了剪纸工具对对碰的游戏，使读者通过娱乐认识工具，既能增强读者的记忆，又增添了杂志阅读过程中的趣味性。

第六部分“品茗赏韵”，为读者推荐了剪纸歌曲，诗文书籍和视频；剪纸歌曲配有歌词，读者可以试听，剪纸书籍则为有心学习剪纸技法的读者进行了推荐。

第七部分“韵动我心”，精心设计了剪纸元素在生活中的运用，为民族文化的传承提供了作者的思路，同是也可激发读者对于剪纸元素现代运用的创新思维。

杂志亮点

综合整本剪之韵电子杂志来看，亮点有四：

其一，精心的视觉审美设计，古典与水墨背景的风格，与民族传统手工艺品的展示相得益彰；

其二，突破传统电子杂志的二维目录设计，创新地进行了场景目录的设计，提升读者的阅读体验；

其三，剪纸工具对对碰游戏的设计，让整本杂志在以古典韵味为主要风格的前提下，新颖独特，更符合新时代读者阅读的趣味性需求；

其四，剪之韵电子杂志自始至终，都以传承剪纸技法，发扬民族传统文化为内在精神呼唤，升华主题。

总结

剪纸作为中华民族传统手工艺品，其别致的造型深受人们喜爱，剪之韵电子杂志秉承华夏千年剪纸之美，蕴含呼唤传承民族传统文化的深切情感，从内容到表现形式，中国风贯穿始终，浓淡相宜，古今交融，为读者呈现了剪纸之“韵”。

设计重点与难点

设计重点

现有杂志关于中华民族传统文化的展现主题，多是以介绍性内容为主，缺乏情感融入和精神内涵。我们突破这一局限，着重在剪纸韵味上进行深入挖掘。

一方面，我们注入了对剪纸的先传承后发扬的内涵。从片头动画开始，就将“传承”融入其中。在版块设置上，更是由今引古，由古入今，进一步加入了“发扬”的内涵。揭示了剪纸这种传统文化不仅需要传承，更需要与现代结合，在新时代中展现独特的美丽。

另一方面，融入剪纸自身的韵味。剪纸多代表人们对美好生活的向往，例如过年时的窗花，婚庆时的点缀。在片头动画中，翩翩起舞的蝴蝶从代表幸福的剪纸中飞来，又贯穿全部版块，将剪纸中喜庆幸福的含义飞舞着播撒到每一个页面。

设计难点

(1) 在画面构建上，难以找到与剪纸相配的背景风格。现有剪纸介绍性作品中，多以纯白(或其他较浅颜色)为底色,使得整个作品赏读起来较为单调。而如果采用颜色丰富的背景,就难以突出剪纸自身艳丽的红色和韵味。因此,我们采用了中国风元素和背景,以水墨开头,融入古典风格又不失现代气息。同时用背景风格的变换搭载了整本杂志从古到今的转变,使得画面充满美感与韵味。

(2) 字体难以满足我们对作品典雅而不失灵动的要求,传统字体要么古板生硬,要么过于豪放潇洒。于是小组成员亲自撰写导航页标题文字,与传统隶书相比多了几分灵动和苍劲。

(3) 在内容设置上,如果页面中的图片单单是展示剪纸作品,则难以引起读者的阅读兴趣。于是我们在互动性和娱乐性上下足了功夫。例如剪纸工具对对碰游戏,可以使得读者在玩中学,寓教于乐。又如独创的场景目录,用实物代替传统文字标题,引起读者阅读的兴趣。

【11993】 | NO KILLING

参赛学校：广州大学华软软件学院

参赛分类：数媒设计专业组|图形图像设计

获得奖项：一等奖

作　　者：刘汀兰

指导教师：张欣

作品简介

野生动物，是全球生物链中不可或缺的一环，它关乎生态平衡和人类生存环境。我的创作中分别以海陆空三类动物作为创作对象，设计出这一系列。主旨是通过空盘和动物剪影将“吃”与“消失”联系起来，营造出“再吃就没有了”的氛围。希望通过这样一种形式，给人以深刻的印象，警示人们要保护野生动物，勿让它们成为我们餐桌上的一时满足。要传达的意思就是我们不应该等到这些动物都没有了，都被吃“空”了之后，才停止食用。“符号”占据整个版面，给人带来的视觉感要强一些，也是给杀戮者和食用者设定语境。希望人们珍惜和保护野生动物是我创作的初衷和愿望。

安装说明

单击即可直接播放。

演示效果

设计思路

在设计初稿时，使用了很简洁的排版，虚线的动物图形让人联想到消失或是不存在，可以带给人深思。文案“一定要等到没有了才不吃吗?”则可以将观者带进一个思考的氛围。

经过修改之后，用动物群作为对象显得更加有整体感，而符号的增加，也突出和加强了海报的警示作用。本系列作品运用“问号、感叹号、句号”符号图形语言传递出拒绝食戮，要保护野生动物的主题。“光盘”、“符号”、“野生动物”三者巧妙的组合在一起，不需要过多的语言解释，就能很好地传递出“再吃的话就消失了”的警示作用。在作品色彩方面，“天空、大海、陆地”和“野生动物”相结合，更加全面地表达出对所有野生动物的保护，拒绝杀戮、拒绝食用。

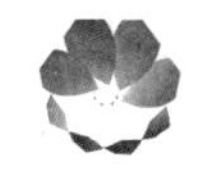

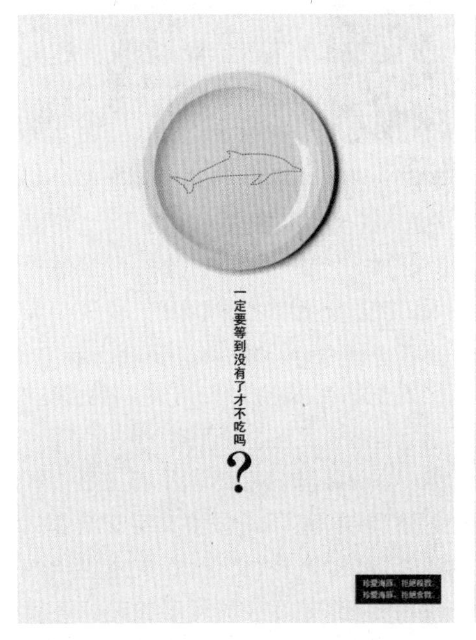

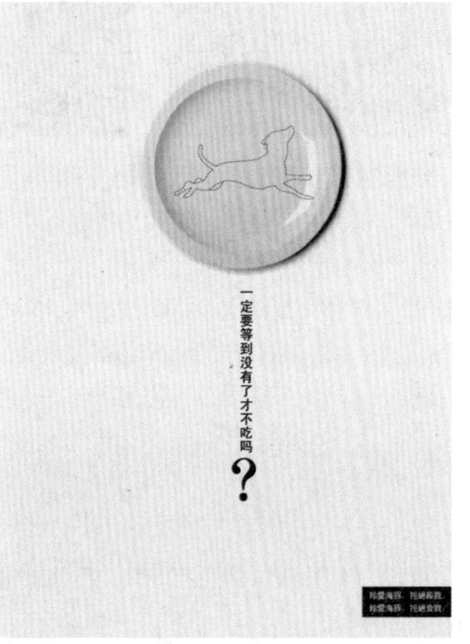

设计重点与难点

设计中遇到的难点是：已经确定做公益主题，也准备从反对食用野生动物这方面着手，如何才能表现出最佳效果呢？虽然最后展示的效果比较简单明了，但在设计过程中尝试了 3 个版本，反复进行配色和图文排版，最终确定用蓝色为底表现空中飞行动物，使人联想到蔚蓝天空飞鸟的痕迹；用红色为背景色表现海洋动物，可联想到刽子手们血染海洋的残忍；用大地色为背景色表现绿色森林里逐渐减少的陆地动物。

（配色排版方案一）

（配色排版方案二）

【12289】 | 火·源

参赛学校：中国药科大学

参赛分类：数媒设计普通组|动画

获得奖项：一等奖

作　　者：王马洁、封婷、朱迪

指导教师：杨帆、赵贵清

作品简介

生命只有建立于变化发展之上，才能让人体会到生命的波澜壮阔。作品结合神话与现实，东方与西方，通过时间轴，表现了生命的发展变化。从盘古开天辟地激起的第一簇火苗，拉开整个生命的序幕，每一次转变，火都扮演了重要角色。恐龙灭绝于火中，远古人学会用火，慢慢爬上食物链顶端。古人用火开荒，又因火导致灾难。煤炭引燃工业革命，同时也助燃了战争。生命始于火，又消亡于火，火让生命跌宕起伏，好似凤凰涅槃，每一次毁灭之后，又是新的机缘。如今火推动生命进入航天时代，未来不可测，生命不可知。作品寄寓于火，表现了生命如火一样，在过去、现在、未来，在一定分寸上燃烧，在一定分寸上熄灭。

安装说明

在暴风影音中播放即可。

演示效果

设计思路

《火·源》,顾名思义意味着火是生命之源,作品以火为载体,反映出生命的意义。生命只有建立在变化之上,才能展现出生命的瑰丽。

“天地浑沌如鸡子,盘古生其中。万八千岁,天地开辟,阳清为天,阴浊为地。”这短短二十八个字讲述了中国人耳熟能详的一个神话故事——盘古开天辟地。盘古的巨斧劈向天地混沌,激起了一簇火,这簇火苗,拉开了生命的序幕,也是我们作品的第一幕。

巨大的史前生物,曾长期霸占着生命的时间轴。太古时代的地球曾火山遍地,岩浆横流,但即使是在这样恶劣的环境下,仍然孕育出了那些巨大的不可思议的史前生物。只是“始于火止于火”,火山活动导致的全球变暖引发了史前生物大灭绝,那些巨型生物从此退出了生命的历史。

但生命却不会因此停滞不前。当第一个原始人举着火把驱赶野兽,当第一个原始人用火加热食物,当第一群原始人围着篝火跳舞时,我们就知道,生命又绽放出了美丽的光辉。

随着太阳神鸟的展翅高飞，人类也由石器时代进入农耕时代，人类用火开荒拓土，种植更多的粮食，让生命之火更加兴旺。因火兴旺，却也可因火消亡。大片被焚烧的森林，终于被人类自己的坟墓取代，生命又一次受到打击。

但这依然不能阻挡生命前进的脚步，蒸汽机的鸣笛声再次带来了新发展，一座座冒着火光的工厂拔地而起，当天空中落下的不是雨，而是死去的动物的尸体时，也许人们还不能明白火这种充满生机的事物背后隐藏的危机。格尔尼卡的空袭，却让人直面悲泣的、痛苦的、绝望的生命，终究是一句"过犹不及烽火狼烟"。

蛇蜕皮后舍旧得新，这是"诞生与死的结合"的意味，这是乌洛波洛斯形象的来源，也是对生命长河的另一种阐释。

历经战争磨难后，火推动着生命，将目光伸向了无限的宇宙。火将生命从一开始的混沌状态中解救出来，终于又将生命推向了另一种混沌。

这是一种巧合，也是一种循环。生死交替，阴阳循环。

点点生命之火，终将伴随着生命的发展，因其生，因其亡，却依旧不断向前。

设计重点与难点

1. 如何挑选典型事例，将火与生命联系起来，以及如何合理过渡每一个事例，掌控好节奏，不让整个故事的叙述过于快而散漫或者冗长而无味，并在结尾处升华主题。

解决方案：结合神话与现实，东方与西方，挑选了一些典型场景及艺术作品，如盘古开天、恐龙灭绝、原始农耕文明、蒸汽机代表的工业文明、毕加索的名作《格尔尼卡》、探索太空的宇宙飞船和象征生命循环往复的衔尾蛇、太极图，通过时间轴加以展示。

2. 如何将主题思想具体化，挑选合适的形象和配色。

解决方案：主要采用了红、白、黑三色作为基色，使用手绘的象征式剪影图形，显得简约而直观，富有表现力。

3. 一些特殊效果的实现。

解决方案：通过插入 Flash 中的脚本语言 ActionScript，在作品中实现了下雨、点点星火等特殊效果，提升了作品的技术含量。

【12292】 | 星星

参赛学校：武汉理工大学

参赛分类：数媒设计专业组|动画

获得奖项：一等奖

作　　者：左宇轩、易笑天、张嘉熙

指导教师：周艳、毛薇

作品简介

影片讲述战争背景下，一个孤独迷失的小女孩一直对星星有着特殊的感情，在看到城市上空中有束亮光划过便以为是流星，并随之奔跑希望可以追随，在奔跑的过程中，用插叙手法描写她回忆起小时候妈妈讲的关于流星的故事，妈妈抱着她去看流星。

安装说明

单击即可直接播放。

演示效果

设计思路

战争与亲情

生命是个很大的主题，有很多不同的方式可以去阐述生命意义。我们是以战争，这个对生命带来极大威胁和及其蔑视的行为；亲情与爱，这种无论任何生命、无论生命的任何时刻都不能缺少的情感两个因素为切入点，阐述生命意义。以星星为线索，贯穿整部影片。

取名星星的原因

影片取名星星的原因，首先直接点明我们以星星为线索贯穿整部影片；其次虽然影片讲述的是一个以战争为背景带有悲情色彩的动画短片，却以星星，这种美好而神秘的事物命名，希望通过美好与不美好的对比，让人更加珍惜美好，也对片名留有深刻印象。

影片设计

1. 影片取材思路

在地球这个美好的世界上，"爱好和平，反对战争"这句话早已成为讲述了千百年不变的主题。它没有国界，地域的范围，没有人种，年龄的限制，无论任何时代，任何地区，这句口号都是人们永远期待的。但在如今科技越来越发达，国家越来越繁荣，人民生活质量越来越高的时代，世界范围内战争却依旧没有停息过。

无论是中国本土的台海局势还是与中日关于钓鱼岛的领土争端，都让我们在空气中嗅到一丝战争爆发前的紧张气息。更不论世界其他地区的战争局势，像眼下俄罗斯对乌克兰出兵，朝鲜半岛的紧张局势，一直延续的叙利亚战争，伊拉克战争，还有从来都没停止过的非洲国家内乱等等。纵观世界版图，我们真是很难找到真正意义上的和平。

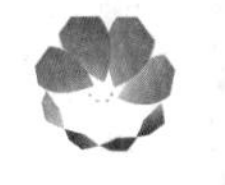

连最起码给予生命的条件——和平安逸的环境都保证不了，我们又何谈生命本身的意义。就是在此背景下，我们希望通过自己的一点微薄力量用我们的专业知识，表达对战争的厌恶和对和平的呼吁。通过我们笔下的动画场景，人物形象，使影片能引起观众对于战争的反思。

2. 故事梗概

影片讲述战争背景下，一个孤独迷失的小女孩一直对星星有着特殊的感情，在看到城市的上空中有束亮光划过时便以为是流星，并随之奔跑希望可以追随，在奔跑的过程中，回忆起小时候妈妈给她讲的流星故事，回忆起妈妈抱着她去看流星。

追逐中经过城市，原来喧闹繁华的城市如今已变得残破萧瑟，到处是残垣断壁，歪倒在地的电线杆，破损楼房上掉落的砖头瓦砾，曾经热闹的火车站在战争的摧残下破败，荒无人烟，毫无生气，曾经平坦的地面也在战争的洗礼下变得到处是破裂翘起的水泥裂痕，曾经优雅的装饰画已无完整，碎裂的梳妆镜，到处张贴的寻人启事，流离失所的人脸上满是疲惫与失去家园被迫流亡的无奈。

在追逐过程中所到的场景都是战前母女两人曾经到过的地方，每一处都有与妈妈在一起的回忆，有曾经的美好。随着故事情节推移，揭开了小女孩之所以孤独一人的原因，她亲眼目睹战争对妈妈的伤害和妈妈的永远离去。

奔跑追逐，当小女孩到达城市的尽头，亮光熄灭烟雾散尽，却发现原来一切只不过是一厢情愿的幻想，最终的星星其实是一颗炮弹。小女孩陷入无尽的失望与悲伤，一回头却发现一颗真实的星星在璀璨的天空闪烁，带着妈妈的身影……

艺术风格

影片总体艺术风格相对写实，以动画片的虚拟性，电影叙事手法及镜头语言，充分发挥异想天开的想象力，通过悠扬略带悲伤的音乐烘托影片的整体气氛，从而准确地表达影片所想要带给观众反对战争的思想，并通过以小女孩不停地追随亮光奔跑为主线，说明鲜活生命与冰冷战争所形成的强烈反差。设计时用星星与炸弹，曾经温馨美好，与如今在战争摧残下的残破荒凉这些有巨大反差的事物形成强烈对比，并考虑到虽然是讲述残酷的战争，却采用唯美的画风表现 ，意在将这些矛盾都集中在一起，以强烈的对比带给观众巨大的冲击，引起人们关于战争的反思。

影片在造型设计上总体风格一致，人物造型突出其孤单独立的性格，并在人物塑造中考虑到，母亲的形象采用长发白裙，代表温柔、和平、美好；小女孩的形象采用红色袍子，突出战争条件下物资短缺，而服饰色彩的红与白也意在象征着对和平美好的期待，这些细微之处都考虑到了以最大限度去引起人们对于战争的反思。

造型强调外形的肢体语言，脸部表情丰富，有充分的表演空间。人物造型虽简单，但其中应有局部特征、细节刻画。人物色彩设计在与整体环境协调中有对比、浓重而不失局部鲜亮，与场景相得益彰。

影片音乐

整部影片的音乐基调是缓慢悲凉的，钢琴的轻快，笛子的悠长，小提琴的悲怆，以这三种优雅的乐器为主旋律，结合画面的节奏需求，将整个在战争摧残下的城市、人群和亲人逝去的悲痛情感完整地表达出来。为了能让每一个画面配合上节奏，达到一种视听冲击力，就需要非常仔细严谨地根据歌曲的节奏调整每一张照片的长度，以配合每一个节奏点。将画面需要烘托的高潮部分与音乐的高潮部分配合好，再加上后期的一些声音特效，能让影片更加流畅。

主题总述

我们热爱和平，不喜欢战争，但在这个世界上，枪声，炮声，爆炸声，却远远多过鞭炮声和礼炮声。我们反对战争，不喜欢战争是因为战争让很多人丧失生命，丧失亲人，丧失家园。战争让老百姓不能安居乐业，每天都过着提心吊胆的生活。让人类付出了惨重的代价。以亲情为插入元素，更加突出战争带给人类生命和情感的摧残，战争夺取的不仅仅是生命还有对生命的渴望。我们不希望人类互相残杀，我们热爱和平，渴望和平。和平的钟声并未向全世界渴望和平的人们敲响，战火和死亡仍然时时践踏着公理和正义。

在此，我们借本次主题“生命”，再次呼吁反对战争与渴望和平。

设计重点与难点

设计重点

本次大赛的主题是生命，我们以战争和亲情为切入点，意在体现生命的不可逆转性和填充这个丰富的有血有肉的生命所需的情感，希望能借此方式引起人们对战争的反思。

画面重复用了几个跑步的和炸弹下落的关键镜头，多次使用这几个镜头角度是想传达小女孩为了追到星星，见见离去母亲的迫切心情。可能对于她的年龄这样的奔跑已是极限，但为能看到妈妈再累也是值得。

我们并不希望用暴力的影片表现形式，不希望用血腥的场景来展示真实战争所带来的残酷，冰凉。虽然事实就是这样，但我们无论是从画风的表现还是配乐的选择都采用唯美的、安静的、平和的方式，以想象中美好的景物星星替代实际摧残生命的炸弹，淡雅唯美的画面反衬的是战争带来的残酷景象。希望这种强烈矛盾的表现手法更使人震慑，思考战争究竟给我们带来了什么，在这样的环境下生命的价值、意义如何体现。

制作难点

难点一，在前期画面的设定，最初设计影片分镜时以什么样的开场方式讲述影片，考虑到希望在画面一开篇便给人留有悬念，采用拨开迷雾的场景，即能表达主题由此引出，又与影片最后阶段炸弹落下撞击起的层层烟雾相呼应。所以我们采用 Photoshop 软件将云层一组一组画出，根据颜色的深浅，大小和位置不同进行叠加移动，做出运动效果。

画面表现形式上，开始考虑以拼接碎片的形式倒叙展现战争前后的对比，在主人公跑步经过的地方展现战前的繁荣与战后的荒凉，这就需要在绘制画面分镜时确定合适的关键帧，明确插入回忆画面的位置，怎样插入才不觉唐突，我们就用 Photoshop 软件先画好的画面一张张连起再用软件中的动画功能看效果，找对合适的位置插入。

难点二，在后期剪辑过程中，我们非常希望通过剪辑更加明确地表现主题。我们主张通过画面说话，利用画面语言连接每一个画面来讲故事。这就要求我们在剪辑的时候要多思考，每一帧每一帧地看，仔细斟酌每一个镜头的位置。让视屏有节奏感，有画面感，让观众有代入感，特别是在重复跑动的画面中能让观众感到奔跑的焦急与希望并存，渲染亲情的气氛。

在音乐的选取上，开始我们尝试了很多不同的轻音乐以寻找感觉，最终选用了悠扬略带悲凉风格的这样一首配乐，这首歌的感染力极强，我们的画面配合这首歌，需要把握每一个激情的高潮部分的节奏点，这样就给剪辑带来了很大困难，只能根据音乐一帧一帧地配合，要保证配合得天衣无缝。只有这样才能够在视觉跟听觉上给观众带来极大的冲击力。整体合成以后，每一部分调整配乐，配合好情节，再对需要音乐特效的地方调整特效。调整好整个片子的节奏，让画面和音乐配合好，使整部影片流畅且感染力强，最终能达到引人深思的效果。

【12405】 | 小壁虎借尾巴

参赛学校：中华女子学院

参赛分类：微课与课件|其他课程课件

获得奖项：一等奖

作　　者：郑艳萍、彭馨、叶恬湉

指导教师：刘开南、刘冬懿

作品简介

作品是同步于人教版小学语文教材中《小壁虎借尾巴》一文的教学类课件，在重现教材原文的基础上，同步插入动画，对课文进行更立体地展示，在讲述课文的过程中利用卡通人物形象结合丰富多彩的背景，同时对不同角色配上不同的声音，并加上简单的动画来增强展示效果。对于上课的小朋友来说，课件中对课文内容的动画展示比单一课本上的文字加图片更有吸引力，因此，能更好地吸引孩子们集中注意力，鼓励他们积极参与互动，配合老师上课，达到寓教于乐的目的，从而增加孩子们的学习兴趣。

安装说明

在媒体播放器中播放即可。

演示效果

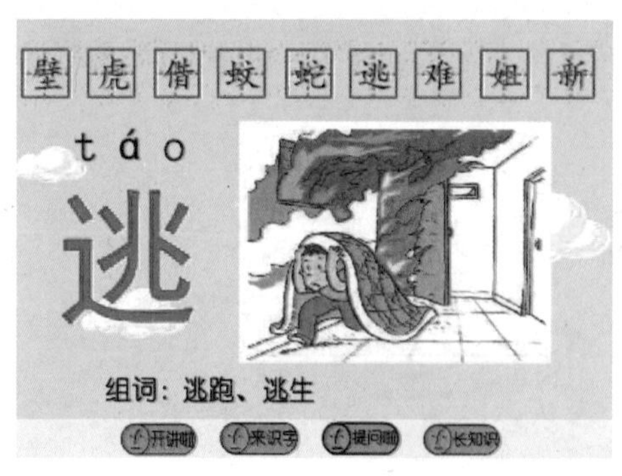

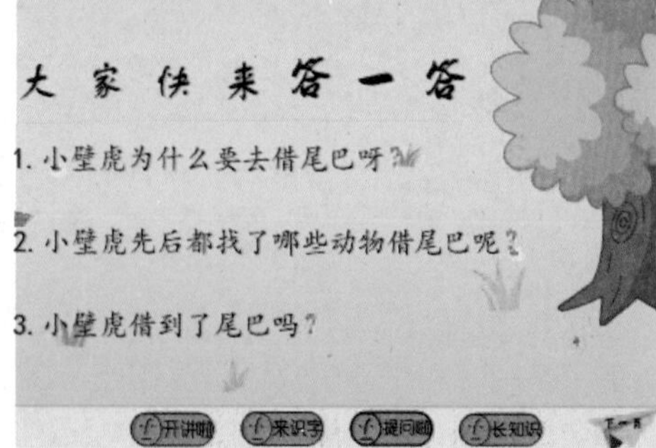

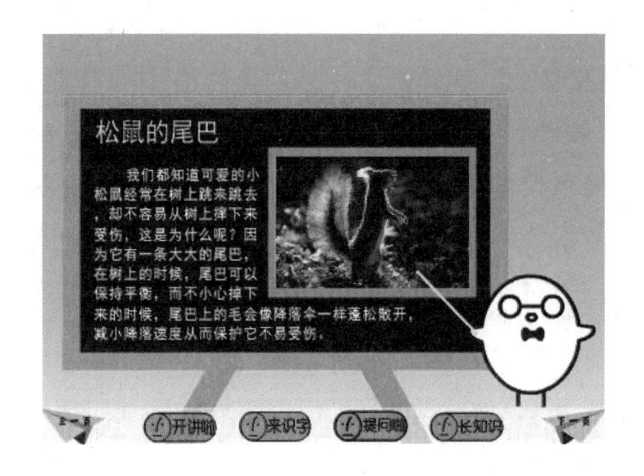

设计思路

由于很喜欢手绘本与漫画题材的东西，平时也爱上微博微信看一些小漫画之类的，当知道大赛可以做课件类的作品时，就顺其自然地想到了用简单动画的形式来展示课文，而小学教材中的课文无疑是与动画结合展示课文内容最合适的选择。对于课文的选择我们是经过考虑的，首先，篇幅不能太长，篇幅太长对于我们毫无相关技术经验的人来说，做成动画课件的难度太大；其次，若选择一篇大家都熟悉的课文，可在作品制作中自然而然地带入自己的理解，便于二次创作。结合自己小学时期老师讲课时对教学模块的设计，我们将自己的课件分为 4 部分，分别是课文内容的展示，课后生字学习，课后反思与讨论，以及课外知识扩展。在设计课文内容展示部分时，我们结合课本原有场景配图，以及类似动画场景进行场景编排与人物性格特点设计，包括配音都是贴合人物形象本身的。设计课后生字学习模块时，从字音字形组词等帮助孩子们记忆与学习生字。问答模块除了设有标准答案的问题之外，还设有开放性问题，可供老师与孩子们共同在课上进行探讨。最后的知识扩展模块，则以“尾巴”为核心，补充了其他几种不同动物尾巴的不同功能，从而实现在增强对课文记忆的同时扩展对课外知识的了解。

设计重点与难点

最大的难点就是技术问题，在大赛制作作品的那段时间里，我们三个都还是大一学生，几乎没有有关的动画制作技术和 Flash 制作基础，所以要完成这项作品要解决的首要问题就是技术。对于什么都不知道的我们来说，如果没有百度提供的教程和老师提供的帮助还真是无从下手，现在来看作品中每一个简单的页面切换，按钮的设置，声音的融合，似乎都很简单。其实在作品的制作过程中，一切都是从磕磕绊绊中开始的，经常按下按钮，却出现页面转换错误，这个其实还算是比较好的情况啦。最难的就是制作时间与技术不足的冲突，因为技术是从零开始学的，大赛规定的制作时间有限，而自己本身还有学业任务，因此，除了每天下课后在教室里加班加点地现学现用 Flash 技术之外，回到寝室继续熬作品，通宵熬夜的黑眼圈成为了我们最艰难时候的陪伴。碰巧组里三个人都没有学过专业的绘画技巧，所以人物形象的设计也真是让我们头疼，不知道修改了多少遍才有了现在呈现在大家眼前的这个萌萌的小壁虎。说到画面的配色，特别要感谢给我们提供了不少帮助的美术专业的同学和老师，他们在大半夜都能及时回复我们提出的问题。另外，我们并非教育类专业的学生，对于上课教学，仅有的就是当年自己上课时对老师讲课方式的回忆了，对于该如何设计教学流程和教学难度等教学方面了解甚少，于是我们上网搜索了许多幼儿教学视频，浏览了很多相关网站，也跑去找了我们学校学前教育相关的同学和老师们，最终，在大家的帮助之下，对作品进行一步一步的改善，才有了现在的这个作品。

【12622】 | 无限课程

参赛学校：山西财经大学

参赛分类：软件应用与开发|数据库应用

获得奖项：一等奖

作　　者：全力、候丽娟、赵雅娟

指导教师：肖宁、王昌

作品简介

大学课程种类众多，上课的时间地点安排不同，导致同学之间无法及时交流学习问题，共享学习资料。因此，我们开发了一款方便同学学习生活的手机应用软件。该软件主要实现了课程表查看、课程群聊、你问我答、课程商店等功能。采用目前流行的 Android 平台开发技术，方便学生随时随地使用该系统的客户端。界面设计采用了流行的扁平化设计，实现了简洁美观的操作界面；使用新颖的 Tomcat＋Axis2 提供 Web 服务；使用 SQL Server 保障可靠的数据库支持；结合 HTTP 文件服务和 TCP 服务实现资料分享和交流互动。同学试用后普遍反映这款软件能够激发学习主动性，及时解决学习问题，并可以共享各种学习资料，给学习带来极大方便。

安装说明

1. 运行环境要求

操作系统 Windows 7 64 位

数据库 SQL Server 2008

Web 服务 Tomcat8.0.3＋Axis2

2. 服务器端安装

(1) 解压作品文件包中的 axis2-1.6.2-war.zip，将其中的 axis2.war 文件复制到服务器 tomcat\webapps 目录。

(2) 将作品文件包中“Web 服务包”文件夹下的 aar 文件全部复制到服务器 Tomacat 目录\webapps\axis2\WEB-INF\services 下。

(3) 启动 tomcat 并登录。

(4) 配置聊天服务器，在服务器上执行 javaj -jar Chat.jar 命令。

(5) 启动 HTTP 文件服务程序，在服务器上直接启动运行 hfs.exe 程序。

(6) 建立共享文件夹，将 HttpServer.rar 解压到 D 盘根目录，并在 hfs 程序中添加此文件夹到共享。

3. 手机端安装

将 isyllabus.apk 程序下载到手机，单击安装即可使用。

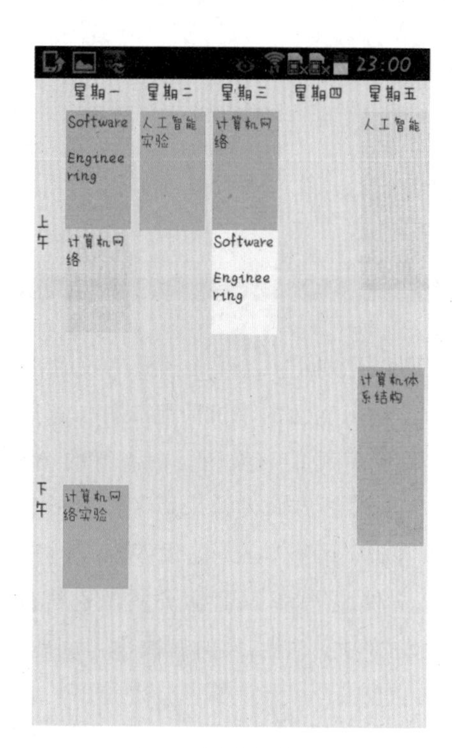

图 1　课程表界面

图 2　课程信息界面

图 3　你问我答板块

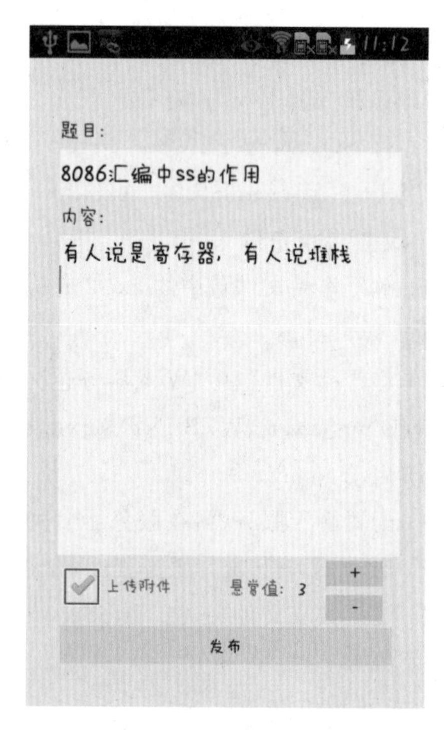

图 4　你问我答提出问题

图 5　浏览可能答案，回形针表示答案携带附件

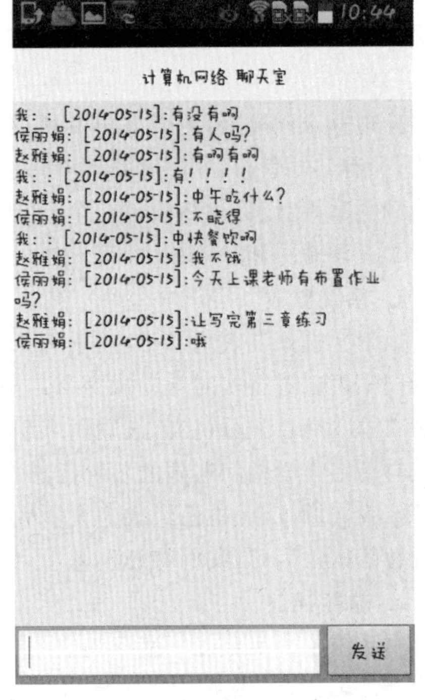

图 6　课程群聊

图 7　课程商店

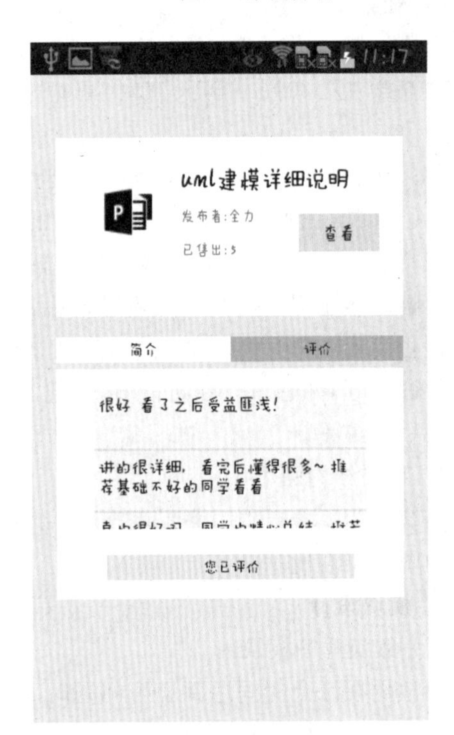

图 8　商品界面

设计思路

一、思路来源

随着知识更新速度的加快，大学课程种类众多，同一班级同学选课各不相同。而现在

的大学校园都比较大，选同一课程的同学分散住在校园的不同位置。这种上课时间、地点不同，学生住宿位置不同的特点，造成学习相同课程的同学很难有机会及时交流学习问题，共享学习资料。

发现这个问题后，我们就想发挥我们的专业优势，为同学开发一款课程圈形式的手机软件，让有共同学习目标的同学能够及时交流、学习，在有限的课程圈里，实现无限的学习交流和共享，我们将这款软件命名为“无限课程”。

二、需求分析

1. 系统概述

以学生选课课表为基础，对于选择同一课程的同学，可以形成一个课程圈。同一课程圈的同学可以进行实时互动和交流，互相解答疑难问题，共享学习资料、学习成果、课程辅助资料等。通过积分机制，鼓励学生积极解答疑难问题，发布自己的资料。此外学生还可以就自己在大学期间遇到的各种困惑在此展开讨论，有利于学生身心健康发展。

经我们调查，手机已经成为大学生必备的工具，而其中使用最为广泛的是 Android 系统的智能机。因此，我们将开发基于 Android 手机的应用软件来实现本系统。

2. 功能描述

本系统主要实现以下基本功能。

课程表查看：根据学生选课情况，提供个性化的个人课表视图，让学生对自己的课表一目了然。

课程群聊：学生可以与同上一门课的同学在专有的公共聊天室进行课程内容的沟通交流。当学生处在同一聊天室时，可以互相收发文本信息，及时交流课堂笔记、学习心得等。

你问我答：学生在某一课程学习过程中，遇到疑难问题时，可以在此模块提出自己的疑惑，同班同学积极踊跃地帮助该同学解决疑难问题；如果遇到特别复杂的问题，每位学生发表自己的想法，可以集众多学生的智慧攻克疑难问题，体现班级凝聚力，激发学生的学习热情。学生提问时需要设定悬赏值，悬赏值会奖励给最佳答案的回答者。

课程商店：学生可以发布有关课程的学习资料，包括文字资料、音频资料、PDF 文件、幻灯片课件等，并且可以标财富值，其他学生可以支付并下载。

三、系统设计

1. 系统结构图

系统分为五个模块：课程表查看、课程群聊、课程商店、你问我答、个人信息查看。系统结构图如图 9 所示。

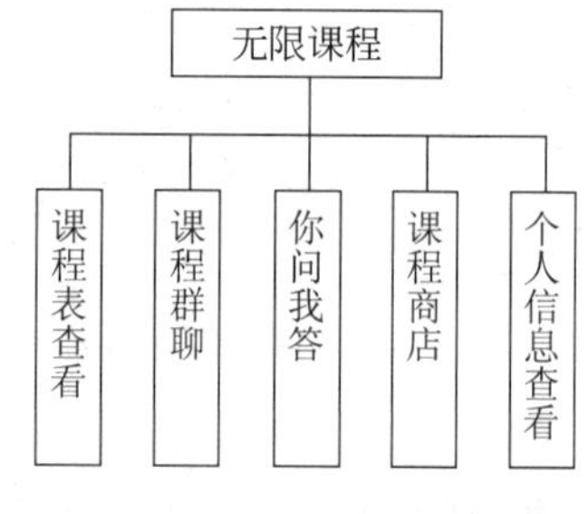

图 9　系统结构图

2. 模块设计

（1）你问我答模块

大学生在课余时间遇到学习问题时无法及时与同学交流，由此我们提供了你问我答功能。这项功能不同于百度知道，回答和提问只能是选择同一门课程的同学，这样更能激发学生的学习兴趣。

（2）课程商店模块

课程商店中学生使用自己的财富值上传下载学习资料，该模块有以下分类：音频商店、文档商店、幻灯片商店、图片商店、其他商品和上传资料。每门课程都设有独立的商店，在此商店仅提供该门课程的学习资料。

（3）个人信息查看模块

分为修改密码和充值码充值。

（4）课程群聊模块

当学生处在同一聊天室时，可以互相收发文本信息，收到时振动响铃提示。当学生不在一个聊天室的时候则不会收到无关信息。

（5）课程表查看模块

程序根据课程的开始时间和结束时间把课程项目分配到指定位置，不同时长的课程占据不同大小的标签，同时保证标签色彩丰富不杂乱，上下左右相邻标签的颜色不同，让学生对自己的课程信息一目了然。

3. 界面设计

由于手机屏幕空间狭小，面积有限，不能在同一界面上设计过多的元素，设计的可操作按钮等也不易过小。因此，界面设计遵循简洁美观、方便易用基本原则。

界面设计在总体风格上采用了流行的扁平化设计，为用户提供简洁美观的操作界面。

在你问我答和课程商店的入口，采用 Windows 8 的 metro UI 布局为用户提供各项系统功能。

4. 数据库设计

根据需求分析和系统功能设计的要求，可分析出系统包括学生、课程、问题、答案、商品等实体。设计的系统 ER 图如图 10 所示。

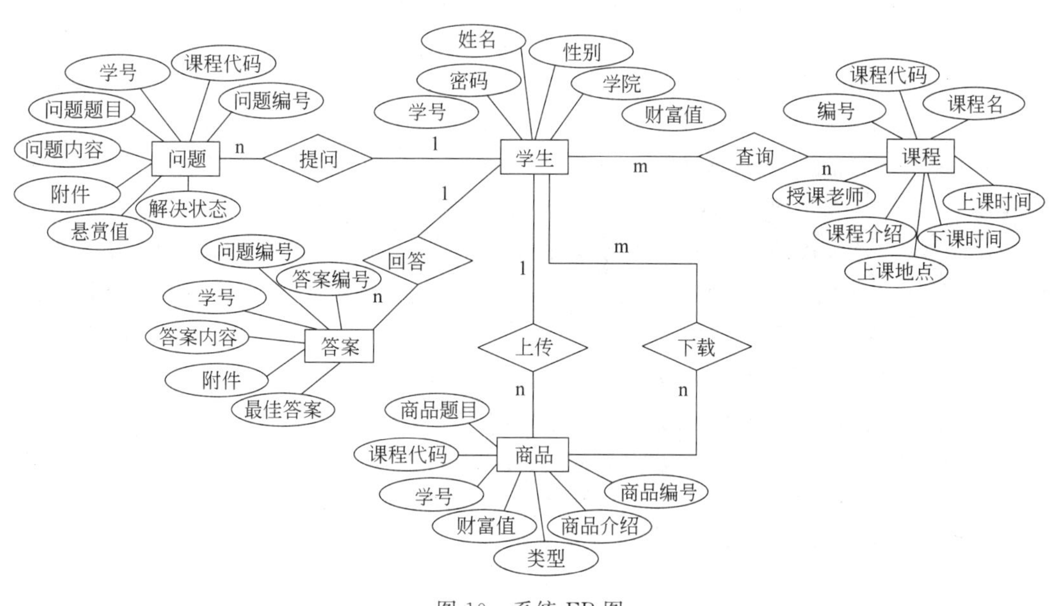

图 10 系统 ER 图

5. 系统用例

按照面向对象的软件开发思路，使用 UML 进行系统建模。系统的主要使用者为学生，我们设计了 18 个用例。

四、技术实现

1. 服务器开发技术

Android 手机通过网络访问服务器，服务器经过处理后将数据返回手机。经过技术分析，为了实现上述功能，我们设计的软件系统在服务器中内置了三种服务系统，分别是Web服务系统、TCP服务系统和HTTP文件服务。

2. Android开发技术

(1) 采用Java语言开发Android应用程序。在设计用户界面布局时，使用XML控制控件的位置、大小、颜色、形状。

(2) 为了兼容不同Android系统版本和屏幕分辨率，在手机启动该应用的时候首先获取手机当前的分辨率和软件版本，程序会针对不同情况的手机做出调整，保证手机应用的兼容性。

(3) 在显示学生课程表信息时，利用随机数生成和深度优先回溯算法解决了相邻板块的颜色重叠问题，使界面中课程标签的颜色多样美观。

设计重点与难点

1. 美观简洁

手机界面的大小非常有限，如何能在给予用户足够信息的同时保证界面美观，是一项挑战，也是手机软件设计的重点。在界面设计时，采用了目前流行的iOS程序的扁平化图标排列和Windows 8 metro UI的设计风格，为用户营造了一个舒适的界面。

在网页或单机程序的界面设计时，通常会设置许多按钮和选项，当遇到需要表示一些互相排斥的操作和状态(如下载、查看、下载中)时，可将禁用的操作用灰色显示。但在手机有限的屏幕界面设计中，这种常见的设计并不现实。我们采用了大多数情况下只用一个按钮的设计，通过让该按钮在不同的情况下仅表示当前可以执行的操作，隐藏不需要的操作，保证了界面的简洁美观。

2. 界面切换技术

在网页设计中，想要实现返回主界面或者重新登录的功能，是一件容易的事情，可使用超链接等方法实现。但在Android开发中，用户界面使用的是Activity类，用来组织Activity结构的是堆栈。如果在默认的管理状态下，用户按手机的返回键仅仅可以弹出堆栈最上层的一个内容，也就是说仅能够返回上一层界面，这样会造成一些十分尴尬的情况，不能实现程序的有效控制。

我们曾经尝试了许多种办法来解决这个难题，例如将用户按一次返回键的事件处理重载成按多次返回键。甚至尝试了一种故意抛出异常导致程序崩溃来退出的方案。但这些方案都不能令人满意。经过努力攻关，我们设计出了自己的堆栈管理方法，在需要返回多个界面的时候，用我们自己设计的堆栈来代替原系统的堆栈，并且这个堆栈支持一次弹出多个内容，完美地解决了这个难题。

3. 移动终端与数据库交互

虽然Android本身拥有一个SQL Lite数据库，但仅限于本地操作访问，并不能像PHP、JSP等语言与MySQL数据库那样紧密联系在一起。要想在Android上访问服务器的数据库，也不能直接发送SQL语句来求得返回结果，即便使用MySQL的网络访问功能也会受很大限制，同时效率低下，并且安全性难以保证。经过查阅大量资料，我们设计了大量Web服务程序打通Android和SQL Server之间的桥梁，圆满解决了这个难题。

4. Web服务数据类型与Android不兼容

在Java程序中，当遇到一次处理的数据类型为二维列表时，通常使用List、Map、Set

等集合类框架和泛型，这种操作方法十分便捷。所以一开始我们的设计是把数据库中的表读取后转换成 List 集合类框架，由 Web 服务发送给手机。可是后来调试手机时发现抛出了许多异常，根本无法正常运行。

我们查询了许多国内的开发论坛都没有解决这个问题，最后在国外的 Stackoverflow 网站上查到是由于 Android 使用的 Web 服务协议 ksoap2 不支持这些集合类框架的接收。于是我们又花了很多时间去阅读 ksoap2 的说明文档和程序示例，发现了症结所在。最终采用较为巧妙的 byte 数组发送方式解决了这个难题，保证了信息在手机和服务器之间的正确传输，也保证了以前编程积累的成熟的数据结构处理方式的复用。

5. Android 平台多样性造成的困难

Android 平台的分裂性、设备的多样性为开发增加了难度，例如同一个程序在 Android 2.3 环境下运行正常，但在 4.0 以上的环境下却直接产生异常退出；在 4.0 上可以使用的控件（如 Number Picker），在 2.x 上却不能使用；目前的 Android 系统处在 4.0 时代，但有关开发的学习资料还停留在 2.x 时代；因版本不同导致内存溢出，网络连接线程抛出异常等等。

我们广泛搜集了各种分析 4.0 系统和 2.x 系统不同的论文、个人博客等资料，列出了一个详细的区分列表。针对 4.0 以上的特性重新设计了程序，同时也保证对旧版本有所兼顾。最终我们的应用可以在不同版本、不同配置的手机上高效正确地运行。

6. PC Java 代码移植 Android 的问题

虽然大部分 Android 应用使用 Java 语言编写，但并不意味着在 PC 上运行正确的代码能够 100%在 Android 手机上正常工作，尤其是在进行多线程调度，输入输出流，网络连接等操作的时候。如果照搬 PC 上的 Java 程序写法，很难在 4.0 以上的手机上正确运行。后来通过查询相关资料，发现大部分问题是由在 PC 平台上编写 Java 程序时不太关心的 CPU 和内存开销造成的。而对于只学过一个学期 Java 的大学本科生来讲，对 Java 内存机制的理解是很欠缺的。后来通过咨询一个已经毕业并且从事多年 Java 开发的学长，我们掌握了几个降低硬件开销的技巧，针对手机性能的弱点，修改代码，成功降低了内存和 CPU 占用。

7. 课程表界面排布显示问题

课程表功能是整个系统的入口，其他功能都建立在这个功能之上，并且这个界面是所有界面里面最为复杂的一个，这是我们这个系统的重点和难点。首先，这是一个动态界面，除了星期一到星期五，上午下午标签的位置是固定的以外，其余控件的位置和长度全都是动态的。而通常的 Android 界面是用 xml 文件编辑出来的，并不能根据程序而做出变化，所以我们花了几天时间仔细研究 Google 官方 Android 开发文档中关于矩阵视图的每一个属性，终于构造出一个随参数变化的动态界面。这样，通过 Web 服务传来的上下课时间参数，就可以确定课程占用的矩阵位置，标签的长度。第二，这个界面各个标签的颜色应当有所区别，所以我们采用了每次登录时随机生成一些颜色来做到这一点，但是有可能会造成左右上下相邻的课程颜色相同，显然十分不合理。所以在我们的色块生成子程序中，又加入了深度优先回溯算法来解决图着色问题。第三，在技术问题解决以后，我们发现一些颜色的标签显示出来非常不美观，有的时候甚至连包含的文字都无法看清，于是我们的美工组员在 672 种颜色中选出了 10 种颜色，让这个界面美观整齐，错落有致。

【12675】 | 关爱生命　远离雾霾系列公益海报

参赛学校：北京服装学院
参赛分类：数媒设计专业组|图形图像设计
获得奖项：一等奖
作　　者：王慧娇、潘盈睿、罗力菠
指导教师：李四达

作品简介

我们设计的这组系列公益海报，重点是通过雾霾之下人们的挣扎、渴望、期待等表情和动作来表现“关爱生命，远离雾霾”的主题。希望蓝天能重现光彩生命。不仅体现对人的生命的关爱，还要表现蓝天的生命，大自然的生命，人对雾霾的拒绝以及对未来的期待。通过我们的设计，唤起公众对环保的重视。我们的设计灵感来源于前段时间比较严重的雾霾问题。京城美丽的天空在重重雾霾之下不再像以往那般蔚蓝。由此进行“关爱生命，远离雾霾”系列公益宣传海报的设计创作。我们想由大学生自己的角度，从“呼吸”、“关爱”、“拒绝”、“希望”这几个方面通过我们的设计来唤起公众对环境保护的重视，对生命的重视。为了加强作品的视觉冲击力，采用了我们自己的形象，通过实际拍摄与后期计算机 Photoshop 制作最后完成了我们的七张公益海报制作。

安装说明

单击即可直接播放。

演示效果

KE 渴 WANG 望 HU 呼 XI 吸
关 爱 生 命 远 离 雾 霾
show loving care for life away from the fog and haze

HAI 海 SHI 市 SHEN 蜃 LOU 楼
关 爱 生 命 远 离 雾 霾
show loving care for life away from the fog and haze

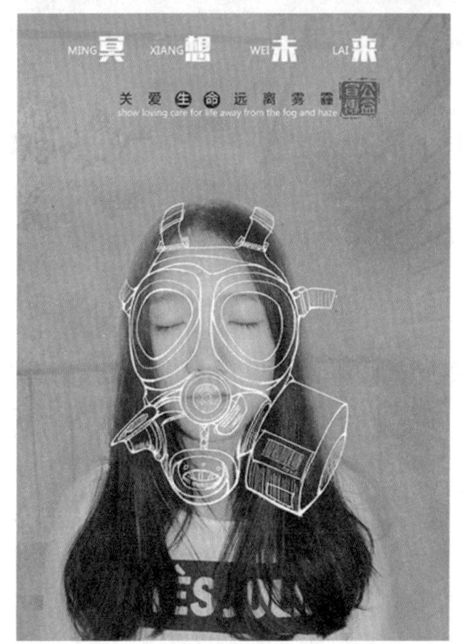
MING 冥 XIANG 想 WEI 未 LAI 来
关 爱 生 命 远 离 雾 霾
show loving care for life away from the fog and haze

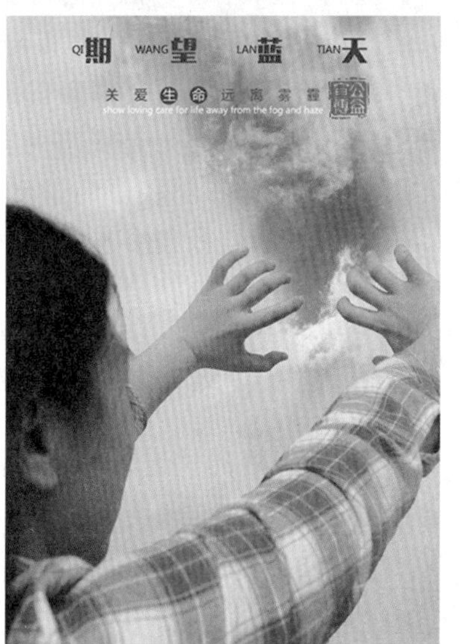
QI 期 WANG 望 LAN 蓝 TIAN 天
关 爱 生 命 远 离 雾 霾
show loving care for life away from the fog and haze

JU 拒 JUE 绝 WU 雾 MAI 霾
关 爱 生 命 远 离 雾 霾
show loving care for life away from the fog and haze

设计思路

我们的设计灵感来源于前段时间比较严重的雾霾问题。京城美丽的天空在重重雾霾之下不再像以往那般蔚蓝。由此进行“关爱生命，远离雾霾”系列公益宣传海报的设计创作。我们想由大学生自己的角度，从“呼吸”、“关爱”、“拒绝”、“希望”这几个方面通过我们的设计来唤起公众对环境保护的重视，对生命的重视。为了加强作品的视觉冲击力，采用了我们自己的形象，通过实际拍摄与后期计算机 Photoshop 制作最后完成了我们的七张公益海报制作。

首先，我们先由雾霾联想到口罩，创作了《面具篇》，由虚拟的线条面具，表现我们对雾霾天气和对口罩的无奈。《呼吸篇》（渴望呼吸）用手掐住脖子的动作和狰狞的表情，形象地体现了我们在重重雾霾之下呼吸的困难。《说不篇》（拒绝雾霾）我们想要体现身处雾霾之中对前方的迷茫，伸出手做出拒绝动作，表现力较强。体现对雾霾的抗拒。《关爱篇》（爱的怀抱）中，大学生怀抱着小狗，并共同戴着口罩与面具。表现出人们在雾霾之下对动物生命的关怀。接着我们想表现出积极阳光的一面，对未来的展望，希望能拨开云雾，重现蔚蓝天空。创作出了《蓝天篇》（期望蓝天）。在《聚焦篇》（海市蜃楼）中，手中框里的世界是清晰的美丽景色，而框外则是灰暗的雾霾。我们采用的北京比较著名的建筑更能起到打动公众的效果。这海市蜃楼般的景象正是我们心中对蓝天和生命的向往。最后我们看到蓝天中飞翔的鸟儿，给我们带来希望的力量。创作了《飞翔篇》（放飞希望），由飞翔状的双手，表现我们对明天的期待。

设计重点与难点

设计重点：我们设计的这组系列公益海报重点是通过雾霾之下，人们的挣扎、渴望、期待等表情和动作来表现“关爱生命，远离雾霾”的主题。希望蓝天能重现光彩生命。不仅体现对人的生命的关爱，还要表现蓝天的生命，大自然的生命，人对雾霾的拒绝以及对未来的期待。通过我们的设计，唤起公众对环保的重视。

设计难点：在我们的拍摄与后期制作中，难点有三个。一是如何在雾霾下，表现出积极阳光的方面以呼唤起大众对重建蓝天的信心。二是我们要通过自己的大学生形象，展现我们预想的冲击力，还要让公众看到后能对“雾霾现象”引起重视。第三个难点就是“生命”与“雾霾”怎样才能更好地结合起来。

【12988】 | 三眼土洞箫——生命的呼唤

参赛学校： 云南财经大学
参赛分类： 数媒设计普通组|DV影片
获得奖项： 一等奖
作　　者： 马骊孺、邓玲会、余晓潇
指导教师： 王良、兰婕

作品简介

作品主要讲述的是彝族的三眼土洞箫，它于一千多年前诞生于一个彝族小村寨并一直延续至今。在长久的岁月中，它已经融入了当地人的生活中，作品主要从三个方面讲述了它对彝族文化的影响。过去的三眼土洞箫经常用于春耕时的祭祀演奏，同时也是彝族青年男女谈情说爱的一种工具，但由于制作困难，且外来文化太多，三眼土洞箫很难再保持原有的民族特色。

现今它主要存在于各类文艺汇演中，或是作为一个手工艺品摆放在家中。加之传承人已上了年纪，急需新的继承人来接班。

万事万物皆有生命，三眼土洞箫的发展与传承就是一个生命的演化过程，我们希望通过这个作品让更多人了解三眼土洞箫，并把它发扬光大、传承下去，使它的生命不断延续。

安装说明

在浏览器中打开即可。

演示效果

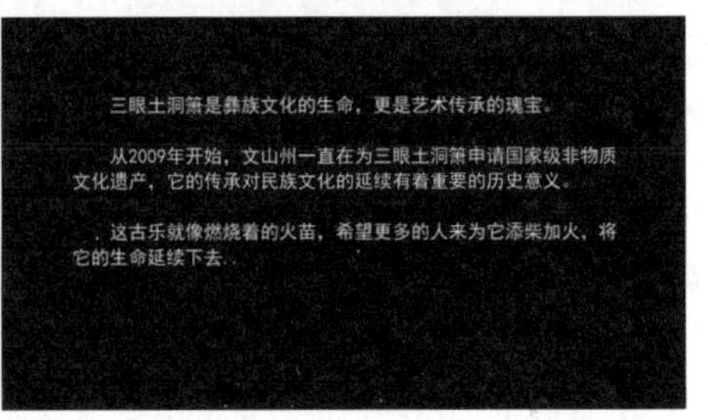

设计思路

这次的主题是生命，生命的存在形式有很多种。由此联想到了云南自己的民族文化，文化的发展演变、延续就是一种生命的留存。因此，把这次的作品主题立足到了云南文山州一支彝族部落的文化特色——三眼土洞箫。

《三眼土洞箫——生命的呼唤》，这是作品的名字。

作品的整体走向，是围绕着三眼土洞箫诞生，发展，功能作用以及它对人们生活文化的影响，说明这个过程是一个生命的演化过程，从而体现它对彝族文化传承的重要性。启发着人们去思考，去保护它。

首先，开篇我们讲了三眼土洞箫诞生的时间，诞生的地点，是在一千多年前的一个彝族小村寨，它的由来是因为一个小故事被人们无意间促成的。

然后，作品继续讲述了三眼土洞箫的发展和作用。少数民族信奉自然，神识源自于自然，所以朴实的人们对自然神的崇敬，希望通过三眼土洞箫来更好地表达。

音乐无国界，生命不息，生生不止。三眼土洞箫最初的作用是用于春耕时的祭祀，而后在千年的发展演变过程中变成了彝族青年男女谈情说爱的工具。

再者，三眼土洞箫为手工制作，现如今传承三眼土洞箫的人都已年迈，急需新的继承人来传承发扬。

俗话说的好，万事万物皆有生命，三眼土洞箫的诞生，发展，演变让我们看到一个生命的星火在燎原。

我们希望这种最具民族特色的活化石，为更多人知晓，被更多人传承，同时也希望三眼土洞箫能够一直活在我们的生命中。

设计重点与难点

首先，我们在设计作品之初，遇到第一个困难就是确定主题的方向。一开始我们想了许多个有关生命的主题。比如，支教、禁毒防艾、文化传承之类的命题。后来在不断的否定与多方面的考虑当中，我们最终选择了文化传承。

其次，当我们选定了文化传承这条主线的时候，怎么把文化传承与生命结合起来是一个重点。后来我们把文化的范围缩小，具体到了某一样物体上。因为云南本身就是一个集合了多民族文化的地方，每一样物体都有其诞生，发展，演化的过程，这一系列改变就如同生命的成长一般，所以我们最终把生命定在了云南文山彝族的三眼土洞箫上。

再来就是脚本的写作了，因为我们的作品本着原创的宗旨，而且三眼土洞箫本身没有多少资料可寻，我们也是通过去到当地才进一步地了解了这种乐器，搜集到我们所需要的素材，最终把脚本初稿写出来。

有了脚本，按说拍摄没有什么问题了，只是拍出来的东西需要剪辑，如何把我们所需要的东西整理成为一个流畅的完整的作品。

然而我们的作品拍摄时间紧促，因为当时还是上课时间，我们就只有两天的休息时间，到了当地只拍摄了两天，所以很多时候我们都需要来一秒一秒地剪辑，拼凑出一个完整的画面。

这时候就需要改动脚本，每一句话都需要精简，在时间有限的作品里表达出主旨。每一次的删减和精炼都是一个提升，这也是在作品制作过程中的一大困难。

【13215】 | 雾霾信息网

参赛学校：广西师范大学
参赛分类：软件应用与开发|网站设计
获得奖项：一等奖
作　　者：朱丽宇、甘耀昌、张钧琦
指导教师：孙涛、刘金露

作品简介

“雾霾信息网”是一个致力于分享雾霾知识的科普平台，旨在为民众普及雾霾知识，增强民众防霾意识。网站分为“雾霾百科”、“新闻频道”、“空气质量查询”、“雾霾贴士”、“下载中心”、“微博互动”以及“手机版”7大板块，采集各地雾霾新闻并有效整合，争取做最新，最权威的雾霾信息站。希望通过设计网站来宣传有关雾霾的知识和新闻，让大家了解雾霾的起因，危害，并增强雾霾防御措施，呼吁保护环境，从力所能及的事情做起。期待着蓝天白云的回归——这就是我们的“中国梦”！

安装说明

在浏览器中打开以下链接即可：
http://wminfo.zwbk.org

演示效果

1. 首页

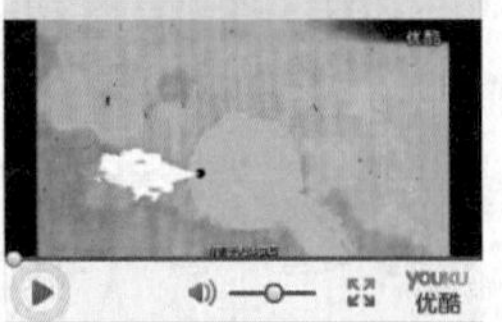

2. 新闻频道

首页
雾霾百科
新闻频道
空气质量查询
雾霾贴士
下载中心
微博互动
首页>>新闻频道
去年74城3个空气质量达标 7个京津冀城市排倒数
2013年74城3个空气质量达标 2014-06-25
总理李克强考察沈阳企业 "话"治霾 2014-06-22
抗击雾霾 燃气具行业力推清洁能 2014-06-17
桂林漓江烟雨蒙蒙 美景是雾还是霾? 2014-06-16
面对雾霾RGF亮剑 切勿与健康"失联" 2014-06-13
商业雾霾险下线 官方"雾霾险"该上线 2014-06-11
抗击雾霾 燃气具行业力推清洁能
雾霾"挥之不去" 北京连续三日重度污染 2014-06-11
面对雾霾怎么办? 2014-06-08
抗击雾霾 燃气具行业力推清洁能 2014-06-07
雾霾"挥之不去" 北京连续三日重度污染 2014-06-05
京津冀今起现中到重度雾霾 各地发布污染预警
商业雾霾险下线 官方"雾霾险"该上线 2014-06-03
英国 南方地区持续雾霾 2014-06-01
京津冀今起现中到重度雾霾 各地发布污染预警 2014-05-29
商业雾霾险下线 官方"雾霾险"该上线 2014-05-23
政策法规 MORE
面对雾霾RGF亮剑 切勿与健康
李克强沈阳企业考察"话"治
全国政协人口资源环境委员会
杭州市政府"限牌"政策得到
面对雾霾RGF亮剑 切勿与健康
李克强沈阳企业考察"话"治
全国政协人口资源环境委员会
杭州市政府"限牌"政策得到
面对雾霾RGF亮剑 切勿与健康
李克强沈阳企业考察"话"治
全国政协人口资源环境委员会
杭州市政府"限牌"政策得到
面对雾霾RGF亮剑 切勿与健康
相关推荐 MORE

3. 后台管理

后台管理中心
wminfo.zwbk.org/admin/index.aspx
内容
会员
订单
界面
控制面板
默认站点
新闻频道
内容管理
栏目类别
评论管理
资源下载
下载中心
空气质量查询
公司介绍
插件管理
新增
保存
全选
删除
所有类别
所有属性
北京大学成都环保研究院成立 将在雾研发雾霾防治
显示 10 条/页 共70记录 上一页 1 2 3 4 5 6 7 下一页

4. 后台管理

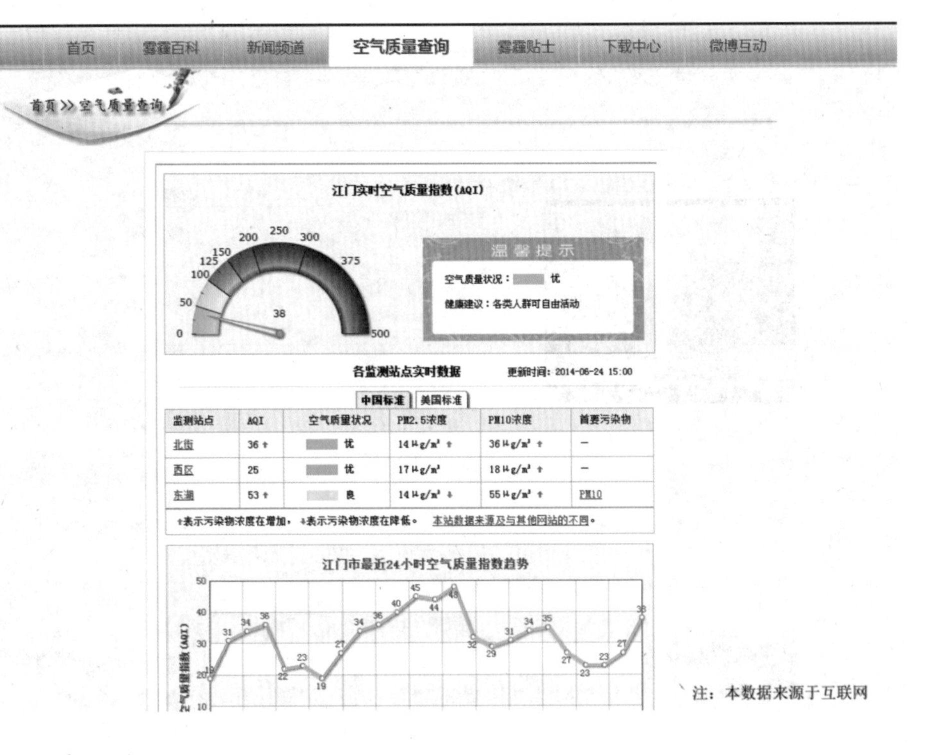

5. 商品推广页面

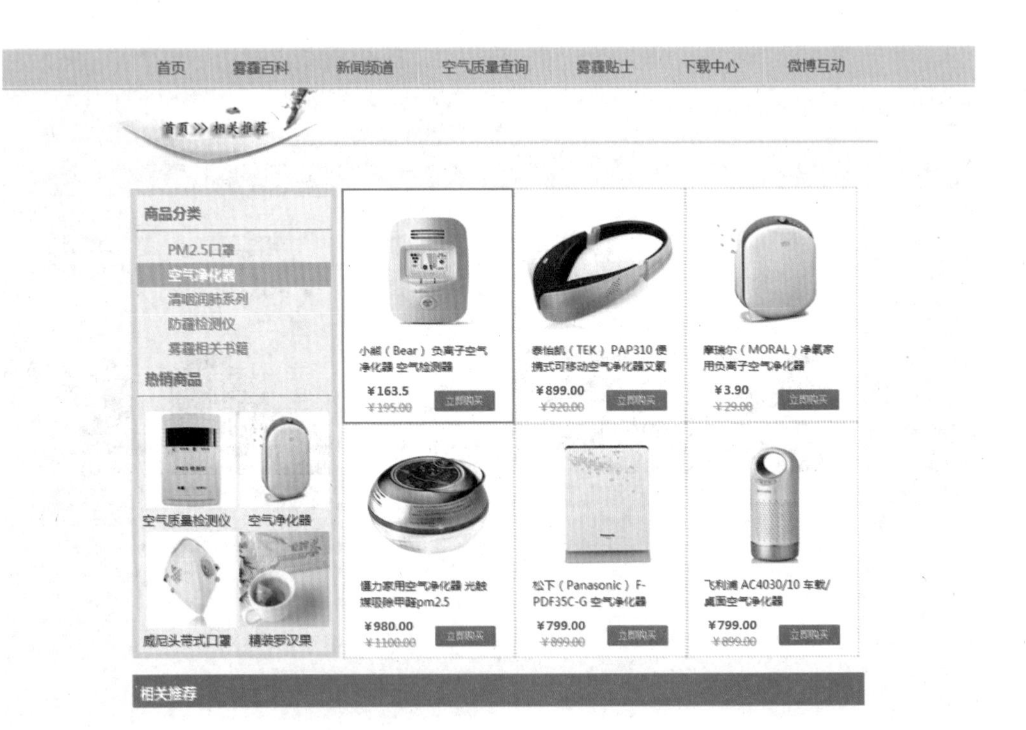

6. 手机 wap 客户端

—设计思路—

19 世纪，工业革命推动英国工业迅猛发展，大量化石燃料煤炭的消耗量不断增加，使得伦敦大气污染愈演愈烈。1952 年的伦敦烟雾事件，造成 12000 多人死亡，此后，英国花费了 60 年时间才使得空气质量得到改善。通过和伦敦对比我们发现，无论是在人均 GDP、三大产业比例还是能源结构方面，20 世纪 50 年代的英国和现阶段的中国都有很多相似之处。

中国在过去 30 年间也经历了经济快速增长的阶段，大量能源与资源的消耗，带来了空气质量的退化，并最终引发了 2013 年的大范围持续雾霾天气。对雾霾的研究和治理，其实是解读中国当前环保问题一个最重要的样本，甚至有可能解开中国环保长期以来解决不了的一些问题。而我们的"雾霾信息网"正是基于这样一个时代背景而开发出来的一个产品。

为什么要建立这个网站？雾霾天气我们都不陌生，但是我们身边的很多人对雾霾的认识还只是停留在"空气污染"这一层面。"雾霾"到底是"雾"还是"霾"？"雾霾"如何产生，又该如何去治理？这都很少有人能正确回答，为了让大家更好的了解雾霾天气，让民众从根本上了解雾霾，从而有效降低雾霾给人们带来的伤害，我们便建立了"雾霾信息网"。

据分析调查，民众对当地空气质量指数，相关雾霾资讯颇为关注，并希望在每日出行时，得到贴士提醒。虽然现在也有不少相关 APP 应用有类似的功能，但仅能满足大众对天气关注的需求。本站作为雾霾信息网，全方位系统的集结了关于空气质量的各种信息和功能，包括百科介绍，新闻资讯，出行贴士及商品推荐，应用下载等。

我们的目标是进行科普宣传，呼吁民众团结起来，积极应对雾霾天气。因此我们选择以"百科"的形式向大家讲解和分析雾霾的成因及治理方法。并开始收集雾霾相关的图片、新闻以及应对雾霾天气的特殊出行方式，将和雾霾相关的一些清肺食谱，调侃雾霾的笑话也收集到一起。同时，信息类网站必须时刻掌握最新的资讯信息，因此我们网站也提供了具有发布和分享功能的新闻平台。考虑到实用性，我们添加了空气质量查询、热门推荐和下载中心三个实用的功能模块，更增添了网站的完整性。

设计重点与难点

（1）本网提供的信息很难做到面面俱到。所以从大众需求出发，本着使用易用的原则，制作了本站。在网站功能和设计上，有百科介绍，新闻资讯，出行贴士及商品推荐，应用下载等。

（2）本网空气质量查询模块，采用数据调用技术，把全国实施空气质量指数，24 小时空气质量走势和两周当地空气质量走势以 flash 形式展示，非常直观，便于查看。

（3）整个网站整体风格的设计如何契合主题；CSS 页面布局和样式控制，JS 和 flash 的使用对各个浏览器兼容性和显示效果，我们投入了大量的精力。

（4）网站手机客户端的开发，采用的是 WAP 技术。手机分辨率设计与浏览器自适应功能，是一个难点。目前手机站还在不断的完善中。

【13301】 | Fragment of Iliad

参赛学校：四川音乐学院
参赛分类：计算机音乐|原创
获得奖项：一等奖
作　　者：王立川
指导教师：杨万钧、胡晓

作品简介

Iliad 主题是赞美古代英雄刚强威武、机智勇敢讴歌们同异族战斗所建立丰功伟绩和英雄主义、集体主义精神。这部作品从史诗管弦配乐角度出发，用电子和管弦乐融合的手法，描写一个充满神秘、幻想、统治和战争的画面。

安装说明

直接单击播放。

演示效果

音频文件。

设计思路

作者创作的理念为创新和应用。结合现代许多影视、游戏配乐来看，很多配乐作品本身都具有革命性的创新，并且同时也得到了良好的应用。这首作品也是本着这个理念进行创作的。

设计重点与难点

在作品中，作者以电子音色与传统乐器音色的结合为路线，以音响效果为目的。这首作品音乐性本身并不复杂，难点就在于电子音色与传统乐器的合理结合及后期混音方面的工作。

【13470】 | 纸面人生

参赛学校：中南民族大学
参赛分类：数媒设计专业组|动画
获得奖项：一等奖
作　　者：张琪、张毅豪、罗梦琪
指导教师：孙悦

作品简介

作品讲述纸人在纸张构成的世界里的一段旅程。纸人的诞生，探索着全新的世界。四周都是美好奇幻的植物和动物包围着他。表现新生命对四周世界的好奇。随后来到唇山，对面惊险的唇崖毅然选择了越过悬崖奔向未知的世界。体现人生总要不断向前，在前进的路上总有艰难困苦，要勇于直面人生不畏艰难。这也是脱离美好的童年走向成熟的一种必然。艰难过后来到鼻山洞。山洞里呼出大风，他在两个洞面前犹豫时突然风向改变使其被吸入了一个鼻洞。人生总是会面对无数的选择，有时不是自身的意志所能控制的，最后落入了脑空间。黑暗中一束光明和交错上升的楼梯以及各种物件从天口落下。于是他追逐着这些东西，渐渐明白人生的需求，最后走向人生最光明的终点。寓意人的一生经历丰富，有苦有乐，不断追求和超越。

安装说明

单击即可直接播放。

演示效果

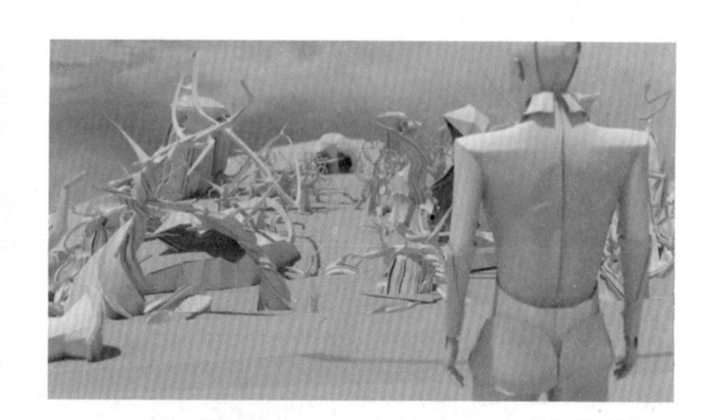

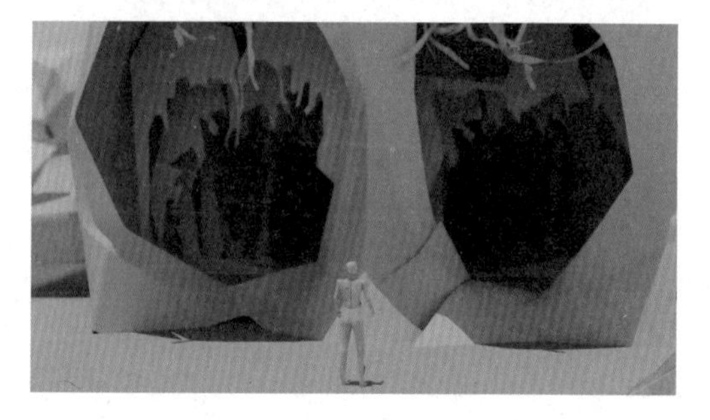

设 计 思 路

片名为纸面人生，命名的缘由取决于角色及故事所在的环境都以折纸的形式展现，故事讲述的是生命“直面人生”的过程所以取名为“纸面人生”。之所以用纸质材质作为本片的表现方式是源于纸的特性和人的生命有某些相似之处。纸即脆弱又坚韧，即柔软又锋利，正如人性的多面。

主角走过的每一个地方，故事所有情节均是人头部的一个组成部分。纸人诞生在一个开阔的平面，在设计中那里是人面的下巴部分，后来到的唇山是人面的嘴唇部分，胡林则是人中长胡子的地方，荆棘和短刺分别是胡子和胡茬。之后见到的山洞——鼻洞，也就是鼻子的造型。鼻洞前变换风向的大风也就是人的呼吸。纸人被吸入鼻洞后落入的空间就是大脑的象征。脑空间顶部的光口代表人的眼睛。这样设计的初衷取决于生命如何渡过其实就取决于人自身。

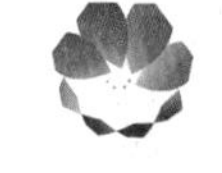

1. 纸人的诞生

角色是由纸张折叠卷曲而成的，一开始我们就给纸人定位为没有性别的类型，只是单纯的一个带领观众的角色，属于零感情的角色。在形象设计方面我们参考了真人的比例和身体结构。简化了关节和肢体，头部也只保留最突出的鼻子和眉弓。总的来说就是一个简练干净的角色。简单的人物设计是希望和之后变化丰富的场景产生对比，从而使人物从场景中凸现出来。

在制作方面，建模完成后就是考虑如何让人物出现在镜头中了。一开始我们打算用一张平整的白纸通过折叠得到纸人的形象，但是后来感觉这样和场景的联系并不紧密。后来决定从地面上撕扯出人物，但是很快我们又发现撕扯出来以后该怎么处理留下的洞呢？在多次讨论后，我们决定采用片名从撕开的纸张下显现的方式。这样既表现了诞生的主体又很好的与主题进行了衔接。

2. 场景唇山

按照一开始的想法，第一个纸人来到的地方是唇山。唇山的主题是新生命对世界的好奇以及美好愉快的时光。于是我们很快想出了仙境这个主题，场景中安排有大小胖瘦不一的蘑菇，高的能过头，小的不足膝盖。还设计了一些奇特有节奏感的新植物以及巨大的花朵。还有不能缺少的小动物，动物为了体现新鲜感，并没有选择常规的动物，而是设计了新的动物例如生着猪鼻子的小兔子。在唇山和胡林之间有一个峡谷，这个峡谷就是上下嘴唇的中缝，角色跳跃过峡谷预示着生命中较为坎坷的经历来临以及美好单纯童年时光的结束。

3. 场景胡林

胡林是人中的部分，这里有很多胡子和胡茬，我们很自然地就设定这里为人生中的困难地带。胡子和胡茬分别设计成了荆棘和短刺，尖锐而附有杀伤力，荆棘会刺向纸人使得纸人前行困难。这些更能体现纸面（直面）人生的主题，纸人果断舍弃了唇山的美好，跳过峡谷来到荆棘密布的胡林，正是直面人生，勇往直前的最佳体现。

4. 场景鼻山

鼻山不言而喻就是指鼻子了，鼻山的设计基本上是以真人的鼻子为原形然后进行变形得到的。鼻孔就成了两个山洞。两个山洞摆在纸人面前暗示生命中常常面临各种选择。纸人被气流吸入山洞，气流就是人的自然呼吸。而突然被吸入一个山洞则是说面对人生中的选择，我们往往不能按照自己的意志来决定结果，生命是奇妙而不可预测的，有很多突发状况和无奈。

5. 场景脑内

脑内的场景是由很多阶梯构成的矛盾空间，阶梯错综复杂蜿蜒而上向着带来光明的天口延伸。这样的设计是为了再次点题，纸面（直面）人生就是朝着一个最终的理想不断攀登。场景内还有从天而降的众多物品这些物品带表生命中所见到和经历的种种。最初看到的是风车、玩具等童年的物品，阶梯也只有一条相对单纯的道路，代表生命在幼年阶段较为纯粹；随着角色的攀登下落的物体逐渐丰富，角色在攀登的过程中拿到学士帽，学士帽的获得表示生命的成年时期，成年后面对的诱惑、迷茫、抉择越来越多，阶梯的道路变得错综复杂，掉落的物品也更为丰富。角色在之间穿行获得奖杯，奖杯代表了生命中某些时刻一味去追寻的金钱、名利、私欲等，当角色获得奖杯时发现自身已远离了最初的梦想和初衷，偏离了自身想走的道路，当他醒悟时毅然丢弃向着最初的道路奔跑最终本向光明，走出孔洞看到更广阔的世界。

6. 动作与镜头

在动画中动作的生动有趣是至关重要的，我们组认为在动作流畅的基础上要增加动作的生动与趣味。例如加速的动作或者是花朵植物的生长都可以采用弹性动作，就是力量的突然爆发和松弛，这样就会更加的生动。例如一个人快速用力的伸出手，那么当动作结束的时候手一定会松弛并向反方向回缩一小段距离。这就是弹性动作，我们在这些细节上都做了不小的努力。镜头方面，镜头就是讲故事的方式，同一个故事有人讲的很有趣有人则讲得很无聊。镜头的切换就与讲故事一样。我们画了分镜稿然后反复的讨论修改，在场景建模完成后又直接调整角度来切实的感受以及确认之前的分镜头是否符合我们的想法，然后再具体修改。视角的变换和感官的连接在我们看来至关重要。

总体的来说就是纸人在人面上的各个位置发生的故事，每一个位置都有一个人生哲理，预示了生命中的美好或是无奈。这段纸面上的旅程同样也是人从出生到成熟，从成熟到老去的过程。新生时候对世界的好奇，童年的单纯美好，成年的艰辛和拼搏，选择面前的无可奈何，对往事的回首，对多彩生命的回忆和珍惜。这一切的一切，不论好的不好的都是生命中不可缺少的一环，都是值得肯定和珍惜的伟大生命的一部分。本作品想传达的是直面人生，热爱生命，包容生命中的无奈与不美好，珍惜人生中的愉快和幸福。

设计重点与难点

本动画片的技术难点就在于所有的纸动画设计、绑定以及渲染纸的质感方面。

在探索纸的形象方面我们搜集了大量的素材，将人物，动物，花草，树木与纸进行了详细对比，在其中寻找他们的共同点与差异点，求同存异，再经过谈论和画概念设计图，并提出多种设计方案，经过不断筛选，最终较满意地再现了人物，动物，植物，树木的特点与纸这种柔软但又脆弱，锋锐但又易折的特殊事物的结合，成功表现了本片中的纸质形象的设计。在三维模型制作的时候耗费了大量时间来解决面与面相互穿插，在建模以防后来在绑定中的麻烦。我们还详细研究了纸折叠后的形态，并在建模当中将其加入其中，这让我们的模型得以实现从平面组合成一个事物这一动画。

纸质动画是研究时间比较长的，首先通过研究纸在折叠，展开，旋转，飞舞时的动态分析纸的运动特点，我们通过自己拍照，拍摄视频，在网上寻找素材等方法搜集参考资料，再将其具体化记录并总结。这让我们在之后的动画设计中有了坚实的基础，以便表现出动画人物的性格想法的同时不让他失去身为纸质的性质。随后在三维动画的制作中，通过老师的帮助和寻找一些资料，我们初步掌握了利用晶格的技术来达到植物生长的动画效果和通过动画表达式以及混合变形的绑定技术来达到方便控制植物开花的效果。在此期间我们走了不少弯路，曾经陷入泥沼当中，但在老师的鼓励和指导下，最终披荆斩棘寻找到了正确的方法来实现植物的生长效果，这对我们为了表现"生命"这个主题提供了至关重要的技术突破。

在渲染方面我们首先考虑到的是纸的纹理和透光性，这让我们在有限的时间里很是头疼，虽然已掌握的技术可以实现但是时间方面不允许。所以我们另辟蹊径选择了至今很多国外电影都曾使用过的 Arnold 渲染器，这种渲染器在处理较复杂的大场景方面比 Mental ray 有突出的优势，在同种设备条件下近似可以快 30 倍，并且 Arnold 的透光性控制也要快过 Mental ray 很多。在学习 Arnold 的过程中苦于找不到合适的学习方法，最终通过自己刻苦钻研，并从网上学习前人的经验，在自己的尝试中慢慢掌握了这种快速的渲染方法。这对我们在有限的时间里得以完成大量的渲染起到了不可或缺的关键作用。

【13538】 | 生命轨迹

参赛学校：广西师范大学

参赛分类：数媒设计专业组|DV 影片

获得奖项：一等奖

作　　者：曹贝贝

指导教师：徐晨帆、杨家明

作品简介

本短片是以回忆为主题的微电影，采用伪纪录片的形式进行拍摄。反映了作者个人生活中的一些经历以及对生活的理解，目的是想阐述人生像一场旅行，途中有悲有喜，体现出每个人的生活轨迹都各有不同。短片《生命轨迹》的剧本是从哥哥经历的一场意外为创作背景，哥哥发生意外的这几年，作者根据自己对他的观察，对他发生事故前后的变化进行整理总结。把自己的记忆碎片组接起来形成一个完整的剧本。故事主要围绕着“冥冥之中，却意料之外”的主线，运用朴实的镜头形式来表达。生活上的一些意外的转变，改变着人们原本的生活轨迹，挑战着人们对于生活既定事实的认知。为了突出主题，本短片主要在主人公出事前后的变化上做对比，用亲情、友情、爱情三个方面，具体体现主人公脱离了常规生活之后的状态。

安装说明

本短片为 flv 格式，打开即可播放。

演示效果

創作思路
創作背景：
劇本構思與分鏡頭設計：

生命軌迹
也許每個人都經歷著一場夢
THE
LIFE

设计思路

本作品通过生命这个主题，阐述发生在作者亲身经历的一件事情，人生是一场旅行，有起点，亦有终点，沿途有欢乐也有忧愁。一次意外改变了作者哥哥的命运，人生无常，我们应该珍惜现在。本片主要以出事故前后对比，呈现主人公的生活变化，是对生命的另一种表达，使观者产生情感上的共鸣。

通过朴实的镜头传递生命的不可预知性，生命无常，主人公事故之前后的变化让作者产生对生活的领悟。

《生命轨迹》

人们都说人生是一次单程旅行，有起点亦有终点，有欢乐也有忧愁。有时，命运会跟你开个玩笑，让你在某处停滞不前，迷茫无助；有时，又会给你一个惊喜，令人心旷神怡。而那一次，残酷的命运之手，无情地改变了我哥哥的生命轨迹……

六年前的一天，在我的家乡南湖边，18岁的哥哥在玩耍嬉闹时，不慎落水，冰冷的湖水几乎吞噬了他的生命。意外发生后，我的父母在哥哥病床前日夜煎熬的守候，于痛苦煎熬中等待奇迹的发生。一个月后，哥哥终于苏醒了，但由于溺水太久导致小脑缺氧性萎缩，他的脑神经受到了严重的损伤。从那一刻起，他的生命轨迹转向了另一个方向，一个与他原本该走的路背道而驰的方向。苏醒后的哥哥，已不是那个踌躇满志的高中生，智力下降到只有七、八岁孩子的水平，而记忆也变得支离破碎。

在发生那次意外之前，哥哥每天都会记日记。六年来，而现在，每当我翻开这本记录着哥哥曾经所思所想的厚厚的日记时，仿佛眼前的一切只是一场梦。

2007年1月22日 星期一 晴

今天爷爷给我零花钱，最疼我的就是爷爷了。偶然与爷爷谈起我们曹氏祖辈，追根溯源就像断了线的风筝，无从查起。听爷爷说城西某村有一门曹姓人家与我们是远房亲戚，由于某些原因爷爷未能进一步细致地调查。交谈中我注意到爷爷的眼神中有一丝淡淡的忧伤。我作为我这一辈的长兄，有义务完成这项工作，去实现爷爷的夙愿。

2008年3月9日 星期日 晴

快高考了，我选择在相对比较安静的爷爷奶奶家住，奶奶为了不打扰我学习，就很少听她最爱听的豫剧了。父亲常说作为一个男子汉，成熟与稳重才是真正的立身之本。我不能懦弱，我要勇敢，直面苦难，“路漫漫其修远兮，吾将上下而求索”。

2008年3月15日 星期一 阴雨

时至今日，我已定下了高考志愿。第一志愿：国防科技大学；第二志愿：选报商业性质类的高校；第三志愿：选报河南中医学院。奋斗目标即为竭尽全力地拼搏。高三的生活正如历险的攀登，开弓就无回头箭，一切迈出就不能再回到起点。因为背后的险境，正在一寸寸的塌陷，落后或者回头只能坠进万丈深渊。

2008年3月24日 星期三 晴

快高考了，课间我们打篮球来缓解压力。我和朱亚飞都很喜欢打篮球，趁现在意气风发之时，定要奋发拼搏，为高考做足准备，不给人生留下遗憾。永远铭记，“做”比“想”更难，我宁愿做“做”的奴隶，而不愿做空“想”的主人，“想”要靠“做”来实现，“做”要靠“想”来指导。

曾经和哥哥一起指点江山、激扬文字的好友，曾经伴随哥哥走过峥嵘岁月的友情，如今都已不在了，离开了，只留下他孤独的背影。一个人的时候他在想什么，我和家人无从知晓。只有静静地陪在他身边，照顾他，直到现在。

2007 年 1 月 6 日 星期四 晴

今天是个值得纪念的日子，心情格外开朗。也许这就是我的幸运日：2007 年 1 月 6 日，此必定是我人生中的转折点。怎么也没有想到我朝思暮想的窈窕淑女又奇迹般地回来了，而且就坐在我的右边。我欣喜若狂，就让我珍惜这短暂的重逢吧。

2007 年 4 月 1 日 星期五 阴转晴

又是一个桃花盛开的季节，望着这如美人粉黛般淡雅的桃花，难掩心中的喜悦之情。忽然想起了一首唐诗："去年今日此门中，人面桃花相映红；人面不知何去处，桃花依旧笑春风。"

爱情是什么？我还不是太懂，哥哥的爱情我更无法参透，如今身患残疾的嫂子已经有了他们爱的结晶。虽然他们没有过多的交流，过多的沟通。若能如我所愿，希望他们能一直平淡幸福健康地一起生活下去。天天坐在自家门前晒晒太阳，或坐在床边一起看电视，这也许就是他们的相处方式吧！

生活还在继续，哥哥也还在用日记记录着他的生活。即使只是稚嫩的几笔，记录着平淡的日子，却牵动着家人最敏感的心弦！对于我们来说虽然只是一页纸的变化，对于他来说却是生命轨迹的巨大转折！……

2010 年 9 月 8 日 星期三 晴

清晨，我睡醒，穿上衣服，刷了牙吃了饭，便去看电视。妈妈收拾一包东西，要我一起送妹妹上学。她学习了美术，考上了大学。我家院里南墙上贴的画都是她画的。我问她："大学里都学什么？"，可不知为什么妹妹却哭了。

当哥哥问起我大学里都学什么时，我的眼泪顿时夺眶而出。哥哥从小聪明好学，在我的眼里一直都是全家人的骄傲。他本应成为我们家族第一位大学生，却因那一场意外改变了他的命运，那个才华横溢的哥哥，只留在了这本日记里，但是在我的心中，他永远都是我最爱的哥哥。等我毕业以后，我会帮助嫂子一起照顾好哥哥，替哥哥孝敬为我们操了半辈子心，现在依旧操劳奔波的父母，照顾好年迈的奶奶。撑起我们这个家，愿哥哥平静幸福地生活下去。

设计重点与难点

拍摄过程中由于设备有限，机位可能不够稳定，造成某些画面的不清晰，抖动，拍摄场地环境嘈杂等。

【13575】 | LIFE+ 保护动物公益宣传安卓应用

参赛学校：华中师范大学
参赛分类：数媒设计专业组|交互媒体
获得奖项：一等奖
作　　者：刘宝红、王清、许琼文
指导教师：艾欢

作品简介

本作品是一个基于增强现实技术的保护动物公益安卓应用，非常强调用户与应用的交互性，希望通过有趣的交互体验使用户更多地关注到野生濒危动物的生存现状，同时通过一系列线下产品的制作以及线上应用中的宣传，也为用户提供一个通过购买捐赠表达爱心的渠道。

安装说明

在媒体播放器中播放即可。

演示效果

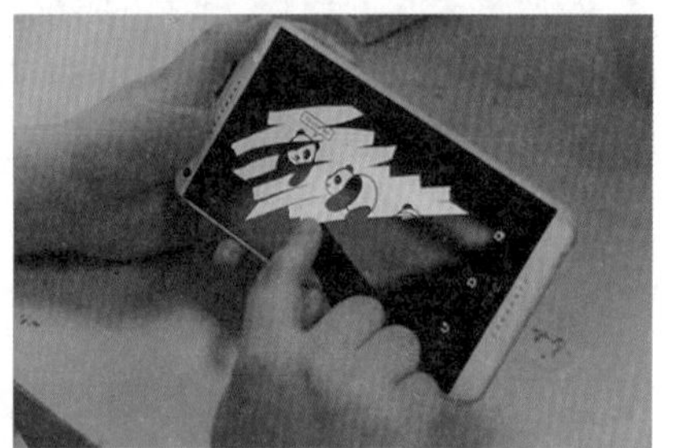

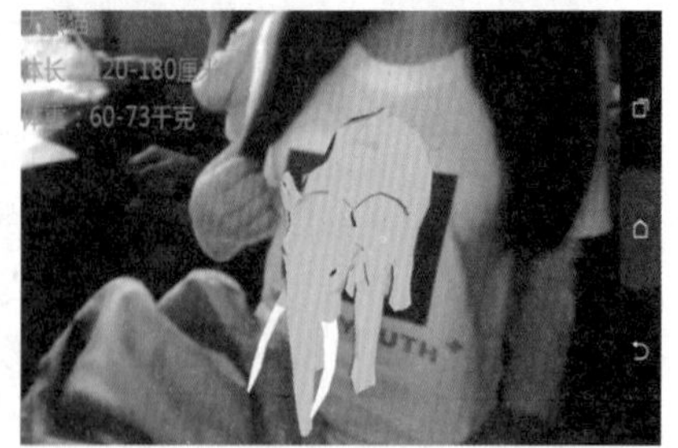

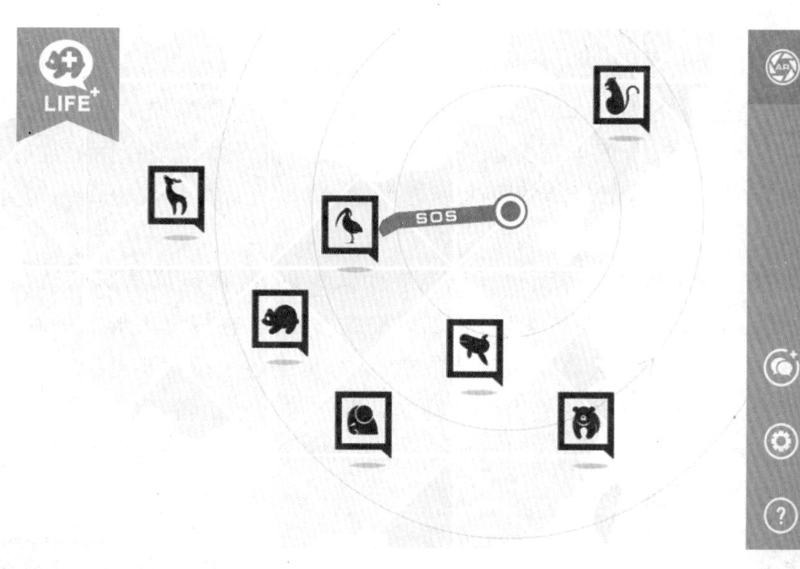

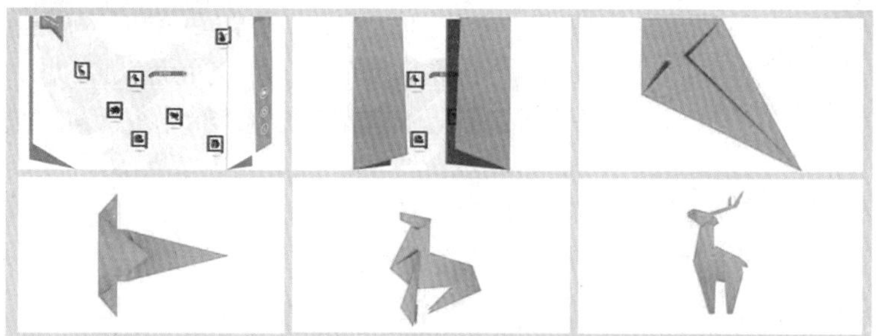

设计思路

目前，每天都有一百多种生物从地球上消失。我国也已经有十多种哺乳类动物灭绝，还有二十多种珍稀动物面临灭绝，这些濒危的生命亟待人类的保护与拯救。“保护物种”成为全球有识之士的共识，因此诞生了世界动物保护协会（World Society for the Protection of Animals，WSPA），世界自然基金会（World Wildlife Fund，WWF）等影响力巨大的国际组织。然而，国内大部分青年人有保护动物的意识、缺少参与活动的途径。

于是我们便萌生了制作一款安卓应用的想法。通过该应用使用户了解相关保护动物组织的活动形式，为年轻朋友搭建参与保护动物活动的桥梁。我们的应用中主要使用的技术是增强现实技术，通过将精心设计过的高度概括的动物形象作为增强现实的识别标志，将这些标志印刷在被子、T恤、书本和扇子等日常用品上，从而实现一种虚拟与现实的互动。用户可购买这些经过设计的产品，通过下载该应用即可扫描物品上的精美图案，并实时跟踪，产生三维立体、角度丰富的动物形象。这样不仅可以增加应用的趣味性，还能够将设计产品产生的盈利捐赠给濒危野生动物保护机构，为青少年们提供一个身体力行保护动物的途径。

此外，这款公益安卓应用的界面设计皆为我团队原创，整体风格清新简洁，采用了折纸的效果。应用主界面以中国版图为背景，加以格纹化处理，在视觉上形成一种折痕的感觉；各类设计的濒危动物图案分布在该动物的栖息地，单击各个图案皆可进入相关动物的信息界面，以便更加深入的了解这些野生动物的情况。界面右上方还有一枚标有 SOS 的红色指针，在界面中该指针是一直逆时针转动的，象征着我们所坐的努力都将延长动物们的生命，为它们带来生存的曙光。

设计重点与难点

1. AR 技术的实现和应用（建模和辅助音效）。

2. 操作界面的动作设计，命令简单使用无障碍。

3. 多种交互形式的设计，包括平面和立体的视觉效果、转场效果、添加视音频、线下产品的互动等。

4. 技术上实现多平台的合作。

【13770】 | 笔记本硬件基础

参赛学校：湖南大学

参赛分类：微课与课件|计算机应用基础

获得奖项：一等奖

作　　者：周倚文、余心悦、沈巧玲

指导教师：陈娟、吴蓉晖

作品简介

作品以活泼轻快的色调，浅显易懂的语言，贴近生活的知识供给从广大初级笔记本接触者的需求出发，以互动及知识小点扩展讲解的形式，将与接触者息息相关的笔记本硬件知识筛选后，分为硬盘，内存，散热，CPU，显卡，光驱这几个部分，根据受众的需要进行讲解并普及相关的故障处理知识。

安装说明

Powerpoint 及任意播放器。

演示效果

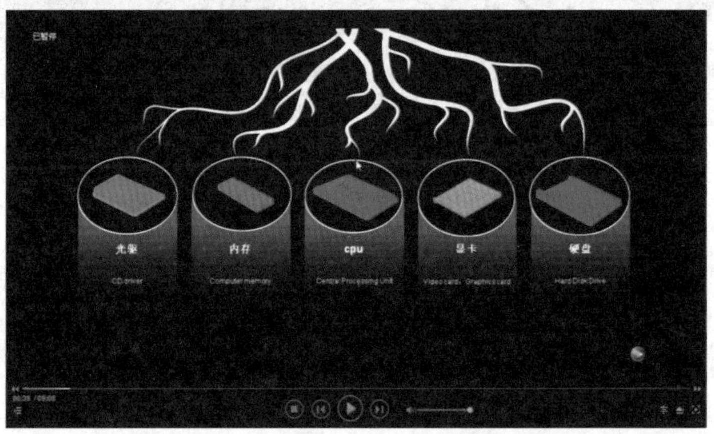

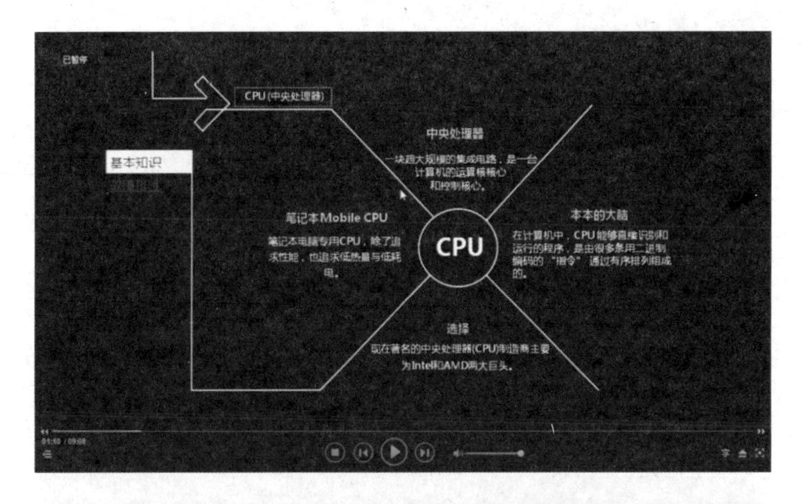

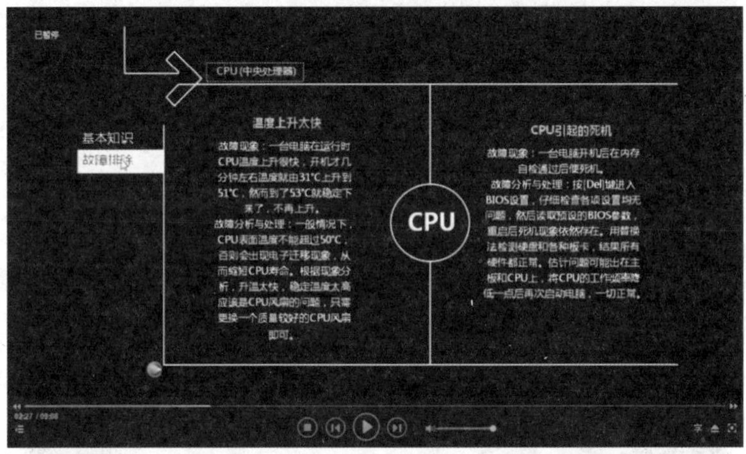

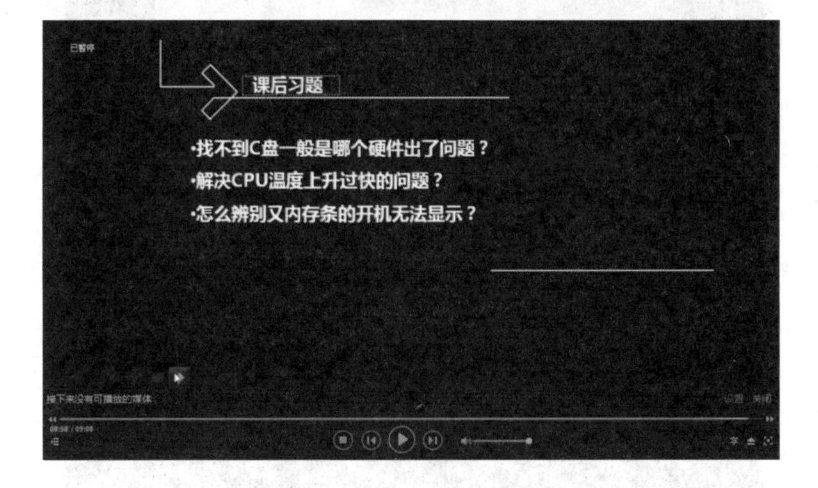

设计思路

随着社会的进步，经济的发展，笔记本的普及方便了广大家庭及大学生，但在各式各样的笔记本充斥电子商品市场的同时，由于对如何选择一台适合自己的笔记本及笔记本基础维修知识的缺失却使使用者对商家失去了防御力甚至产生了依赖性，使得不法商家有利可图。在这样的社会现象下，作者以普及电脑硬件及维修知识为宗旨，在使用者普遍能接受的范围内，尽量避免晦涩难懂的专业术语多采用亲切的比喻手法，使笔记本使用者对本本有更加深刻的认识。

设计重点与难点

1. 收集群众意见，筛选硬件范围。
2. 在自身了解此类知识的情况下，将其进行一系列比喻，以助于受众消化吸收。
3. PPT 互动效果的制作。

【14318】 | 有趣的视觉暂留

参赛学校：浙江师范大学

参赛分类：微课与课件|多媒体应用

获得奖项：一等奖

作　　者：陈建、余芳、李佳琳

指导教师：梁萍儿、黄立新

作品简介

本微课的教学内容以《高等学校文科类专业大学计算机教学要求》在多媒体技术应用的教学要求为核心知识点，可作为后一章节逐帧动画和关键帧动画的理论基础。

视觉暂留是计算机动画形成的基本原理，由于现阶段的教师在教授动画制作注重实际的动画制作，忽略原理讲解，所以本微课可作为课前学习教材，让学生自主学习，弥补教师课堂教学缺陷，帮助学生理解视觉暂留概念，Flash 动画制式标准以及简单动画制作方式。

本微课选择视觉暂留这一知识点作为教学重点进行讲授，有助于学习者理解动画，也便于后期教学内容开展。整个教学内容完整，从日常生活中的现象引入，引导学习者思考，同时还原和改进了经典实验小鸟进笼，使视觉暂留形象化，便于学习者理解和观察，最后通过两种不同的设计方法，使学习者从实践中感知视觉暂留，整个教学过程深入浅出、形象生动、主线清晰、逻辑性强、结构完整，充分调动了学习者的学习积极性，促进学习者思维的发展。整个微视频中画面清晰、简洁，图像稳定，声音清楚。教学视频中所应用的媒体设计合理，例如将视觉暂留原理通过动画形象地加以解释，重点突出，使抽象概念更加形象，便于学习者理解与掌握。

主要创新点：

将抽象的概念用多种教学形式生动形象的呈现，例如小鸟进笼，动画，简单动画制作，24 张图片显示视暂留。

特点：

1. 教学设计层层逼近，具有逻辑性。
2. 资源丰富，视频，动画资源基本都是自行开发，具有原创性。
3. 以探究、启发式教学，体现新课标的理念。

安装说明

在暴风影音中播放即可。

演示效果

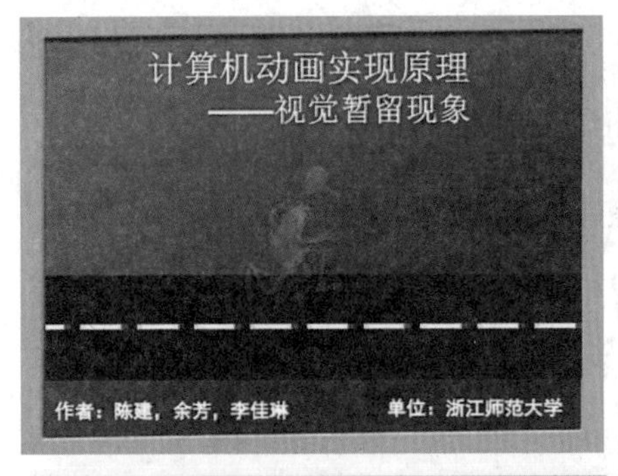

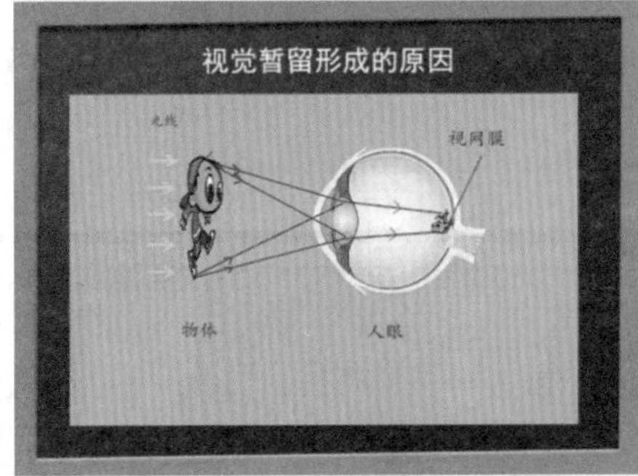

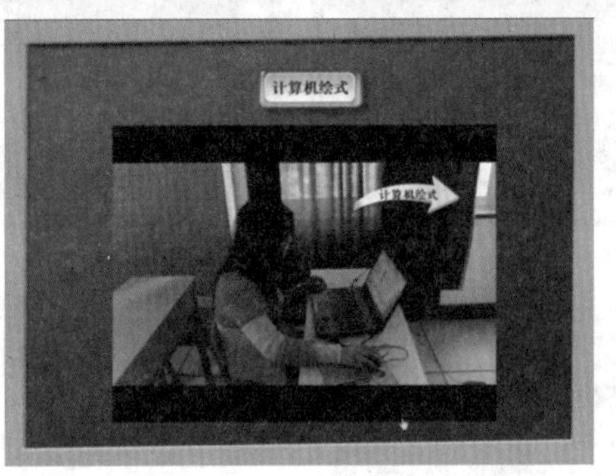

设计思路

首先依据教育传播的共同经验原理以图片的形式列举生活中的视觉暂留现象，例如电风扇，从生活情景导入，引起学生的兴趣。

接着播放一段小鸟进笼的探究视频，加强学生对视觉暂留现象的好奇心，并重复演示放慢观看小鸟进笼实验，引出视觉暂留的概念，两次的视频重复播放遵循了教育传播的重复作用原理，重复演示两次小鸟进笼实验，第一次为“发现问题”，第二次为“带着问题思考”，之后以一段动画的形式解释基于人眼生理学解释原理产生原因，从而让学生从实验探究和动画展示的形式中抽象出视觉暂留原理的概念，达到知识的内化。

然后以视频及图片的形式依据原理介绍两种方式制作简单的1秒flash动画：手绘式动画制作以及计算机绘式动画制作，该部分内容为知识拓展，同时也为后一章节逐帧动画和关键帧动画作为辅助性理论基础。

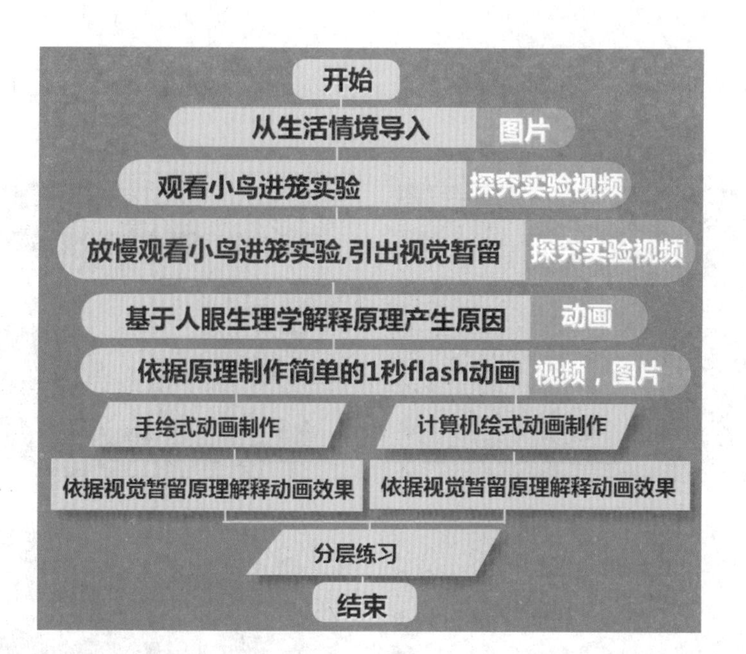
开始
从生活情境导入
图片
观看小鸟进笼实验
探究实验视频
放慢观看小鸟进笼实验,引出视觉暂留
探究实验视频
基于人眼生理学解释原理产生原因
动画
依据原理制作简单的1秒flash动画
视频，图片
手绘式动画制作
计算机绘式动画制作
依据视觉暂留原理解释动画效果
依据视觉暂留原理解释动画效果
分层练习
结束

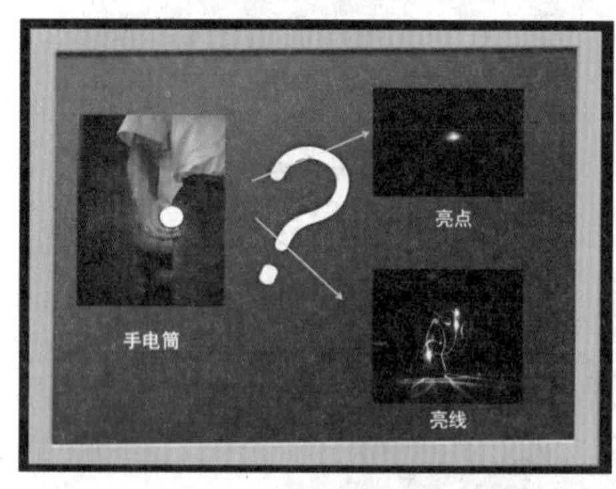
手电筒
亮点
亮线

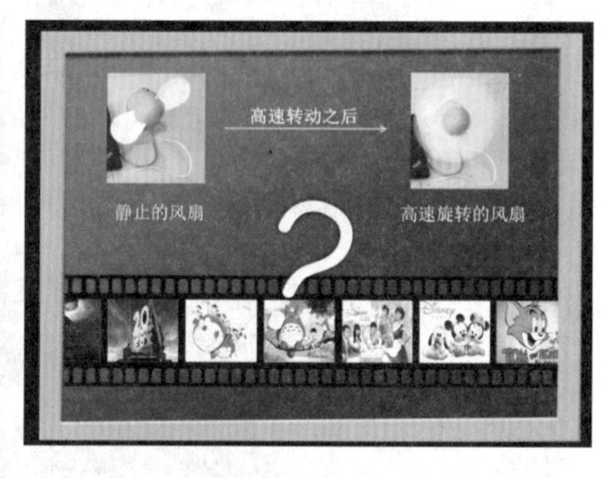
高速转动之后
静止的风扇
高速旋转的风扇

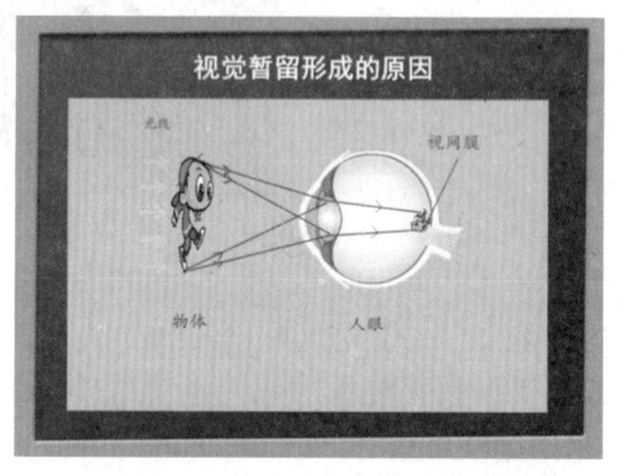
视觉暂留形成的原因
光线
视网膜
物体
人眼

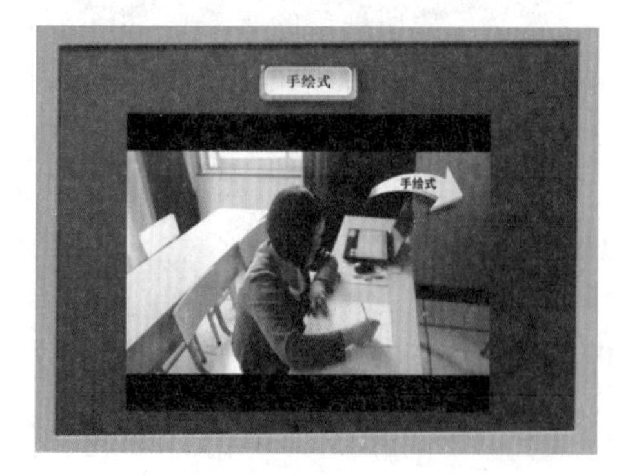
手绘式
手绘式

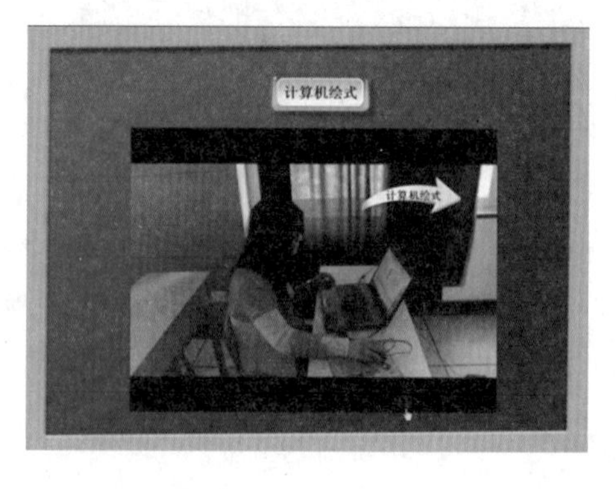
计算机绘式
计算机绘式

考虑到了不同学生的学习能力不同，从而设计最后设置分层练习，以帮助不同学习能力的学生知识自我检测，以达到初步巩固知识的目的。

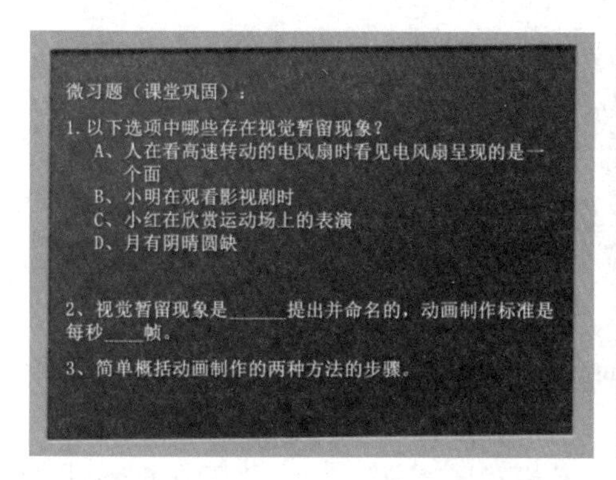

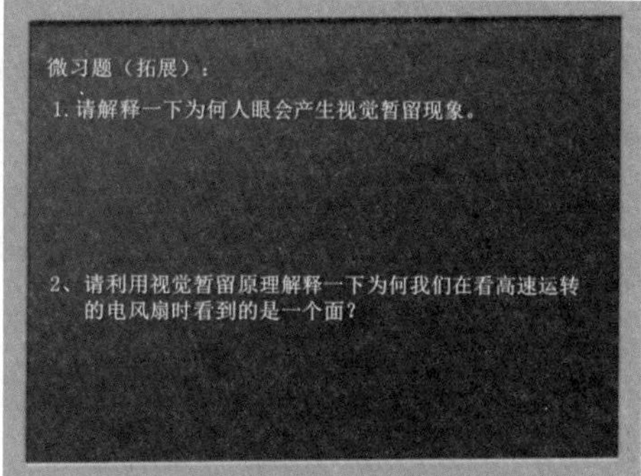

设计重点与难点

设计重点：

1. 观察小鸟进笼经典实验的探究性实验发现视觉暂留现象。
2. 基于人眼生理学解释原理的动画讲解视觉暂留的概念。
3. 依据视觉暂留的原理进行动画制作：手绘式动画制作以及计算机绘式动画制作。

设计难点：

1. 观察小鸟进笼经典实验的探究性实验发现视觉暂留现象。
2. 基于人眼生理学解释原理的动画讲解视觉暂留的概念。

【14590】 | 魔方阵的动态排列和验证

参赛学校：新疆师范大学

参赛分类：软件应用与开发|科学计算

获得奖项：一等奖

作　　者：热麦提江·艾则孜、阿力木·阿木提

指导教师：马致明

作品简介

本软件巧用 Excel VBA 编程手段，借用单元格对 3 至 255 之间的所有数所对应的魔方阵进行动态排列和验证，魔方阵的阶数、排列的速度以及验证的速度均由弹出的窗体中的有关控件进行设置，其中阶数由滚动条提供，有关速度由单选按钮提供：有“超高速”、“高速”、“中速”和“低速”4 种选项可供选择。“超高速”以最快的运算速度排列和验证，“低速”用较慢的速度进行动态排列和验证，以便看清其过程，“高速”和“中速”排列和验证的速度介于“超高速”和“低速”之间。

启动本程序后，将会看到 Excel 中跳动的单元格以及三类不同形式的魔方阵的动态排列过程，最后还会求出每一行的和、每一列的和以及两条对角线的和；如果用户怀疑魔方阵，可以借助 Excel 中的求和函数直接进行再次验证。

程序除了让用户感受到魔方阵的魅力以外，还会让用户对 Excel 的另类功能大为震惊。

安装说明

本程序无须安排别的软件，只要有 Microsoft Excel 即可，但是，需要启用 Excel 中的宏代码选项后才能看到程序的运行效果。

如果用 Excel 2003，将“工具/宏/安全性…”设置成“低”或“中”，重新打开本 Excel 文件，并在系统提示的“安全警告”对话框中选择“启用宏”(当设置成“低”时不会出现此对话框)后即可启动本程序。

如果用 Excel 2010、Excel 2012，则打开本文件后在工具栏下方的“安全警告 宏已被禁用”的警告信息中，单击“启用内容”即可启动本程序。

进入 Excel 界面后，单击 1 行 A 至 C 列中的按钮“魔方阵…”，即可启动魔方阵参数设置对话框(可参阅演示效果中的效果图 1：参数设置界面)，从中设定魔方阵的阶数、魔方阵排列速度、魔方阵求和速度，最后单击“确定”按钮启动运算程序，进入自动排列和验证环节。

演示效果

效果图 1：参数设置界面

动态排列和验证魔方阵

参数设置 | 魔方阵简介 | 关于…

魔方阵的阶数

91阶

魔方阵排列速度

超高速 高速 中速 低速

魔方阵求和速度

超高速 高速 中速 低速

确 定

效果图 2：奇数魔方阵动态排列过程

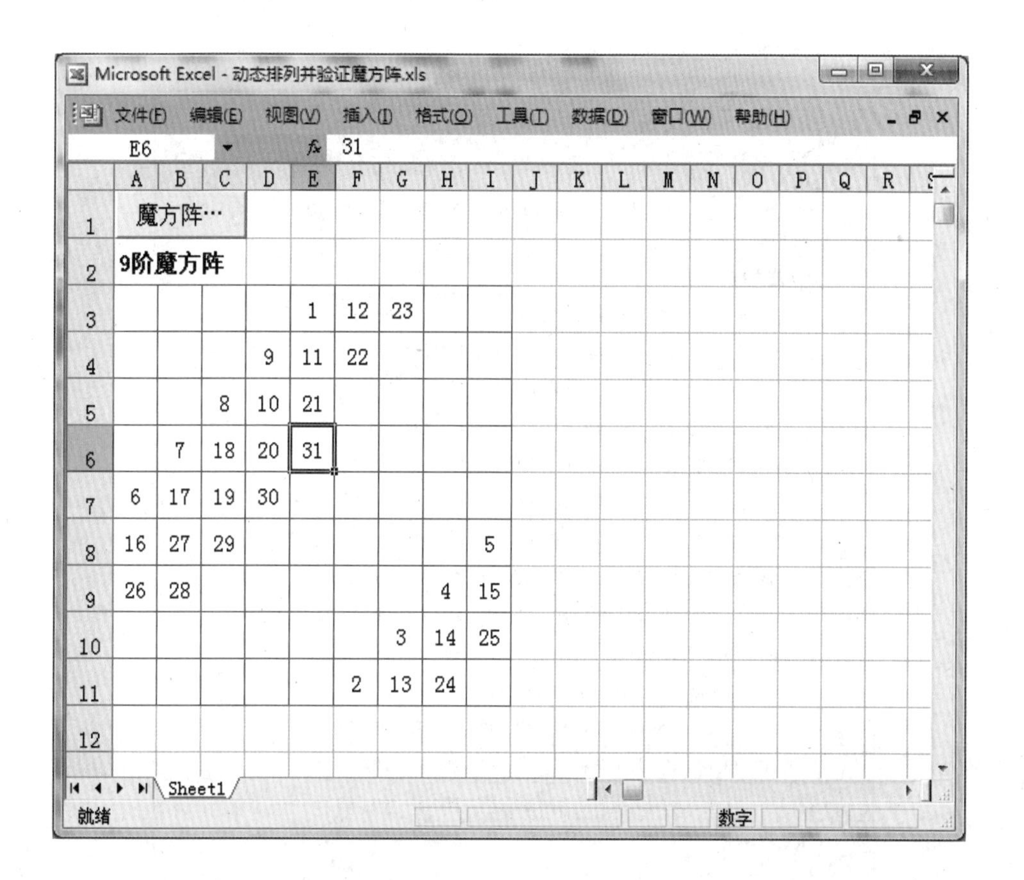

效果图 3：双偶数魔方阵动态排列过程

Microsoft Excel - 新师大：魔方阵的动态排列和验证New.xls

文件(F) 编辑(E) 视图(V) 插入(I) 格式(O) 工具(T) 数据(D) 窗口(W) 帮助(H)

H11

魔方阵…

12阶魔方阵

A	B	C	D	E	F	G	H	I	J	K	L
	2	3			6	7			10	11	
13			16	17			20	21			24
25			28	29			32	33			36
	38	39			42	43			46	47	
	50	51			54	55			58	59	
61			64	65			68	69			72
73			76	77			80	81			84
	86	87			90	91			94	95	
	98	99			102	103		105	106	107	108
109			112	113		115	116	117	118	119	120
121			124	125	126		128	129	130	131	132
	134	135		137	138	139		141	142	143	144

Sheet1

就绪 数字

效果图 4：单偶数魔方阵动态排列过程

Microsoft Excel - 新师大：魔方阵的动态排列和验证New.xls

文件(F) 编辑(E) 视图(V) 插入(I) 格式(O) 工具(T) 数据(D) 窗口(W) 帮助(H)

Q13

魔方阵…

14阶魔方阵

A	B	C	D	E	F	G	H	I	J	K	L	M	N
177	39	48	1	10	19	28	128	137	146	99	108	117	126
185	47	7	9	18	27	29	136	145	105	107	116	125	127
193	6	8	17	26	35	37	144	104	106	115	124	133	135
5	14	16	172	34	36	45	103	112	114	123	132	134	143
160	15	24	33	42	44	4	111	113	122	131	140	142	102
168	23	32	41	43	3	12	119	121	130	139	141	101	110
169	31	40	49	2	11	20	120	129	138	147	100	109	118
30	186	195	148	157	166	175	79	88	97	50	59	68	77
38	194	154	156	165	174	176	87	96	56	58	67	76	78
46	153	155	164	173	182	184	95	55	57	66	75	84	86
152	161	163	25	181	183	192	54	63	65	74	83	85	94
13	162	171	180	189	191	151	62	64	73	82	91	93	53
21	170	179	188	190	150	159	70	72	81	90	92	52	61
22	178	187	196	149	158	167	71	80	89	98	51	60	69

Sheet1

就绪 数字

效果图 5：魔方阵排列、验证结束后的效果

魔方阵…																		2465
17阶魔方阵																		
155	174	193	212	231	250	269	288	1	20	39	58	77	96	115	134	153		2465
173	192	211	230	249	268	287	17	19	38	57	76	95	114	133	152	154		2465
191	210	229	248	267	286	16	18	37	56	75	94	113	132	151	170	172		2465
209	228	247	266	285	15	34	36	55	74	93	112	131	150	169	171	190		2465
227	246	265	284	14	33	35	54	73	92	111	130	149	168	187	189	208		2465
245	264	283	13	32	51	53	72	91	110	129	148	167	186	188	207	226		2465
263	282	12	31	50	52	71	90	109	128	147	166	185	204	206	225	244		2465
281	11	30	49	68	70	89	108	127	146	165	184	203	205	224	243	262		2465
10	29	48	67	69	88	107	126	145	164	183	202	221	223	242	261	280		2465
28	47	66	85	87	106	125	144	163	182	201	220	222	241	260	279	9		2465
46	65	84	86	105	124	143	162	181	200	219	238	240	259	278	8	27		2465
64	83	102	104	123	142	161	180	199	218	237	239	258	277	7	26	45		2465
82	101	103	122	141	160	179	198	217	236	255	257	276	6	25	44	63		2465
100	119	121	140	159	178	197	216	235	254	256	275	5	24	43	62	81		2465
118	120	139	158	177	196	215	234	253	272	274	4	23	42	61	80	99		2465
136	138	157	176	195	214	233	252	271	273	3	22	41	60	79	98	117		2465
137	156	175	194	213	232	251	270	289	2	21	40	59	78	97	116	135		2465
2465	2465	2465	2465	2465	2465	2465	2465	2465	2465	2465	2465	2465	2465	2465	2465	2465		2465

设计思路

用 Microsoft Excel 单元格作为魔方阵元素的排列对象，根据阶数 N 的值先确定它是奇数魔方阵、双偶数魔方阵，还是单偶数魔方阵。

然后用相应类型魔方阵排列布阵的算法找出每个数应放入的位置(单元格)：算法图 1 给出的是奇数阶魔方阵的排列布阵算法，算法图 2 给出的是双偶数阶魔方阵的排列布阵算法，算法图 3 给出的是单偶数阶魔方阵的排列布阵算法(有关算法也可通过单击“魔方阵…”按钮，在弹出的“动态排列和验证魔方阵”对话框中选择“魔方阵简介”选项卡，从中单击“魔方阵算法”按钮可查阅三种不同类型的魔方阵的算法及示例图)。

接着将这些数直接放入对应的单元格，同时将其存放在一个动态的二维数组中的相应行和相应列，以便进行求和验证。

显示过程中通过在代码中选中单元格、单元格加框、单元格加背景色等手段突出显示当前单元格，并通过延时手段控制有关过程的速度，从而达到动态排列和验证魔方阵的效果。

算法图 1：奇数阶魔方阵的排列布阵算法

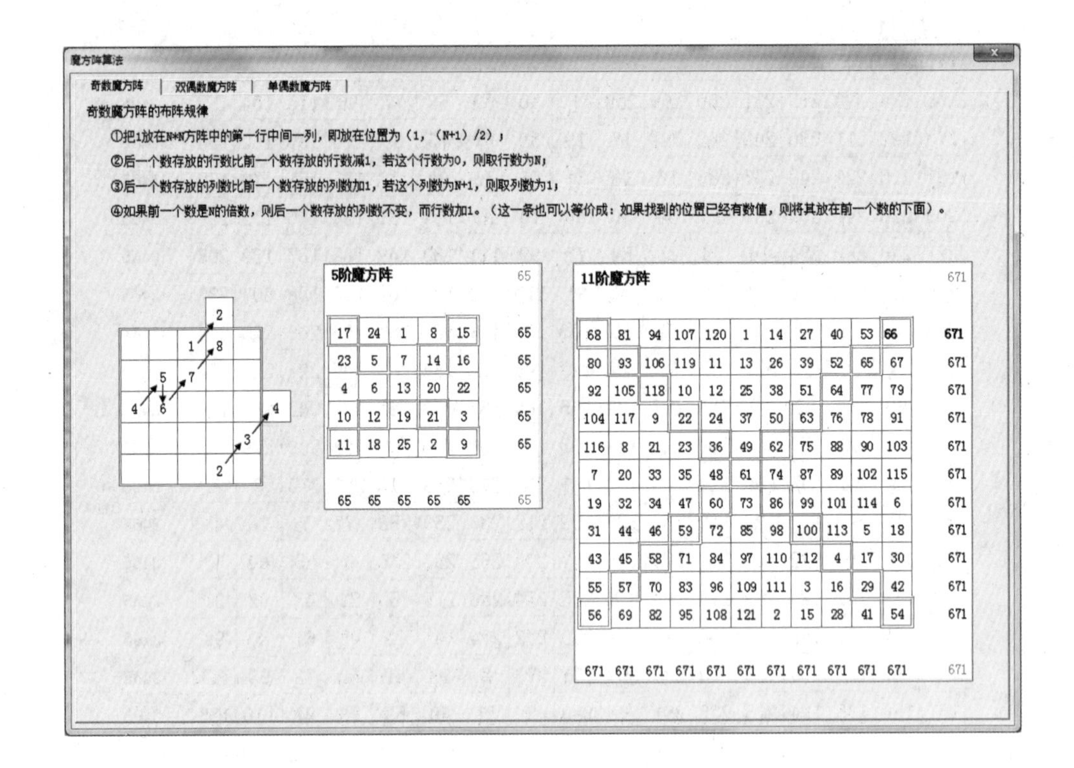

5阶魔方阵 65

17	24	1	8	15	65
23	5	7	14	16	65
4	6	13	20	22	65
10	12	19	21	3	65
11	18	25	2	9	65
65	65	65	65	65	65

11阶魔方阵 671

68	81	94	107	120	1	14	27	40	53	66	671
80	93	106	119	11	13	26	39	52	65	67	671
92	105	118	10	12	25	38	51	64	77	79	671
104	117	9	22	24	37	50	63	76	78	91	671
116	8	21	23	36	49	62	75	88	90	103	671
7	20	33	35	48	61	74	87	89	102	115	671
19	32	34	47	60	73	86	99	101	114	6	671
31	44	46	59	72	85	98	100	113	5	18	671
43	45	58	71	84	97	110	112	4	17	30	671
55	57	70	83	96	109	111	3	16	29	42	671
56	69	82	95	108	121	2	15	28	41	54	671
671	671	671	671	671	671	671	671	671	671	671	671

算法图 2：双偶数阶魔方阵的排列布阵算法

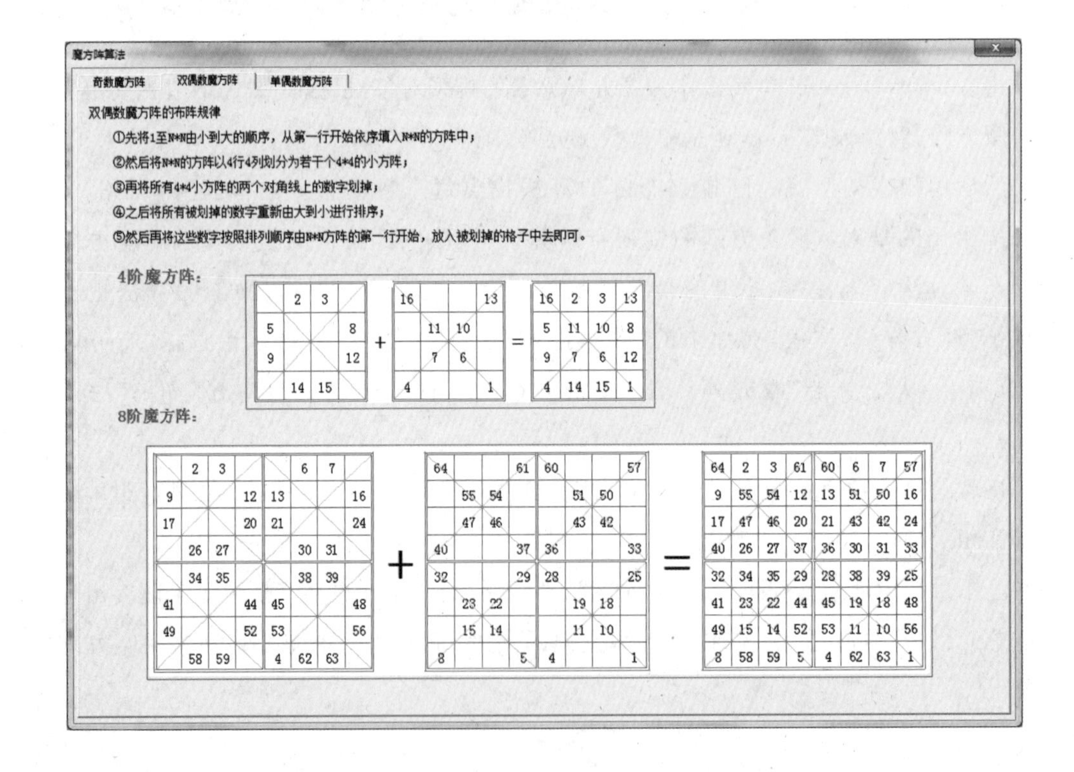

4阶魔方阵：

	2	3			16			13		16	2	3	13
5			8	+		11	10		=	5	11	10	8
9			12			7	6			9	7	6	12
	14	15			4			1		4	14	15	1

8阶魔方阵：

	2	3			6	7			64			61	60			57		64	2	3	61	60	6	7	57
9			12	13			16			55	54			51	50			9	55	54	12	13	51	50	16
17			20	21			24			47	46			43	42			17	47	46	20	21	43	42	24
	26	27			30	31		+	40			37	36			33	=	40	26	27	37	36	30	31	33
	34	35			38	39			32			29	28			25		32	34	35	29	28	38	39	25
41			44	45			48			23	22			19	18			41	23	22	44	45	19	18	48
49			52	53			56			15	14			11	10			49	15	14	52	53	11	10	56
	58	59		4	62	63			8			5	4			1		8	58	59	5	4	62	63	1

算法图 3：单偶数阶魔方阵的排列布阵算法

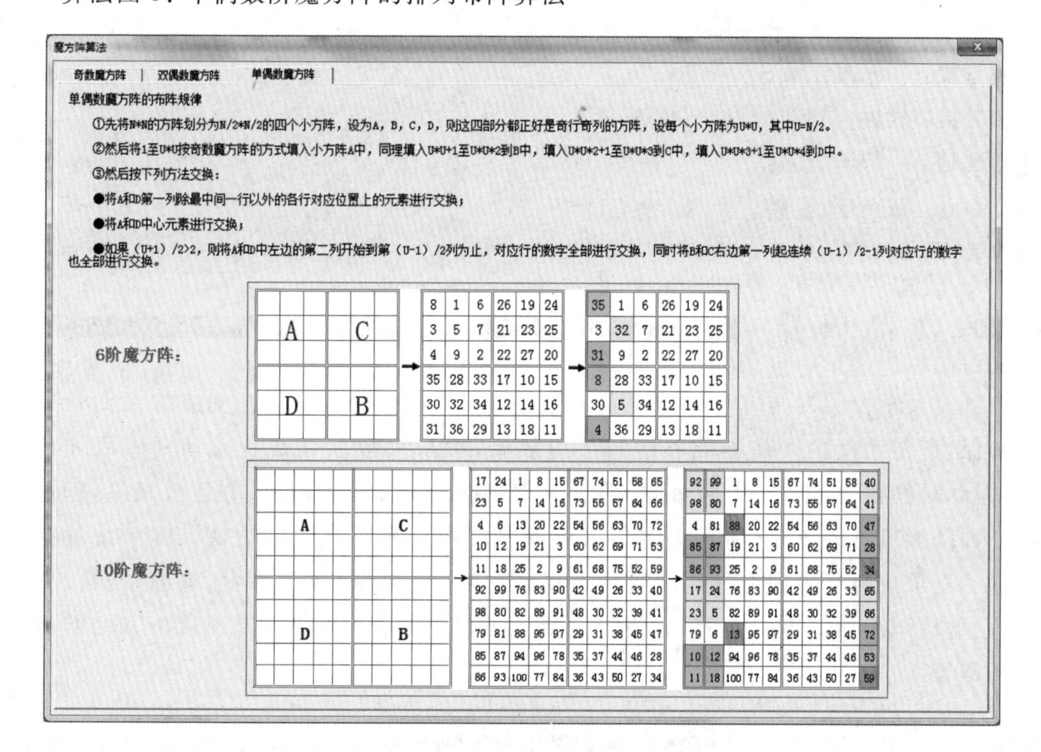

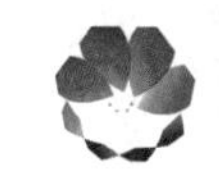

设计重点与难点

重点：

魔方阵中每个元素的位置计算，排列和验证过程的动态呈现。

难点：

如何计算出每个元素的位置，如何通过位置计算出单元格的名称，如何突出显示当前填写数值的单元格，如何呈现动态效果。

【14696】 | 伊卡通

参赛学校：华东理工大学

参赛分类：软件应用与开发|数据库应用

获得奖项：一等奖

作　　者：戴新宇、郝诗源

指导教师：胡庆春

作品简介

目前大学校园内传单与票券需要大量的纸张与油墨，这一项开支非常大而且非常不环保，宣传力度也往往不能够达到预期效果，参与人数往往要到活动开始后才能知道，但此时往往要么就是人数太少，要么人太多而没有座位，场面往往比较尴尬，因此急需一种既能节省开支，又能扩大宣传力度而且能统计参与人数的方法。本系统就是由于这一需求进行开发研究。同时以同一系统（伊卡通系统）多个平台（桌面、网页、移动端）涵盖校园生活的方方面面，方便校园活动的推广，大大节省对传统宣传方法的劳动力开销等。

安装说明

网页版地址：http://nns.daixinyu.com。

微信端公众号：万能小花（直接关注即可）。

客户端软件安装：

需 Windows 7 开 AERO 效果下运行，Vista，Windows 8 可能存在兼容性问题。

1. 首先安装 Windows 7 TTS 补丁。

2. 本例中客户端有 8 个版本，四种不同管理权限的客户端以及对应的 32 位 64 位版，直接双击对应版本安装包就可直接进行安装，每一不同权限的版本仅会安装一种，32 位或 64 位（自动进行选择），由于服务器已在运行，因此安装完成后即可使用。

3. 注意：首次使用需要注册账号，由于申请的账号为普通用户，现提供管理员账号：

用户 ID：10000018

密码：123

此账号可以登录任意版本。

4. 由于已接近本学期尾声，服务器开放时间：缩减至工作日 8:00～14:00，12 月月底将会进行停机维护，后期维护将会在系统内通知。

演示效果

公众号：万能小花

回复菜单可以查看到主菜单。

并根据提示可注册修改绑定伊卡通账号，以下为部分功能。

万能小花
回复2:账户信息
回复3:热门活动
回复4:选票系统
回复5:选座系统
回复6:通知信息
回复7:功能介绍
回复8:留言建议
发送'菜单'返回主菜单
22
发送'1'以继续，其他以中止
发送'菜单'返回主菜单
1
关联伊卡通平台账号成功
发送'菜单'返回主菜单
区大活800人 2014年10月30日
发送'菜单'返回主菜单
1
选座入口
5月29日
伊卡通
ECUST'S HELPER
点击进入选座
查看全文

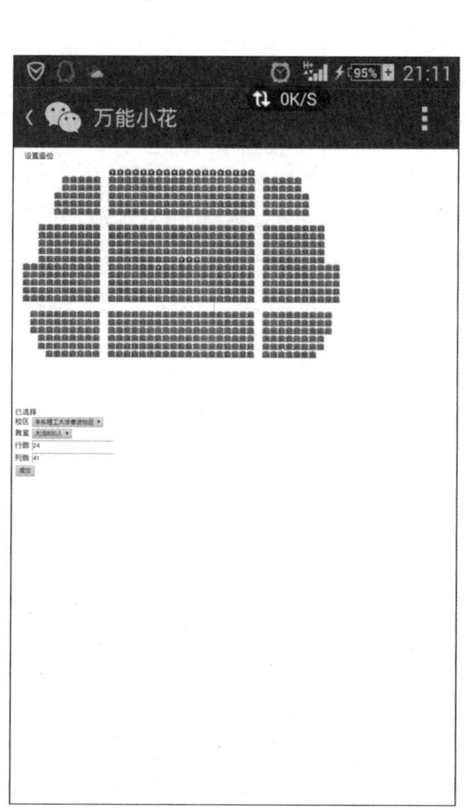

万能小花

客户端：

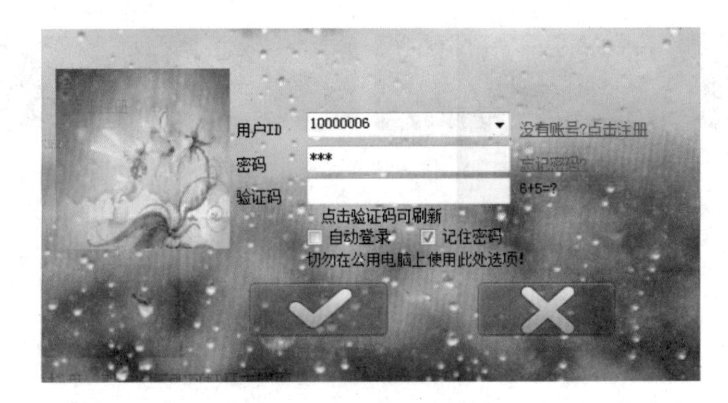

登录界面：

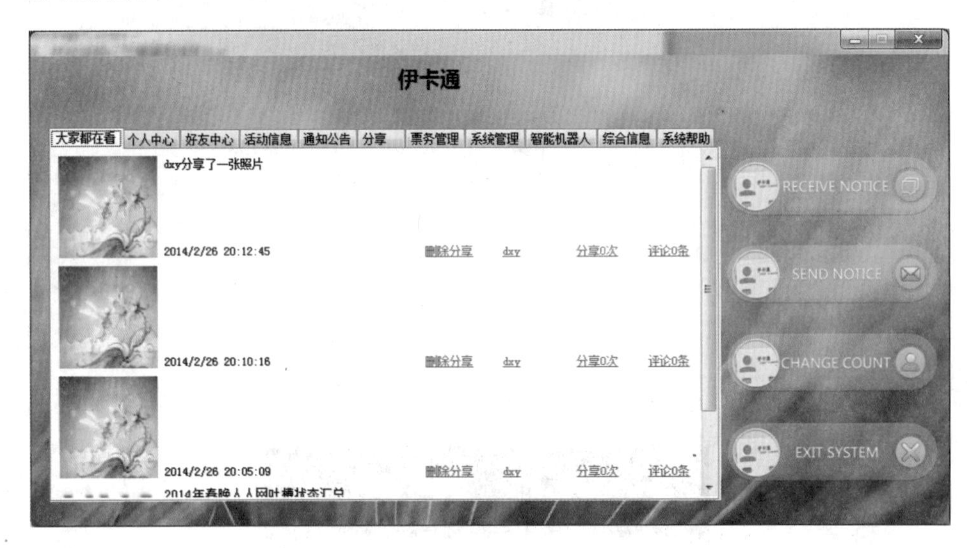

主界面：

百度云已上传完整的使用说明书，以下为客户端功能表。

	超级管理员	普通管理员	通知发送者	普通用户
超级管理员客户端	√	—	—	—
管理员客户端	√	√	—	—
发送者客户端	√	√	√	—
普通客户端	√	√	√	√
查看分享	√	√	√	√
上传头像	√	√	√	√
修改个人信息	√	√	√	√
传送文件	√	√	√	√
查看个人信息	√	√	√	√
即时聊天	√	√	√	√
添加好友	√	√	√	√

续表

	超级管理员	普通管理员	通知发送者	普通用户
搜索好友	√	√	√	√
座位管理	全局管理	全局管理	仅可管理已持有教室	仅自己
用户管理	√	仅查看,(解)冻结,强制下线	仅查看	—
聊天机器人	√	√	√	√
系统通知	√	仅查看	仅查看	仅查看
发布分享	√	√	√	√
发布选票	√	√	√	—
管理选票	√	√	√	仅自己已选票
综合信息查看	√	√	√	√
查看座位	√	√	√	√
发布通知	√	√	√	—
创建修改教室	√	√	√	—
发布选座	√	√	√	—
修改用户权限	√	仅可修改低权限用户	仅可修改低权限用户	—

备注：可能会随着版本的变化而有所改变。

设计思路

本项目拟采用主要架构是：数据库作为服务器端的核心，服务器与客户端之间通过socket TCP协议通信；数据库作为后台支撑的主力，由服务器直接操作数据库。管理程序并不直接操作数据库，而是以客户端的身份加入系统，但拥有超级管理员权限。因此可以通过特定版本的客户端向服务器发送指令，服务器再进行操作，这种方式来进行后台的维护和管理。这样就使得管理人员减少对数据库的误操作，并且容易灵活配置各个用户的权限和管理人员，做到数据与前后台相隔离。同时数据库的超级账户也可只有代码级维护人员知道，减少被危险攻击的次数。

聊天服务器与普通服务器的结构相一致，减少重复布置，服务器可以并行布置，可以每一服务器只对应一种功能(本例中聊天服务器与通用服务器相一致，为聊天模块独立后的例子，其他任何功能模块都可参照聊天服务器进行独立)。这样做的好处是可以增大同时登录用户数，并且改善前台的响应等待时间，而进行这些改善只需变动服务器的端口号以及将对应功能模块所使用的客户端连接改为对应端口号即可，十分便于扩容。

服务器为手机客户端，电脑客户端，网页服务器的通用接口，它只向外提供某一操作的接口，并且可以作为开放平台的接入口，开放平台可以通过这些接口实现更多的功能。

网页服务器亦通过客户端的通用接口连接到服务器进行操作，整体系统框架上力求做到通用型，同时在服务器上做了一定的防止针对数据库特有的安全性攻击代码的防御，亦对客户的用户密码，票务以及选座系统进行了加密，防止未经授权人员的恶意修改。

数据库采用了16张表来完成本系统的数据支持，客户端桌面软件分为四种权限版本，四种权限能够对应不同不能和个人达到权利的平衡，同时又精简了一些不必要的功能模块。本系统同时对外提供二次开发的接口和SDK,以便后续平台功能的扩充。网页版基于桌面端的接口和SDK进行简化,仍然通过Winsock接口封装的形式提供基本的功能,并在未来将丰富其功能。微信端为全新开发的平台,也使用了Winsock封装的模块,但是大大简化了代码,提高效率,为微信平台进行了量身定制。

目前客户端桌面软件能够提供完整的功能和管理模块,网页和微信端能够提供完整的普通权限用户的基本功能。同时微信端能够灵活修改,其菜单命令是由服务器动态生成的。

服务器端包含:

数据库(SQL Server)。

与数据库对接的综合通用管理模块,将所有的指令功能等进行Winsock封装,保证数据资料的隐私和数据库的安全性。

微信和网页版。

所有的模块都可以在不同的服务器上运行,只需要配置相应的IP地址或域名即可。

客户端包含:

浏览器下的网页版。

微信客户端下的"万能小花"。

无纸化传单系统客户端(基于.NET,发布传单,统计选座情况,进行传单选择及座位选择等)。

系统结构图:

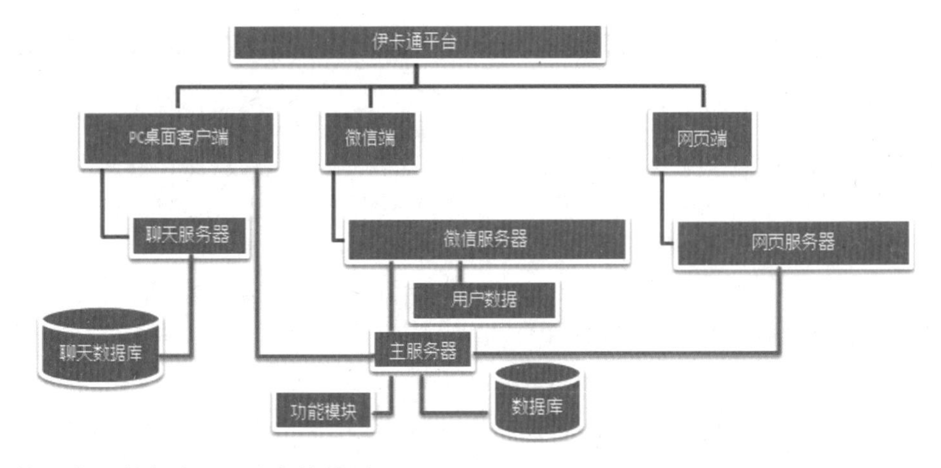

数据库比较复杂,下图为简易图:

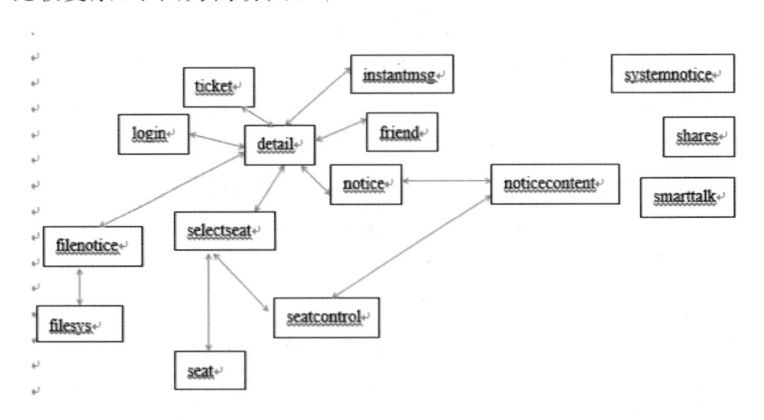

设计重点与难点

一、智能机器人算法。

二、即时聊天的算法。

为了达到服务器节省资源的目的，聊天采用了双服务器的解决方案。

1. 通用服务提供所有后台所需数据，以分钟为单位，即每一次请求数据即带回一个是否有新聊天的判断标志位。

2. 判断标志位若为0，则继续等待下一个判断标志位。

3. 判断标志位若为1，则启用聊天管理，即检查是否已打开聊天进程，即已经启用聊天进程，若为真则丢弃标志位，若为假，则将当前聊天消息来源信息进栈执行4。

4. 启动聊天进程，向聊天服务器发送一个请求，返回消息内容。

5. 聊天进程启动后，将以秒为单位向服务器发送请求。

6. 发送消息与接收消息为单工。

7. 退出聊天后，将向聊天管理发送一个请求，将当前聊天消息来源出栈。

8. 聊天服务器不再请求，直到聊天进程再次启动。

三、界面UI算法。

采用4个主线程(每个线程带2个指令缓存区)，4个通用线程(每个线程带2个指令缓存区)以及1个等待线程(带1个指令缓存区)。

4个主线程只负责界面的4个按钮的动态显示，使得动态显示与其他隔离，体验更流畅，同时采用了一些算法避免系统资源过度消耗。

1. 在人感觉到延迟和无延迟之间找到一个毫秒临界点，以这一临界点将每个线程逐一休眠。

2. 设定两个缓存区，用来存放当前动态显示指令和下一个动态指令。

3. 每个休眠结束，判断当前指令缓存区是否为空，若为空，则将下一个动态指令缓存区的内容复制到当前指令缓存区，同时置下一个动态指令缓存区为空。

4. 判断当前指令缓存区是否为空，若不为空，则调取显示特定的动态效果。

5. 显示完成后则将当前指令缓存区置空。

6. 系统休眠。

7. 重复以上2～6。

8. 当按钮需要显示动态时判断当前指令缓存区是否为空，若空，则将指令写入缓存区，若不为空则写入下一个指令缓存区。

4个通用线程采用以上相类似的算法，但是其指令是通用的，即在每个小选项中，通用线程用来动态显示当前页面的按钮动态效果，因为每一页的按钮是有限的，当每一页显示时，其他页并不会显示，因此无需每个按钮一个线程，只需一定的通用线程即可。

1个等待线程每隔1秒取指令缓存区的指令，并判断是否显示等待界面，若等待界面被显示则需要等待指令缓存区的特定结束指令才关闭等待界面，进入休眠阶段，若未被显示则直接进入休眠阶段。

四、安全关闭退出的算法。

五、系统整体结构算法。

1. 服务器采用通用型,可以很容易的进行扩容。

2. 服务器已设置数据库注入攻击防护措施。

3. 服务器指令解释与数据分开,数据可以方便的扩容或升级。

4. 服务器采用表的形式,数据互不干扰且一个客户端独立成一个独立的线程。

5. 服务器与客户端采用特定格式的指令字控制,通用性强,兼容网页,移动端,PC 端同时使用。

6. 构成开放平台,可以兼容任意满足开放平台 api 的各种系统。

7. 客户端实现使用封装,可以作为二次开发的 api 函数库,为其他开发人员打下坚实的基础。

8. 平台的可扩展性好,方便其他兄弟院校等进行二次开发和定制。

9. 其他界面与后台分为 2 个线程,使用户体验无卡顿。

10. 考虑到系统占用率问题,程序已设定在后台每次请求后自动进行清理,释放系统资源。

六、对于性能的优化。

本系统经过四次系统优化,做到尽可能小的系统资源的开销。

第一次优化:(前一数据为 CPU 占用率,后一数据为内存占用率)

NNS.vshost.exe *32	戴新宇	24	47,856 K	vshost32.exe

第二次优化:

NNS.vshost.exe *32	戴新宇	13	48,736 K	vshost32.exe

第三次优化:

NNS.vshost.exe *32	戴新宇	00	47,684 K	vshost32.exe

第四次优化:

NNS.vshost.exe *32	戴新宇	00	2,544 K	vshost32.exe

* 以上数据均为登录后后台空闲时的数据。

七、在系统实现中,底层传输大文件的实现是一个关键问题,需要进行拆分组合。

八、全局使用对关键字进行过滤,使得关键字不会影响指令的解释,同时关键字在用户看来也是透明的,即我发送什么就显示什么,对数据进行过滤以及反过滤,避免因为关键字的屏蔽而使得用户发送的数据出错或信息与原文不符。

九、网页的 AJAX 实现。

十、微信平台的动态数据生成与菜单的动态编辑生成。

【14708】 | 高校生活模拟软件——电院“星”学记

参赛学校：上海电力学院

参赛分类：软件应用与开发|数据库应用

获得奖项：一等奖

作　　者：沈庆阳、张建、章海文

指导教师：杜海舟、叶文珺

作品简介

本软件是面向所有的大一新生开发的一款模拟真实电院生活的软件，本软件以真实的电院地图为素材，所以通过这款软件，学生可以事先对大学校园有一个初步的了解，并且可以在软件中通过做任务、赢成就等了解大学生活的丰富多彩；此外，软件中的事件都与自己的各方面的属性密切相关，大学四年结束时根据自己不同的属性会对每个学生做出综合评价，所以通过本软件对大学生活的模拟，学生可以对自己大学生涯有一个初步规划，帮助许多充满困惑的大一新生尽快融入大学生活中去，减少许多因为困惑而浪费的时间，让他们的大学生涯充满意义。

安装说明

1. 安装 Unilive.exe 前请先安装 RPG maker。
2. 安装 dotNetFx40_Full_x86_x64.exe。
3. 根据系统选择安装 x86 或者 x64 位安装包。

演示效果

1. 在主界面中，我们显示了玩家的树形。并且用直观的雷达图表现不出来。主体地图我们使用的是校园的实景地图，增加了代入感的同时还能够让新生快速适应我们的校园。

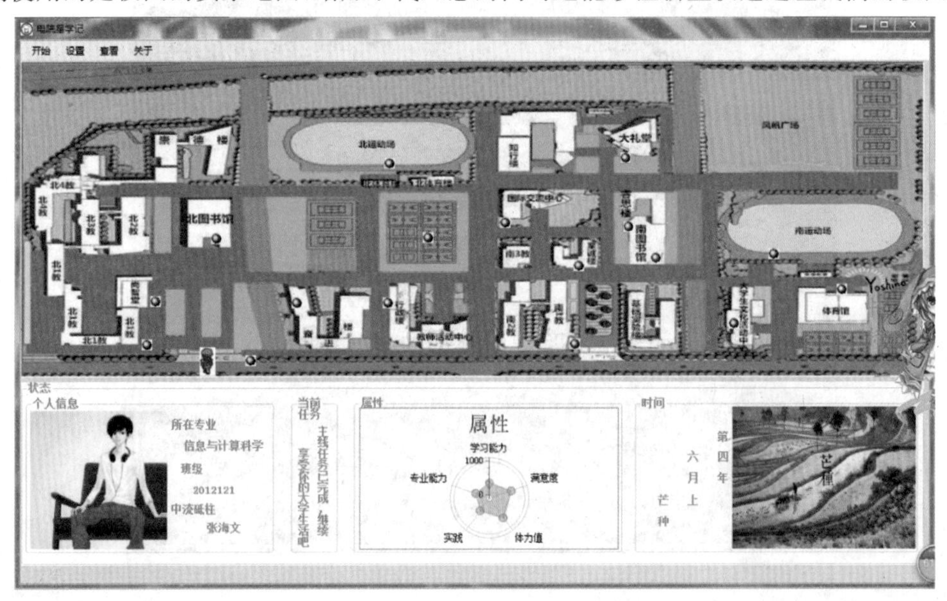

上方有菜单栏，通过菜单栏，新生可以进行设置，通过鼠标单击可以完成游戏的读取、保存、背景音乐开关以及荣誉系统的完成情况，以及在游戏中的校园经理和成就，通过这些详细了解自己的模拟校园生活。

2. 荣誉系统，为了增加游戏的趣味性以及挑战性，我们设计了荣誉系统，新生在游戏过程中的操作会影响游戏中的属性从而获得各项成就，这样既让新生有兴趣玩下去，也可以通过新生所获的荣誉来评价新生的校园生活。

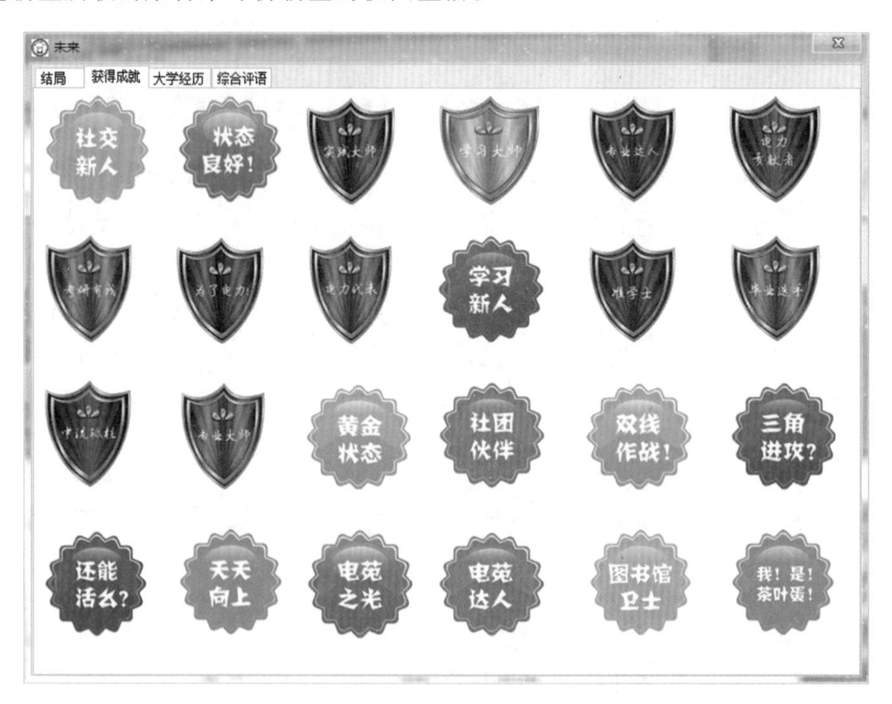

3. 游戏界面，这里我们使用了 RPGmaker 软件设计了校园的建筑，这样最真实地还原了我们的校园建筑结构，应对我们的初衷就是让新生适应我们的校园，因此这些地图都是我们实地采集信息并且一点点详细设计出来的，结构与校园中一致。

4. 成就系统，在每个建筑中我们都设计了隐藏的成就，获得成就可以获得更多的成长以及属性的加成。

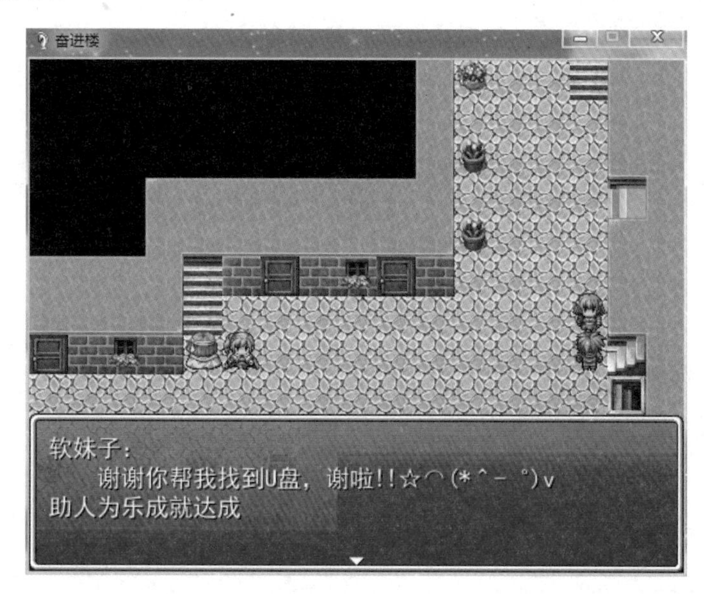

5. 综合评语，当新生完成了四年的模拟生活之后，我们相信他对于校园中的各个建筑已经了然于胸了，同时我们也收集到了新生在校园中的经理，通过雷达图属性的比较，成就获取程度的查看，我们会对每个新生提出个性化的评语，为了能够让新生对于大学生活有一个更进一步的认识和了解。

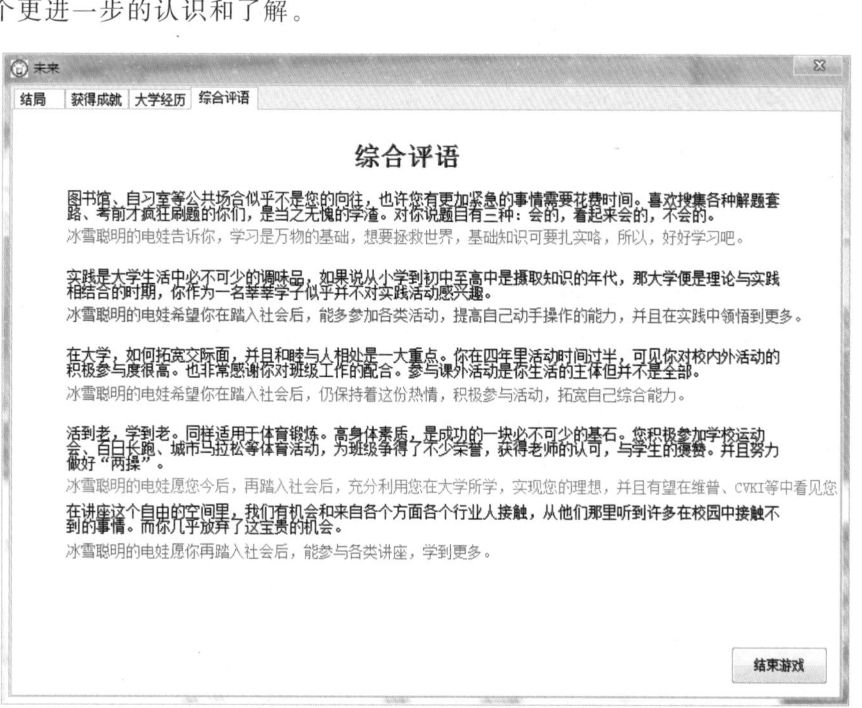

6. 在最后，新生可以通关过圆柱图和表格看到自己的经历，与之前的评语相结合，了解自己在模拟生活中的不足或者经历会对着自己的影响，从而达到树立正确的大学观的目的。

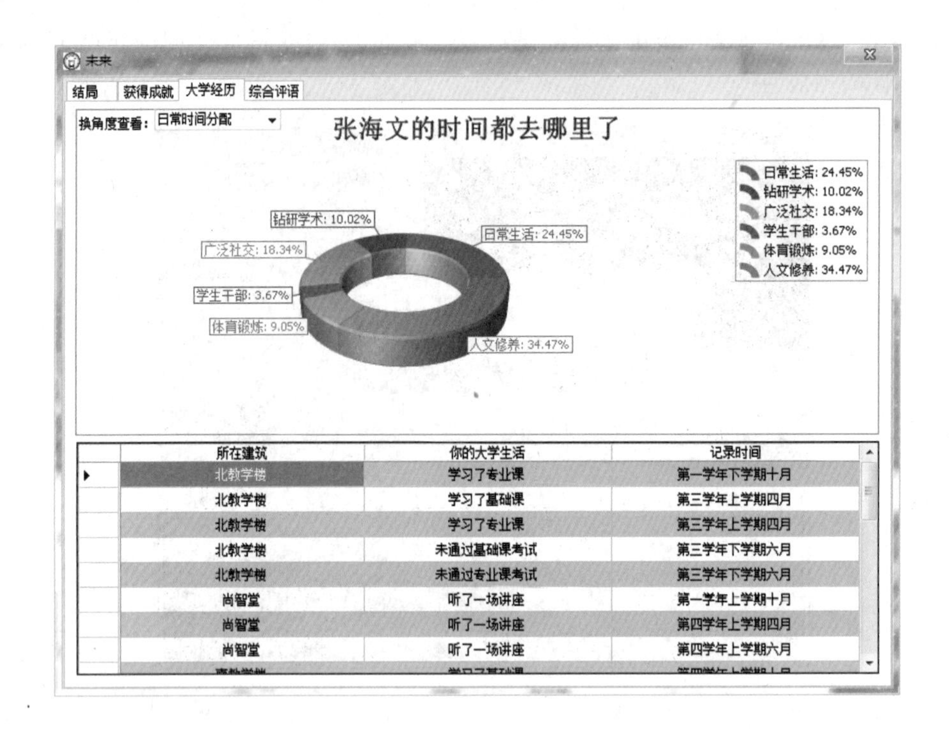

设计思路

首先，我们在游戏情结上模拟大学四年的校园学习、生活，并设置 26 条主线任务让新生快速熟悉校园建筑和日常生活，通过学术、实践、满意、专业、体育五个属性以及最终评分、成就来评价学生的综合素质。

其次，在模块的划分上我们主要是通过建筑来划分各个子模块。

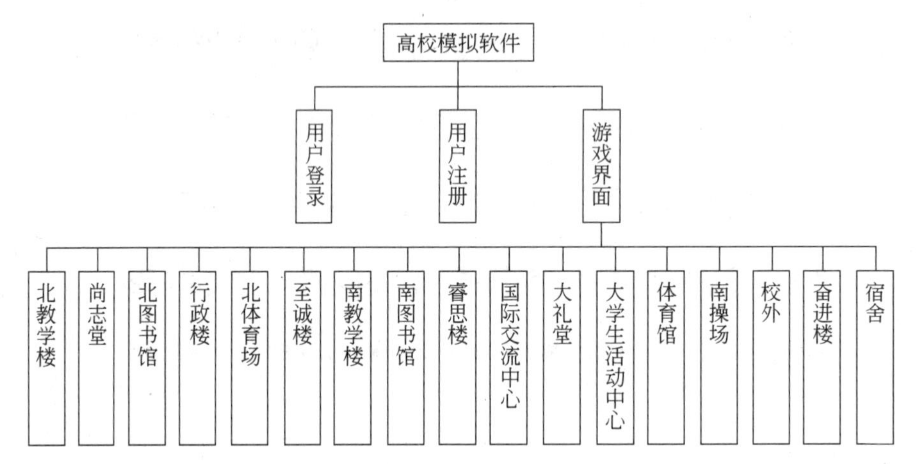

在软件开发设计方面，我们整体游戏框架开发使用 C#.NET 开发平台，具体游戏情节及建筑内部使用学生喜爱的角色扮演游戏软件开发，数据库采用桌面型 Access 数据库，为了便于单机安装、使用。

在大学四年时间结束后，系统会根据玩家的属性以及荣誉点数的加权平均值来判断玩家的大学模拟成果，玩家分别有可能会获得平凡结局、学习大师结局、专业大师结局、实践大师结局或者综合结局，其中各项权重为 3(学习)∶3(实践)∶3(专业)∶1(荣誉点数)。

系统会给玩家一个综合评定，给出一些合理的发展意见，如进行考研，创业，或者出国留学等，并以视频的形式附上学长的一些箴言。

设计重点与难点

1. 重点难点

设计的重点在于通过游戏这种放松的方式让新生快速适应校园的环境，同时了解到大学生活和原先高中生活的不同，使得新生不会荒废大学生活。因此我们使用了校园的实景地图增加代入感，并且使用学生比较喜爱的角色扮演游戏来增加趣味性，同时在游戏过程中收集玩家的操作记录，通过比对分析完成对新生模拟生活的评价，让新生明白在大学中应该做些什么。

2. 关键技术

我们使用了 ASP. NET 设计了主要页面，使用 RPG maker 设计了各个建筑的场景，并通过实地的走访和信息采集做到了建筑结构与真实校园场景一致。

在这里我们实现了 ASP. NET 与 RPG maker 的信息传递，并且入库的操作，实现了 Access 数据库与 RPG 内部数据库的数据交互和传递。

3. 作品特色与优势

这个软件主要有以下几个创新点。

首先，我们做到了将高校四年的生活学习与模拟游戏结合。同时我们还将正确的大学观、学业生涯规划融入游戏，潜移默化的影响玩家的思想。

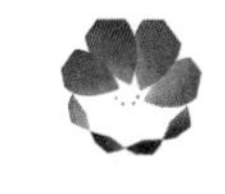

其次，在开发过程中，我们将. NET 技术与传统 RPG 游戏相结合。两种截然不同的开发技术之间实现了自由交互数据、共享数据、无缝结合。

最后，通过游戏模拟高校生活，最终提供给每个学生一个个性化的评语以及今后发展的建议。从而更加有力的引导学生树立正确的人生观。

【14762】 | 知了网

参赛学校：吉林大学

参赛分类：软件应用与开发|网站设计

获得奖项：一等奖

作　　者：张昊知、张晗、张永涛

指导教师：徐昊、邹密

作品简介

“知了网”是为了方便社交而开发的“地图社交类”手机网站，它的主要功能是提供一个网络可视化平台，以最直观的载体——“地图”将每个地点、每个事件展示出来，实现活动的发布和参与。使用 HTML5+CSS3 前台设计以及直观的 3D 模型展示，并与微信公众平台以及手机客户端 App 对接，让校园活动变得更加丰富多彩！

安装说明

本站需在 ASP+Access 环境下运行，在浏览器中直接打开即可。

演示效果

一、主页效果图

打开“知了网”首页后，即可看到如下功能选项——“发布活动”“参加活动”“空教室查询”“花藤找活动”。

返回　群聚精彩，共享盛事　…

发布活动　参加活动

空教室查询　花藤找活动

第一次来？看看这里>>>

图 1　“知了网”首页

二、功能效果图

1. 发布活动

发布活动第一步是在地图上选择活动发布的地点，在菜单或屏幕底部还可以选择自行输入活动地点功能。

图 2　发布活动——选择活动地点

在选择活动发布的地点后，活动发布的地点会以 3D 模型的方式展示在用户面前（同时会向用户展示建筑内景图）。

图 3　发布活动——3D 模型展示

图 4　发布活动——建筑内景图

继续发布活动流程，即可输入活动的详细信息，包括具体地址、活动名称、活动描述、活动的开始及结束时间和活动发布者的手机号码，填写完毕后即可成功发布活动。

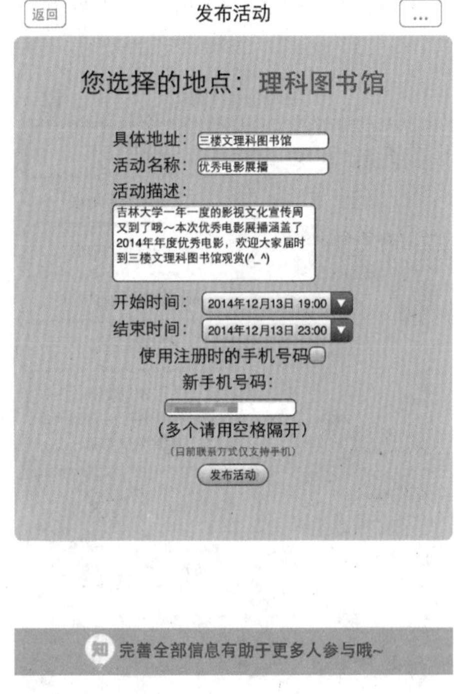

图 5　发布活动——填写活动信息

P.S 用户同样可以通过微信公众平台发布活动，关注微信公众号 ZLiaoJLU（知了），输入“发布活动”，即可引导用户进入发布活动流程，按提示即可轻松完成活动的发布。

图 6　发布活动——微信公众平台

2. 参加活动

在知了网首页选择“参加活动”功能，即可查看所有即将开始的活动列表；选择“想去”，即可收藏活动；选择“要去”，即可报名参加活动。

3. 空教室查询

在知了网首页选择“空教室查询”功能，即可自动获取当前北京时间，并从教务系统中查询并列出吉林大学校园内各教学楼在当前时间的使用情况（包括经信教学楼、逸夫教学楼、萃文教学楼、第三教学楼、李四光楼），上自习前查一查，可以省去寻找空教室的时间，单击各个教学楼的名字，还可以立即发起“上自习”活动，找个帅哥/妹子一起上自习。

4. 花藤找活动

“花藤找活动”功能可以根据用户当前的地理位置信息，列出用户附近正在进行的活动列表，精美的UI设计以及线性操作布局，将用户体验提升到极致。

图7　参加活动

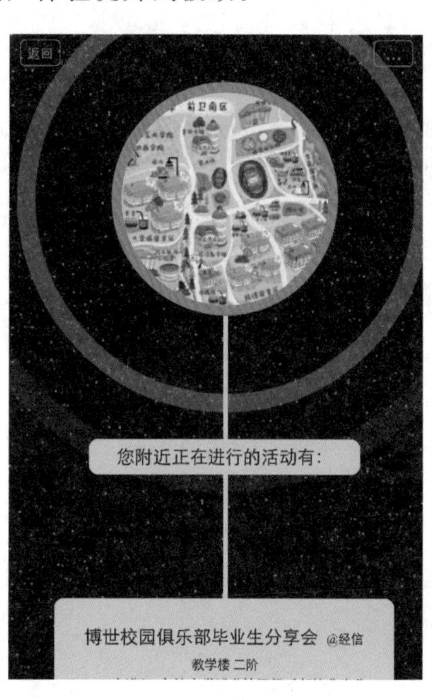

图8　花藤找活动

三、宣传网页效果图

图9　宣传网页效果图

设计思路

"知了网"以为大学生提供方便，丰富大学生校园生活为起点，打造出在线活动发布与参与的信息平台，把活动社交放到地图上，并提供实体建筑立体3D展示，把活动信息直观地体现出来，并且与微信公众平台实现了完美对接，极大地为大学生的校园互动提供了便利。

设计重点与难点

1. 网站前台设计

网站前台HTML5＋CSS3动画设计，将用户体验提升到极致，并且使网站具有App的风格，方便了客户端App的整合。

2. 3D模型展示

建筑物的3D模型展示，将活动地点直观地展示给用户，极大地规避了用户寻找地点时遇到的困难。

3. 微信公众平台及客户端App

微信公众平台以及客户端App与网站的对接，使用户使用网站的途径更加多元化、便利化。

4. Geolocation API的使用

在网站和客户端App中使用了Geolocation API，在用户允许后，可以获得用户的地理位置信息，以便花藤找活动等功能的使用。

5. 交互式菜单设计

网页中的多处菜单使用了交互式设计，在用户单击、长按、双击时会激活不同的功能，同时会为用户提供反馈，使用户使用过程更加流畅。

【14810】 | STROKE 拯救中风

参赛学校：第二军医大学

参赛分类：微课与课件|其他课程课件

获得奖项：一等奖

作　　者：陆柏辰、张汝金、徐铮昊

指导教师：郑奋

作品简介

该作品，通过将三维多媒体与临床教学有机结合设计而成的多媒体课件，理念新颖，将教学与多媒体大胆结合。在制作本课件的之前，参赛组成员走访了上海市 320 户老年人家庭，调查得知“脑中风”的相关信息是大众所缺乏了解的；同时，我们对本年级 500 名在校学生进行调查，发现“脑血管疾病”相关课程授课老师讲授理解不深，因此课堂效率不高，同学们对知识掌握不牢固。居于以上两点，参赛组选题为“脑中风”。设计本课件，加入新颖并赋予交互性的临床医学课程内容，寓教于乐，目的在于没有医学基础的群众可以在操作本课件的同时了解脑中风，远离脑中风，同时为每一名医学生的专业学习带来与众不同的课堂。

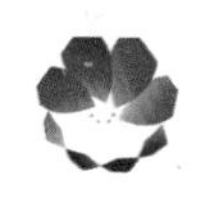

安装说明

解压 JSJDS2014-14810-Stroke 拯救中风-教学课件. Zip 后打开“Stroke 拯救中风. exe”，即可使用 Stroke 拯救中风教学课件。

演示效果

1. 动画设计

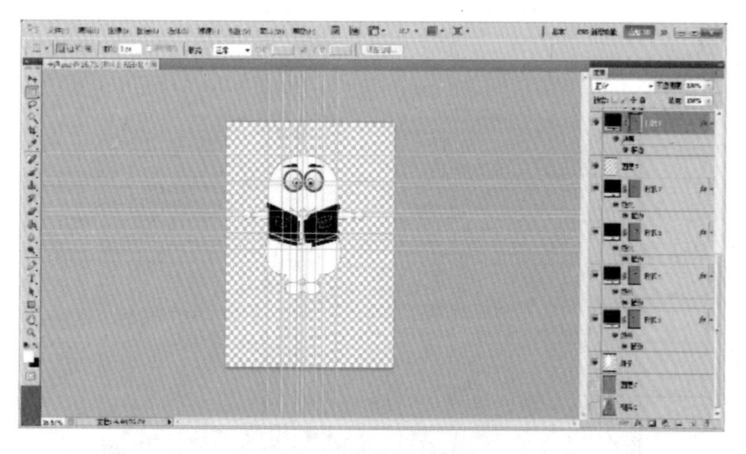

图 1　人物设计图

图 2　人物设计效果图

图 3　Maya 2012 设计界面

图 4　渲染效果图

图 5　After Effect 渲染整合界面

图 6　Premiere 修正界面

图 7　Audition 3.0 音效合成界面

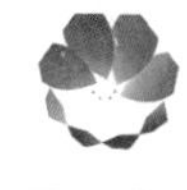

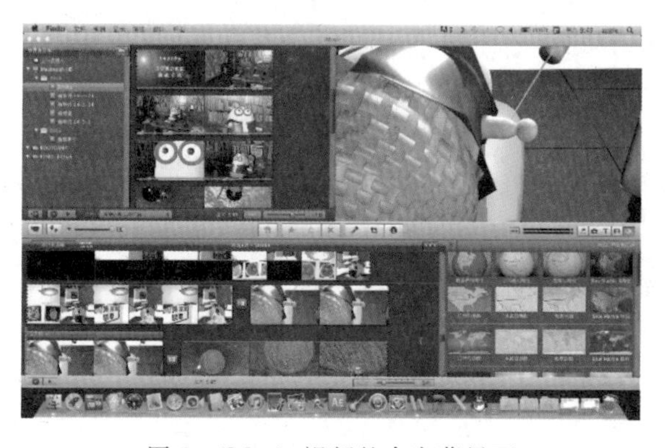

图 8　iMovie 视频整合字幕界面

2. 3D 教学设计

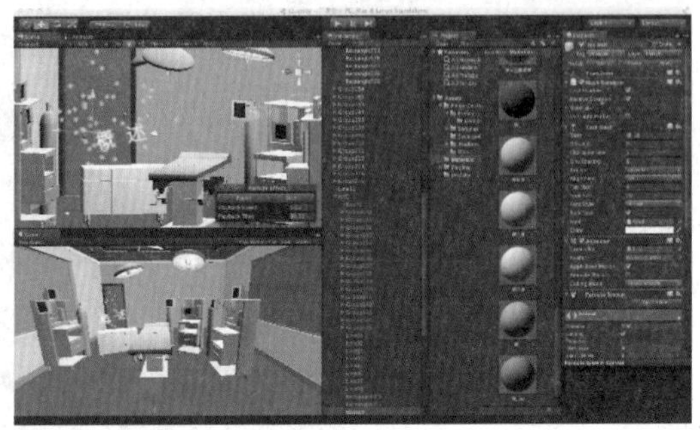

设计思路

1. 选题

参赛组成员走访了上海市 320 户老年人家庭，调查得知“脑中风”的相关信息是大众所缺乏了解的；同时，我们对本年级 500 名在校学生进行调查，发现“脑血管疾病”相关课程授课老师讲授理解不深，因此课堂效率不高，同学们对知识掌握不牢固。居于以上两点，参赛组选题为“脑中风”。

2. 选择软件

“课堂其实也是另一个游戏场”，这就是我们在课件技术方面的设计理念。

大家在打游戏的过程中亲身体会印象深刻，所以我们大胆创新，使用游戏制作软件 Unity 3D，并配合 3D MAX 的建模基础，将整个课件的制作整合，并且编写 C# 与 Java 代码达到操作过程的切换及各类效果。动画方面，由于 Maya 完美的光影渲染效果，我们选择 Maya 2012 制作视频动画，并使用 Audition 为其配乐，最后使用 After Effect CS 5 将整个动画完成。

3. 创新与推广

设计原创 3D 病例动画，大胆使用 Unity 3D 此款软件，将平面的神经解剖立体化便于认知和记忆。增加了整个教学的趣味性及可操作性，加大了同学预习和温习效果。同时由于软件的选择，此软件还有向移动终端移植的前景。

设计重点与难点

1. 动画设计

病例动画方面，办公室的场景中，我们每个物体逐个建模，同时使用了日光、体积光、点光源、射灯、折光板，从而达到办公室明亮大方的氛围。我们将硬件渲染和软件渲染相结合，软件渲染弥补了硬件渲染造成的辉光缺失效果，而硬件展现完美的阴影效果。血管场景中，我们加入了粒子动力学和粒子替代技术，调整粒子的发射速度，旋转角度以完成血细胞的发射，通过粒子与血栓模型的碰撞设置，完成血栓形成后血液阻滞的效果。通过分层渲染使得渲染工作可以分配给多台电脑进行，提高工作效率。我们用 Maya 2012 共渲染出了 10313 帧图片序列，在渲染过程中使用了 6 台酷睿 i7 处理器，8G 内存的高配台式电脑，以及 4 台高配笔记本电脑，并经过了共计 170 余小时的渲染。我们选取了 12 段音乐和声效，进行了单轨多轨共同编辑，调节声相和声调，达到整体混响的完美的配乐。最终使用 after 添加如闪光、光晕、镜头震动等一系列复杂特效完成视频整合。

2. 教学设计

【教学方面】

原创动画，主人公为什么会晕倒？他应该怎样治疗呢？这种让同学带着问题进入学习的方式是我们在三年的专业学习中探索和创新的结果，将“老师讲同学听”的填塞式教育模式转变成启发式教学法(PBL)，让学生成为课堂的“主宰者”。

带着问题，我们进入主界面，主界面为手术室样式，既给医学生一种亲近感又有一种归属感，对于学习阶段的同学手术室充满好奇，增强了其操作欲望。

我们单击进入概述部分，医学专业的概念通常非常抽象，根据我们的学习经验，具有推理逻辑性的概念是容易被理解并记忆的。所以，我们将本课件涉及的概念整理成推理样式，并对每一步推理都赋予文字或动画的解释，让学习者在大脑中对概念有立体感，非常容易记忆。

我们单击进入机制与临床表现部分，学生主动选择不同的病变血管并了解其解剖特点，单击后出现该血管堵塞后的临床表现，有效地交互性达到加深理解与记忆效果。

最后单击进入治疗部分，我们将治疗原则制作成册，以翻书形式展现。增强教学的乐趣和学生的探索分析问题能力，将课堂形式进行翻转。

【软件方面】

(1) 对 Camera 和 cube 赋予 movietexture 函数播放视频。

(2) 对物体进行碰撞设置 mouseover 函数控制标题文字及物体的显示属性。

(3) 设置 getmousebuttondown 函数控制相关事件发生。

(4) 为了做到镜头缩放的效果，我们使用了 waitforsecond 函数，设置等待时间，已完成镜头缩进的效果后切换场景。最终统一整合代码及相关模型进行输出，并制作精美的图标。

【14865】 | iSufe 上财资讯

参赛学校：上海财经大学

参赛分类：软件应用与开发|网站设计

获得奖项：一等奖

作　　者：金成、刘明依、丁羽

指导教师：韩冬梅

作品简介

iSufe 上财资讯，是由上海财经大学学生自主研发设计的校园资讯一体化平台。iSufe 的命名采用了比较流行的 i 开头。我们对 i 有两种解释，一个是“I love Sufe”（我爱上财）的简写，另一层则更进一步地表达了我们作品的目的：information，在大学校园里，掌握更多的校园最新信息意味着拥有更多的机会，去接触、去参与。

设计团队持续关注学生的校园生活，以学生的首要需求为开发目标，力求让学生获取最精准、最简洁的资讯，同时也为校内的学校行政部门和学生组织提供一个高效的信息在线发布平台。

安装说明

单击即可直接播放：http://www.isufe.org/。

演示效果

登录界面。

注册界面。

资讯发布查询。

上财街景，360°观察全校园的景观。

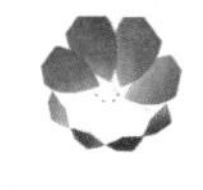

简易的手绘地图。

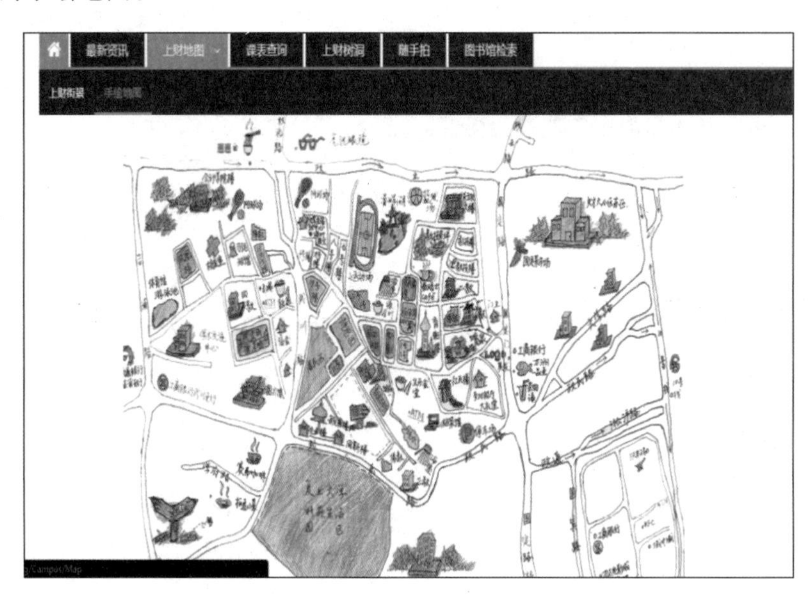

课表查询。

星期	时间	课程	老师	地点	周数
星期日	没有安排				
星期一	13:20 - 16:10	商业银行经营管理	戴国强	一教102	1 - 17
星期二	10:05 - 11:45	小说与人生	李桂奎	武东路梯九	1 - 17
星期三	08:00 - 09:40	国际结算	李晓洁	一教305	1 - 17
	15:25 - 17:05	中国哲学史概论（M2）	刘慕方	武东路梯十	1 - 17
星期四	08:00 - 09:40	资产组合管理	韩其恒	三教507	1 - 17
	13:20 - 15:00	哲学	夏国军	一教101	1 - 17
	15:25 - 17:05	影视审美	刘金涛	武东路梯六	1 - 17
星期五	15:25 - 17:05	体育锻炼		国定田径场	1 - 17
星期六	没有安排				

一站式查询页面。

时间	课程	老师	地点
15:25 - 17:05	中国哲学史概论（M2）	刘慕方	武东路梯十
08:00 - 09:40	国际结算	李晓洁	一教305

微信基本内容查询。

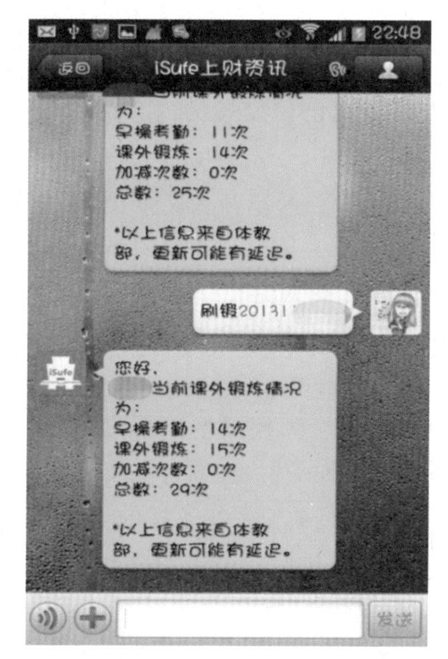

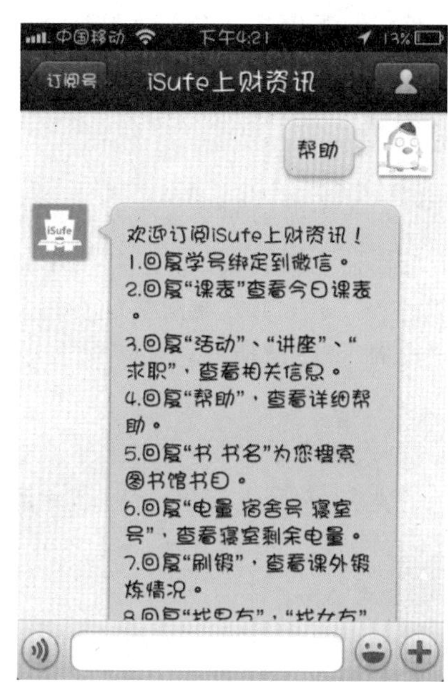

设计思路

1. 项目背景

上海财经大学，是一个具有财经特色的学校，由于其拥有极强的商科专业性，导致学校的信息化程度受到其专业的限制，因而校园的主要网站大都是由外包的公司提供。公司在设计网站的时候，没有充分考虑学生的需求，用自己一贯的逻辑进行设计，导致网站的使用既不方便也不美观。

考虑到学生对于一些学校核心网站的一些核心内容有强烈的需求，因而设计了这个网站，将最核心的资讯集中在一起，给用户最需要的内容，去除了一些使用频率极少的学校网站功能。

2. 设计构思

使得所有的信息呈现简洁清晰，却又十分详细完整，设计亲民，平易近人，不枯燥，增强可视性。

(1) 美观简洁

网站综合运用了 HTML5、jQuery 开源框架、Responsive 具有 Metro 风格的页面设计，充分考虑到跨平台浏览器的用户体验。其中的 Responsive 页面很好地支持手机设备浏览，jQuery 框架使网站变得更加用户友好。

(2) 功能实用

我们有明确的思路，充分挖掘在校财大学生的校园生活需求，每一个部分都非常实用。

"最新资讯"考虑到了学生组织有活动发布的需求，学校部门有重要的通知公告，就业指导中心也会发布一些实习、求职的信息，因而将所有有用的资讯分类集合在一个页面中。

"课表查询"为学生提供查询自己课表的一个快速途径，学生只需要输入自己的学号，就可以查看自己一周的所有课表安排，不需要去记忆教学管理系统的网站，也无须登录。

“上财树洞”的想法来自人人网的“树洞”公共主页，但人人网的树洞内容需要通过留言给主页君，主页君帮助发布。我们的“树洞”系统通过“审核＋自由发布”的形式，可以真正匿名地发布自己想要发布的内容，管理员只需要对已经发布的内容进行一个简单的审核。

“随手拍”是一个鼓励同学善于发现校园中的美，并且可以与大家分享，于是我们在系统中加入了这样一个类似于“照片墙”的平台，可以自由上传自己拍摄的照片。

“图书馆检索”是一个方便同学们在寝室就能预先得知学校图书馆馆藏书目的系统，通过关键字查询，可以得到自己想要的各方面书目，根据编号得到图书在图书馆的具体位置。

“一站式个人查询平台”是为财大学生量身定制的个人校园生活查询平台，只需要简单通过自己的姓名、学号进行验证注册，就可以登录查询平台，查询自己当天的课表、寝室剩余的电量、自己剩余的体育锻炼次数等个性化信息，是我们系统开发的重点。

3. 技术运用(使用平台)

开发框架：ASP. NET；开发模式：MVC；程序语言：C＃；

开发环境：Visual Studio 2012；数据库：SQL Server 2012；服务器 OS：Windows Server 2012。

4. 技术特色

网站前端采用 jQuery 等开源框架，使用最前沿 HTML5＋Responsive 响应式设计，适合各种不同的设备(特别是移动设备)进行浏览。

网站的 MVC 开发模式注重关注点分离，不仅有利于网站开发者、网站设计师的分工，还有利于网站服务器高效处理不同的 Web 请求。

与此同时，团队还运营了同名的微信公众号(ilovesufe)，使用微信公众号的开发模式，通过绑定学生的学号，通过简单关键字的回复，提供最及时的个人资讯(比如当天课表、体育锻炼次数查询、活动查询、图书馆书目等)查询。得益于 MVC 的开发模式，通过简单编写微信 API 的 Controller，可以查询到网页版 iSufe 同步的资讯信息。

设计重点与难点

设计重点

1. 美观简洁

网站综合运用了 HTML5、jQuery 开源框架、Responsive 具有 Metro 风格的页面设计，充分考虑到跨平台浏览器的用户体验。其中的 Responsive 页面很好地支持手机设备浏览，jQuery 框架使网站变得更加用户友好。

图例：Responsive 页面解决了多种尺寸的移动设备在浏览同一个网页时，会出现浏览尺寸的不一致。

2. 功能实用

我们有明确的思路，充分挖掘在校财大学生的校园生活需求，每一个部分都非常实用。

“最新资讯”考虑到了学生组织有活动发布的需求，学校部门有重要的通知公告，就业

指导中心也会发布一些实习、求职的信息，因而将所有有用的资讯分类集合在一个页面中。

“课表查询”为学生提供查询自己课表的一个快速途径，学生只需要输入自己的学号，就可以查看自己一周的所有课表安排，不需要去记忆教学管理系统的网站，也无须登录。

“上财树洞”的想法来自人人网的“树洞”公共主页，但人人网的树洞内容需要通过留言给主页君，主页君帮助发布。我们的“树洞”系统通过“审核＋自由发布”的形式，可以真正匿名地发布自己想要发布的内容，管理员只需要对已经发布的内容进行一个简单的审核。

“随手拍”是一个鼓励同学善于发现校园中的美，并且可以与大家分享，于是我们在系统中加入了这样一个类似于“照片墙”的平台，可以自由上传自己拍摄的照片。

“图书馆检索”是一个方便同学们在寝室就能预先得知学校图书馆馆藏书目的系统，通过关键字查询，可以得到自己想要的各方面书目，根据编号得到图书在图书馆的具体位置。

“一站式个人查询平台”是为财大学生量身定制的个人校园生活查询平台，只需要简单通过自己的姓名、学号进行验证注册，就可以登录查询平台，查询自己当天的课表、寝室剩余的电量、自己剩余的体育锻炼次数等个性化信息，是我们系统开发的重点。

设计难点

1. 提高数据的稳定性

网站设计为高峰阶段500人以上并发，因而需要对数据稳定性加以考量。本项目采用LINQ＋存储过程的方式，保障网站运营的安全性。网站数据库存有大量的活动信息、用户信息，在大并发的情况下，在正常运营的情况下，需要以稳定高效。

2. 提高系统的兼容性

这里提到的兼容性是广义的兼容性，包括跨平台、跨设备、跨浏览器的特性。为了能够使得用户能够以各种方式访问我们的网站，我们使用的SilverLight技术可以兼容手机平台，采用的HTML＋CSS设计可以使得网页在各种设备下都具有良好的显示效果，我们还考虑到了浏览器之间的差异性，因而进行了相应的 css hack 使得在不同浏览器下显示效果基本一致。

3. 进一步加强原始数据的搜集能力

由于我们的数据是由各种学校网络资源的公开途径获得的，虽然现在已经获得了绝大多数实用的核心数据，但是我们的数据寻找能力还需要加强，需要进一步根据同学们的需求进行数据的获得，并且整合进我们的系统中去。

【14868】 | 家庭生命周期手册

参赛学校：重庆文理学院
参赛分类：数媒设计普通组|交互媒体
获得奖项：一等奖
作　　者：刘木彬 、李佳敏
指导教师：殷娇

作品简介

本电子杂志由法国作家瑞乔・M.约翰所著童话故事《小男孩和苹果树》引入，以家庭生命周期理论为主线，用简单的图文讲述了一个家庭的生命周期。作品的定位是一本公益宣传小册子，希望通过这本小册子，可以让读者重温父母对子女的无私付出，从而唤起读者对父母的感恩和关爱，呼吁全社会在传承下一代生命的同时，不忘对上一代生命的反哺。

安装说明

在暴风影音中播放即可。

演示效果

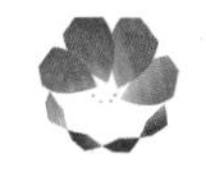

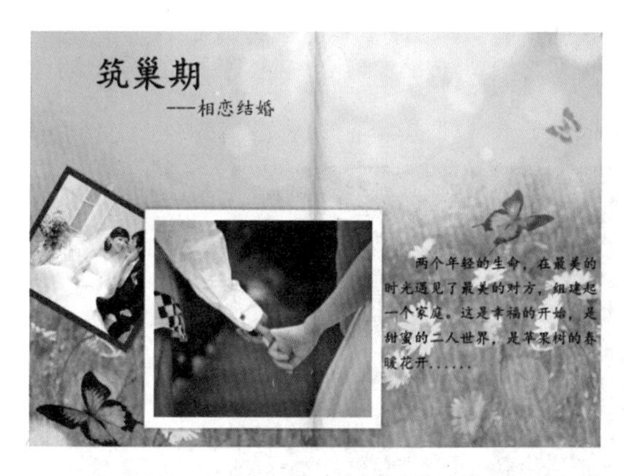

设计思路

生命这个主题范围很大，但对于每一个个体的生命而言，却又是短暂而单薄的。生命之所以伟大正是由于有了生命的传承而使生命绵延不绝。联想到我们人类自身，我们往往出于本能去传承和爱护下一代；但往往又由于现实因素所限，对于曾经给予了我们生命，给予了我们无私奉献的上一代关爱不足。

由此，我们将作品的主题缩小为“关爱老人，感恩父母！在传承下一代生命的同时，不忘对上一代生命的反哺！”并试图通过一本定位为公益宣传小手册的电子杂志来传达这一主题。

作品以《小男孩和苹果树》的故事为引子，以“家庭生命周期理论”为主线，用简单的图文讲述了一个家庭从筑巢期到满巢期，再到最后空巢期的过程。

作品的主色调经历了“新绿-深绿-金黄-灰暗”的渐变过程，暗合一个家庭在不同的生命周期所呈现出来的不同状态。

作品的封面和封底，都采用单色为背景，封面用滴墨的晕染代表子孙的绵延，而左边的边沿却泾渭分明，影射出子女对父母的冷落，封底采用龙纹代表传承。

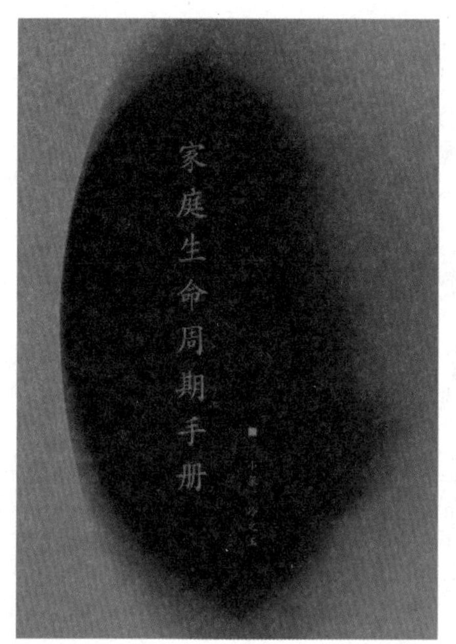

设计重点与难点

空巢老人是一个并不新颖的话题，怎样的内容，怎样的形式，怎样的感情渲染才能最深的打动读者，这是我们一直在思考和尝试解决的问题。情感渲染的度要把握好，太过了，反而适得其反。作品选用白描手法，只将一些生活中常见的场景和事实展现在读者眼前，不作过多的评论和渲染，让读者自己去构建这个作品的情感内涵。

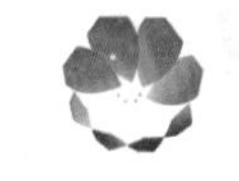

【14920】 | 计算机硬件组成与维护

参赛学校：河北金融学院

参赛分类：微课与课件|计算机应用基础

获得奖项：一等奖

作　　者：张瑜、魏畅、聂佳

指导教师：苗志刚、曹莹

作品简介

自 20 世纪 90 年代末开始计算机科技技术的发展日新月异，与之同步的计算机硬件技术也在不断顺应着计算机软件系统进行着高速的改朝换代。适者生存，不适者被淘汰，生存界的规则也显现在计算机界，作为计算机最底层的硬件在日新月异的科技中发挥了其不可忽视的作用。作为当代的大学生更应该了解和认识硬件，掌握计算机硬件系统的组装和基本维护。

安装说明

单击即可直接播放。

演示效果

电源一般位于计算机主机箱的左上部

计算机组成与维护微课

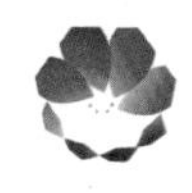

设计思路

先介绍计算机硬件的基本构架,然后介绍计算机的部件,最后进行计算机拆装机的演示。

1. 教学流程设计上符合认知规律。采用先介绍主机然后引出主机内部结构这一顺序,并且通过转换角色,使学生尽快进入学习状态。

2. 鼓励学生动手操作。通过参与,学生对计算机硬件特别是主机部分的设备有一个更直观的认识。

3. 利用课件讲解。这样做的好处是使枯燥的知识易于理解、掌握而且直观,通过实物与教学课件的有机结合,使学生对计算机有了更为系统的认识。

4. 边操作边讲解理论知识,让学生自己建构学习经验,虽然在拆机之前没有充分了解硬件,但与其总是单纯地讲解理论知识,不如运用到实际的操作,让学生自主学习。

5. 通过学习硬件的知识,一步步构建学生对硬件的学习经验,循序渐进地完成任务,最后,再采用与生活息息相关的任务"配置电脑"。这样的安排,是符合学生学习的规律,循序渐进地学习。

设计重点与难点

辅助部分的三维动画演示和视频演讲部分是本作品的难点。

除了 3D Max 与 VRP,我们的作品中还运用了 Final Cut 进行了调色,用 AE 进行了片头和片尾的制作,用 Tricaster 和 Time Machine 进行了字幕合成。

【14985】 | Colorful

参赛学校：安徽大学

参赛分类：数媒设计普通组|动画

获得奖项：一等奖

作　　者：陈岱、董佳瑜、杨振飞

指导教师：杨勇

作品简介

过着平淡生活的黑白小人儿在家中见到一只彩色蝴蝶，于是决心跟随蝴蝶寻找生命的色彩。一路上，小人经历了悲伤(枯萎的玫瑰)，美好(可爱的小兔子)和挫折苦难(掉进山洞)并收获了三片花瓣。到达终点后他回顾一路走过的旅程，手中的花瓣组成一朵彩色花，将世界染成彩色。而小人儿自己也有了彩色，终于寻到了生命的色彩。

生命是多彩的，但生命的色彩要靠自己去经历去感受。在追求生命色彩的过程中，我们会遇到等各种各样的事，但只有我们经历了这些纷繁复杂，珍惜每段故事的经历收获，我们的生命才会变得多姿多彩。珍惜生命旅途中的点滴，它将会是我们人生中最宝贵的财富。

安装说明

在媒体播放器或暴风影音中播放即可。

作品展示幻灯片由 Microsoft Office PowerPoint 2010 制作，播放时需安装该版本。

演示效果

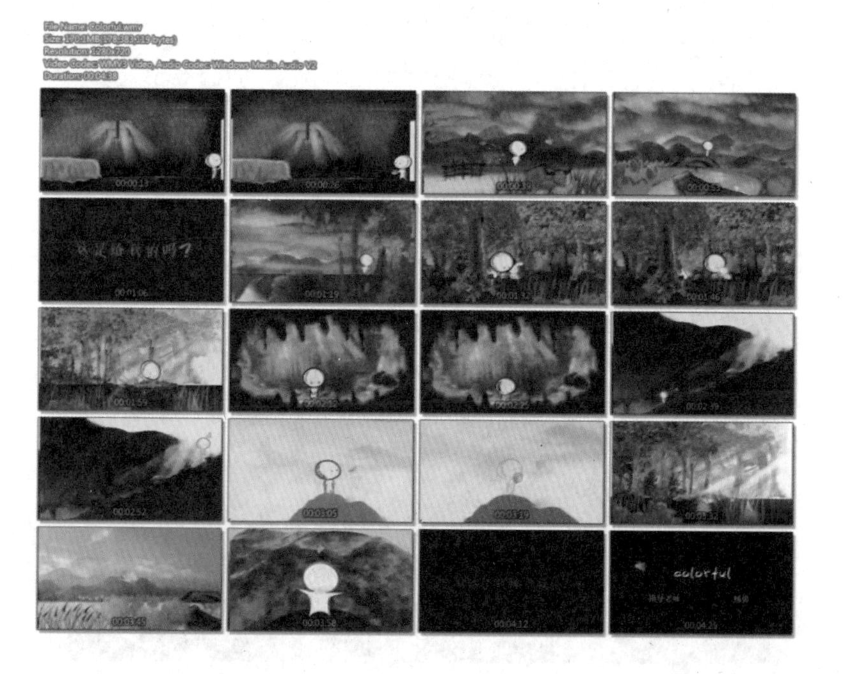

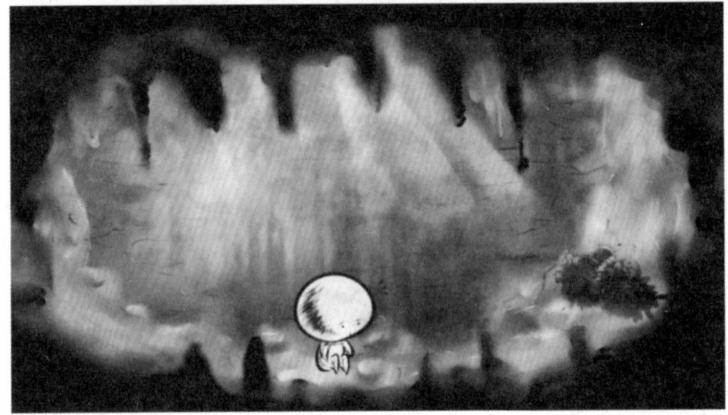

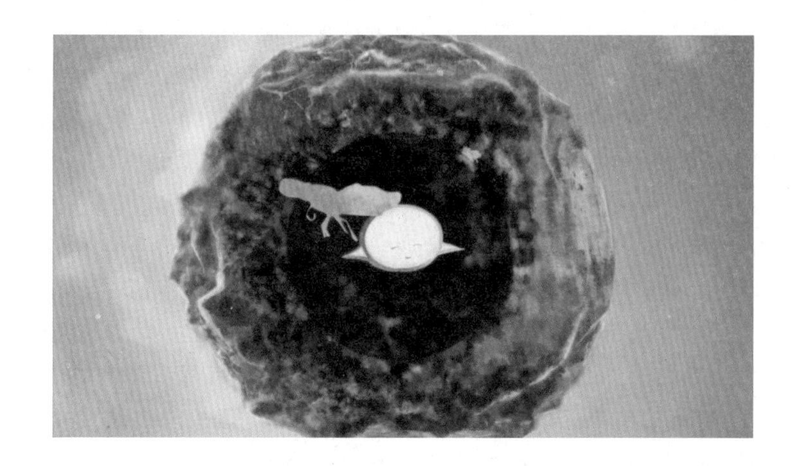

设计思路

主题：追求生命色彩的结果固然重要，但是追寻过程中的收获也是十分珍贵的。

首先是主题形式的确立，经过多次讨论，我们决定通过寓言式的卡通故事来表达生命这一主题，由小故事见大道理。我们之所以选择生命色彩这一论题，是因为色彩具有情感与视觉冲击，将色彩和动画结合可以把我们想要表达的主题通过颜色变幻表达出来。

而后便是内容的构思，动画的主人公是一个简单朴素的小人儿，他是一个单纯却又有点无趣的生命体，过着平凡单调的生活，因此他的生命一开始是黑白色的。直到一只蝴蝶闯入了他的生活，他发现了生命因五彩的颜色而美丽，他想去追求这种生命色彩。但是这个时候，他对生命色彩的理解还是比较肤浅的，他想要追求只是色彩外在的美丽。

（人物、故事设计草图）

在小人儿追寻生命色彩的途中，他第一个遇到的是将要枯萎的玫瑰，他感时伤怀，为玫瑰的将逝而惋惜，泪水却无意间滋润了花朵，他其实感受到了生命的脆弱，懂得了要珍惜生命。小人儿收获了红色花瓣，红色代表着喜悦，预示着故事的开始和完美结局。

第二个小故事，小人儿与奶黄色小兔子逗乐，这是代表着生命中那些美好的人与事，小人儿感受到了生命的活力和希望。而收获的黄色花瓣象征着阳光和希望，生命的美好。

第三个故事，小人儿掉进了山洞，这代表着生命中那些难免会遇到的困难挫折，在这里小人儿彷徨了，迷失了方向，他几乎快要放弃，在这时他感受到了蝴蝶的存在，这表示着在生命旅途中遇到挫折，但是只要向着梦想的目标，有着追求的指引，坚信着自己的理想，便有柳暗花明的奇迹。隧道里泛蓝代表着蓝色特有的忧郁和沉闷，但是隧道的尽头是无尽的阳光预示着希望。小人儿发现的蓝色花瓣，代表着他收获了蓝色的特性，虽然先前经历了忧郁和沉闷，但是他收获了冷静与理智还有对于梦想的忠诚。

当小人儿最后追到了蝴蝶，三片花瓣结成一朵五彩的花。在这里，红黄蓝三个颜色正好是三原色，代表着彩色的本源，三个小故事其实只是追寻色彩路上的各种收获的典型缩影，这些形形色色的经历结成一朵花，代表着小人儿梦想的实现。而花的绽放也将色彩洒向他身边的事物，之前走过的所有场景全部变成彩色。当然，随着梦想的实现，小人儿自己也有了色彩，这时候的他不仅仅得到了外在的颜色，也得到了内心世界的丰腴。他不再是个空洞而平凡的人，他是一个有经历有颜色的人。故事在最后得到了升华，小人儿感受到了生命色彩的真谛，他展开双臂拥抱这个他自己追寻到的色彩，呼吸着全新的空气，体验着全新的人生。

关于作品的原创性，我们的作品从故事、场景、原画到音乐、音效、动画都由组员亲自创作。每一个音符，每一帧动画都是我们对生命的思考和反思。生命固然是日复一日的日升月沉，但这看似单调的重复中却藏着等待我们去经历的五味杂陈：有的人就像那从前的生活在黑白世界中的小人儿，索然无味地向死而生，而有的人，选择了跟寻心里那象征斑斓生命的蝴蝶——他们勇敢地走进了崭新的世界，走进了别人的生活，也走向了另一个有着美丽色泽的自己。他们的出走，不仅是离开自己固守的生活，更是超越了曾经的自己。世界之大，我们往往不知其折或远，但一路勇敢经历，用心珍藏，有好有坏，有哭有笑，虽然不一定跌宕起伏，但必然意义非凡。黑白小人儿的故事，不仅是一个温暖简单的童话故事，更折射着我们对人生之思考——一路探寻，一路风景，用心体会喜怒哀乐，哪怕细小平凡，归来时生命已色彩瑰丽。

设计重点与难点

1. 我们组的一大亮点就在于我们对细节的处理细致。动画中的每个细节都经过仔细的推敲并有相应的含义。如，小人儿其实代表着我们这些生命个体，蝴蝶代表着梦想与追求，每个故事得到的花瓣是每个故事背后的收获，而收获的每种颜色又与故事所得到的认知不谋而合。整个动画从故事的筛选到颜色的推敲都是有生命内涵的。

2. 我们组虽然是普通组，但是我们的作品从手绘到动画到音乐都由我们一手完成，原创性强。为了让小人儿的动作更合理化，我们亲自模拟了整个故事流程；为了保持原创性，我们寻找生活中的声音并录制运用。

3. 我们在动画中对黑白和彩色的结合和处理很有新意，在形成前后强烈的视觉对比的同时也辅助了故事内容的表达；动画的场景上我们使用了移动视差的技术，通过前景、中景、背景多个图层不同速率的移动，模拟了人在真实世界的视觉感受；在最后一幕小人

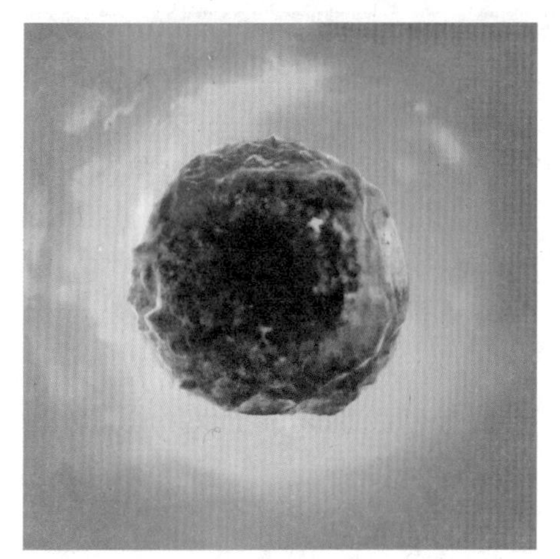

（部分场景原画）

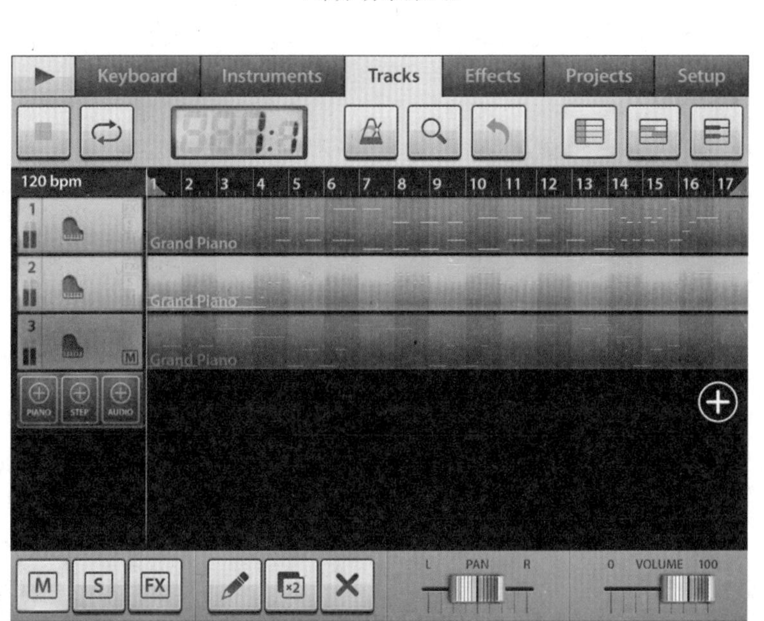

（音乐制作过程）

儿变彩色的场景，我们绘制了俯视鱼眼镜头场景以及多个机位下的小人儿，通过二维动画表现出了三维的立体感，这些都是我们对动画创新的尝试。

【15138】 | 汉字文化

参赛学校：辽宁师范大学

参赛分类：微课与课件|其他课程课件

获得奖项：一等奖

作　　者：刘双平、刘蕾、刘畅

指导教师：刘陶

作品简介

课件内容严格按照国家最新颁布的《语文课程标准》中关于写字的相关细则而设计的，课件整体系统化、科学化，内容完整、教学性强；形象生动地讲解汉字的演变；搭建书写汉字、汉字默写测试的人机交互平台，其中，“笔顺练习”和“默写测试”两部分交互性极强，让学生能够积极主动的参与到课堂教学中，达到了教师、学习者、教学内容和教学环境的和谐统一。囊括科学的测试题目，辅以汉字的起源、与传统文化的关联等学习内容；原创大量清新、简洁的界面元素；将枯燥的汉字演变过程，用形象生动的补间动画效果呈现出来，典雅而灵动，绘制了大量原创素材，使传统的课本动了起来，大大增强了汉字这一传统文化的表现力。

安装说明

装有 Windows 操作系统的多媒体计算机可直接运行，苹果 Mac OS 等其他操作系统环境安装 Flash Player 9.0 以上版本。

演示效果

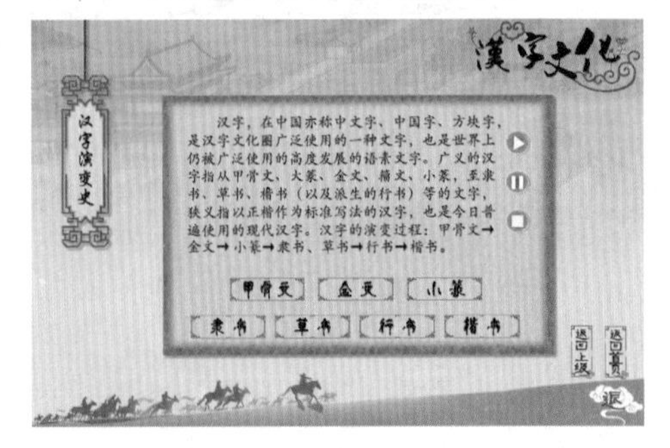

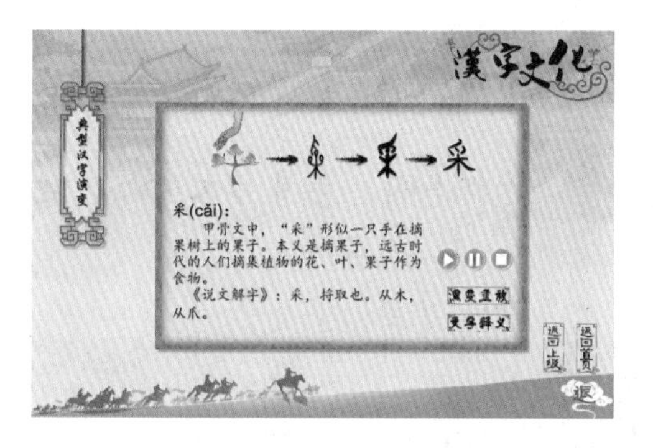

设计思路

目前，网络语言入侵使得学习者将正确的汉字读写与“网络流行语”混淆，造成了读音不清，字义不明，为了纠正人们由此产生的错误的汉字书写与理解，普及汉字文化，本课件围绕汉字“音、形、义”的融合，实现了教学目标。

在内容设计思路方面，本课件是针对中学的写字课所设计的，是按照“教学需求分析、学习者分析、教学目标、教学模块”几个方面进行的。

在教学需求方面，我们针对近年来人们对汉字的关注和汉字的重要性进行了总结，课件旨在增强汉字文化的普及度，纠正人们错误的书写，所有内容都是按照国家最新制定的《语文课程标准》中对中学生的汉字书写要求而设计的。

在学习者分析方面，我们详细地分析了中学生的心理特点，学习特点：

(1) 中学生学习内容逐步深化；

(2) 学科知识逐步系统化；

(3) 中学生对知识的学习由感性向理性过渡，以掌握知识为主，培养兴趣为辅。

根据以上学习者分析结果，课件从教学环节的完整性和对学生自主性的培养等方面保证课件的适用性。

在教学目标方面，我们严格按照“知识与内容、过程与方法、情感态度与价值观”三方面，确定了如下教学目标：

(1) 掌握汉字的字音、字形、字义；

(2) 了解汉字的起源过程及各种学说；了解汉字与各类文化的关系；

(3) 练习正确书写汉字的笔顺；

(4) 培养汉字文化的认同感，传承并弘扬汉字文化。

在教学模块方面，分为“导入，知识讲解，技能训练，巩固练习，知识拓展”五大模块，每一模块都有对应的知识简介和技能训练，如图所示。

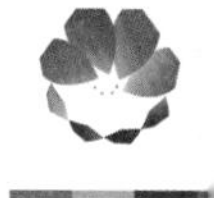

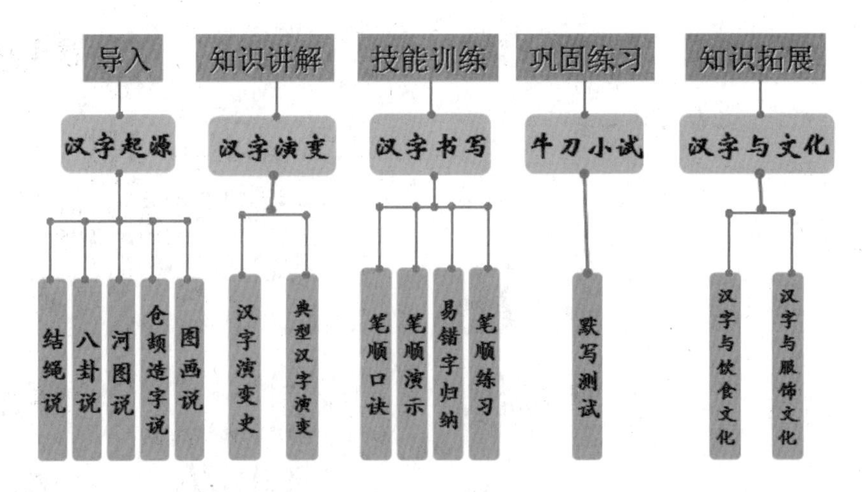

在界面设计思路方面，优秀的 Flash 课件是教学成功的一半，有机的结合课程特点，制作科学完美、有趣生动、具有观赏性的课件，是取得教学成功的坚实基础。制作课件时应以实用简洁为原则，把内容与外在形式结合，方可制作出完美的课件，因此，本课件跳出固有的“教材式”课件模式，理顺各章节的内容，压缩文字部分篇幅，尽量使用大量精美图片、动画和视频来冲击学生视觉，做到“图、文、声”并茂。

设计重点与难点

本课件的设计重点放在 Flash 的动画制作方面，充分利用 Flash 技术，将枯燥的汉字讲解，用形象生动的动画效果呈现出来，使学生的学习过程轻松化，并留下深刻印象，以下是几个重要的 Flash 制作过程。

1. “典型汉字演变”模块作为本课件的知识重点和设计亮点之一，我们运用 Flash 强大的补间动画和形状补间技术，将一些汉字的演变过程直观地展示了出来，以“采”字为例，演变过程具体如图，从甲骨文到如今的楷体字，采用动画讲解，生动形象。在技术方面，还运用了 gotoAndPlay 脚本语句，实现了演变过程的重新播放功能。

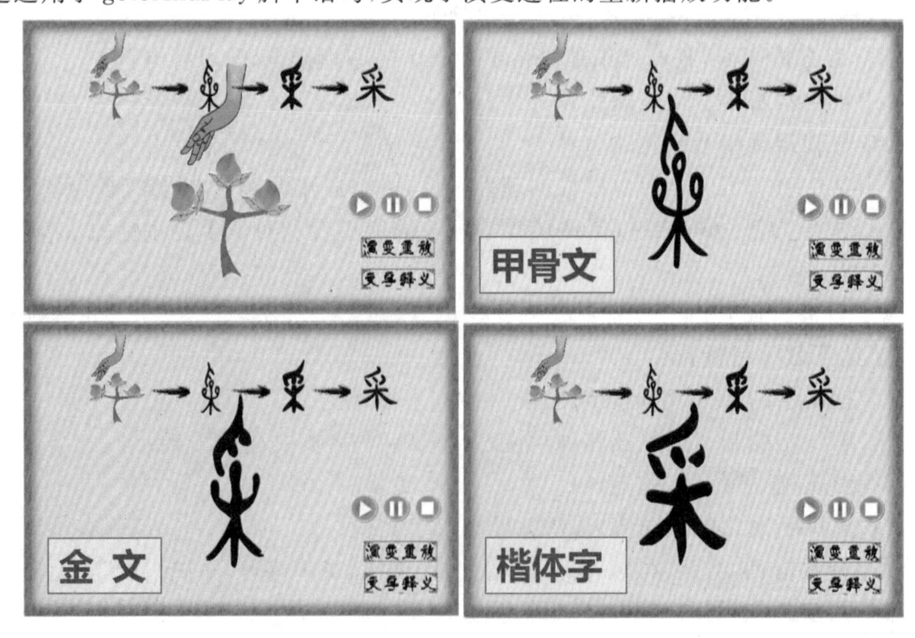

2. 交互平台的搭建，使得课件的交互性极强，有利于帮助学生达到知性统一，即新颖又不失教学意义的设计，提供给学生及时的、主动的、双向的信息交流方式，有助于学生感受汉字的行笔、运笔的妙处，扎实的掌握汉字书写的知识。“笔顺练习”，该部分内容通过“onclipEvent 事件处理函数脚本”搭建人机交互平台，让学生能够用鼠标按照描红笔划序号完成写字练习的过程，如下图所示。

“默写测试”这一环节，同样运用脚本语句，使学生能够通过操作鼠标完成默写的部分，写错可“清除”，写完可查看正确笔画的书写过程，如下图所示。

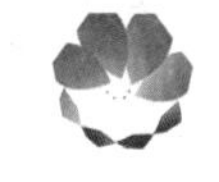

而课件设计的教学难点在于制作、融合各种素材，对汉字演变过程进行全面的讲解并辅助学生独立完成默写交互的部分，其设计具有极强的原创性、趣味性，强化了学生的自主学习能力，以下是几个较难的素材处理前后对比图。

3. “首页背景”处理前后

(1) 处理前

(2) 处理后

4."主体按钮"处理前后

(1)处理前

(2)处理后

【15228】 | 生命之殇·雾霾实记

参赛学校：东北大学

参赛分类：数媒设计专业组|图形图像设计

获得奖项：一等奖

作　　者：刘洋、赵昕、刘卓然

指导教师：霍楷

作品简介

雾霾海报分为城市篇、人物篇、植物篇和危害篇四大类：

一、城市篇

将世界各雾霾国家城市的著名典型建筑与烟雾结合，通过旧照片与电脑绘画合成的形式，体现雾霾对城市的危害，表现雾霾主题。

二、人物篇

用电脑绘画手法将人体各个器官制作成烟雾效果，以雾霾中的城市为背景，体现雾霾对人体的危害，引发人群共鸣。

三、植物篇

将水果蔬菜等植物制作成烟雾效果，背景是以电脑绘画合成的雾霾森林的图片。体现雾霾不单是对人类，更是对全世界的危害。

四、危害篇

采用电脑绘画将雾霾塑造成凶恶狰狞的猛兽形象，产生强烈的动势和视觉张力，进而引发人们对雾霾的危机感与对生命的思考。

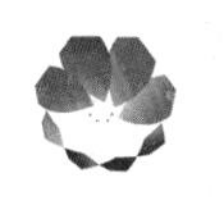

安装说明

海报作品可利用 ACDSEE、美图看看、XnView、光影看图等看图软件直接打开播放。

视频在暴风影音中播放即可。

演示效果

设计思路

作品创意来源于生活中对雾霾的报道，从而引发雾霾对生命危害的关注与思考。

近年来，我国陷入严重的雾霾污染中。世界10大雾霾城市中，有7个在中国。我国正在遭受严重的空气污染灾害。

我们分析雾霾的具体危害和污染源后，创作出雾霾与城市、与植物、与人等系列海报，表现雾霾实记·生命之殇主题。

根据危害层面的不同，我们把雾霾海报分为城市篇、人物篇、植物篇和危害篇四篇：

1. 城市篇：表现霾灾对城市的伤害，体现雾霾主题。
2. 人物篇：表现雾霾对人体的严重伤害，引发人们共鸣。
3. 植物篇：表现雾霾对植物的严重伤害，强调雾霾不单是对人类，更是对世界的危害。
4. 危害篇：表现雾霾的侵害性之毒猛，引起人群关注。

设计重点与难点

设计重点：怎样的素材和设计表现，才能引起广大群众的共鸣与重视？这一直是我们努力的重点。尤其是海报设计这一视觉传达类表现形式。要求通过版面的构成在第一时间内将人们的目光吸引，并获得瞬间的刺激。

对策：

1. 抽象表现人体内部各器官受雾霾侵蚀的严重性，由此与人群产生共鸣，从而引发人们更多重视。

2. 写实表现雾霾城市的阴郁现状，代入人们的印象思维。各大城市的在雾霾中所受怆伤集中体现。

3. 抽象表现自然界植物受雾霾侵蚀的严重性，让人们注意到，人类已经破坏了与我们共同生活的生物的生态家园。

4. 抽象塑造城市被霾兽吞噬的危机感，体现雾霾的侵害性之毒猛。

特点和难点是：抓住这些对策，成为设计师通过专业解决社会问题的一种创新手段。

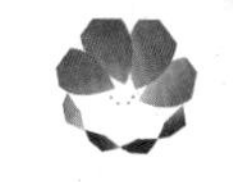

【15398】 | 建筑·韵脚诗

参赛学校：后勤工程学院

参赛分类：数媒设计民族文化组|动画

获得奖项：一等奖

作　　者：张超、刘奕、胡亚锟

指导教师：敬晓愚

作品简介

中国民族建筑是一个博大的领域，三千年的发展让中国的建筑历史繁华似锦，源远流长。宏大的宫殿建筑，精致的居住建筑等等。而每一个建筑都是一首诗，有它的起承转合，有它的渊源历史，更有它们所蕴含的中国民族的传统思想。为了表达建筑的设计特点和精神内涵，我们选取了有代表性的建筑，通过分析和展示来阐释主旨。通过动画的形式，运用场景变化和不同视角的转变来全方位展示建筑的美和神。通过一个个精致的场景能够让人感受到中华建筑的精巧与奥妙，能够让人了解中华建筑的韵味和优美。这种只属于中国建筑的设计思想是需要我们去发扬传承，保留创新的，也是本作品最终想要表达的理念。

安装说明

在暴风影音中播放即可。

演示效果

设计思路

建筑是满足人们物质与精神两方面需要的东西，因而它具有双重功能两重性。首先，作为实际用途之用的物质资料，任何人都可以用它，就是在封建社会中也是如此。其次，建筑作为文化艺术，它反映了某一个时代，某一个地区，某一个民族的审美观点，政治和生活的要求。

中国建筑有较明显的阳刚阴柔之分。自古以来，我国传统建筑艺术就存在着两大体系。其一为正规的官式建筑，主要包括直接为皇帝服务的皇宫殿庭，为封建宗法礼制服务的祭词性坛庙，以及京师及各地的官衙、府邸和防卫性建筑。这些建筑一般均按中央政府工部颁布的法式和规范进行设计施工。这类建筑的共同特点是规正，严谨，高大，常采用颜色亮艳的琉璃瓦屋顶。檐屋亦常二重甚至三重，以加强气势。斗拱及彩画装饰华丽庄重，较强地表现出雄伟壮丽的阳刚之美来。与之相对的另一类是分布在大江南北，边远村寨的各式民居，这些古代最大量的建筑，营造自由，不拘一格，与周围的自然环境密切地溶为一体，它们的平面布置灵活，结构上也采用当地的物产，因村致用，从而变幻出极为丰富多样的形式来。就说江南丘陵的农村住宅，三间四柱，白墙青瓦，依山傍水，与清风，白云，烟霞晨曦，幽林曲溪，自然地融化在一起，表现出一种亲切、秀丽而又含蓄的美，那些专门为观赏自然风景美而设置的，各名山胜水的风景建筑，以及再造山水美的小巧园林，亦以清丽，明秀，脱俗而有韵味取胜，是表现阴柔之美建筑的主要组成部分。

然而建筑作为文化艺术现象，所以它有着鲜明的民族特色。它是从各自的民族地区发展起来的，它是民族文化的重要组成部分。世界上各个国家、各个地区、各个民族的文化都是在不同的客观条件下长期形成的。地理环境、气候、温度、风力、日照、雨量、积雪等，特别是建筑材料对建筑技术产生直接的影响，民族文化包括语言文字、风俗习惯、生活方式、文化艺术以及宗教信仰等，它们对建筑艺术起着决定的作用。于是便形成了各式各样的民族建筑形式丰富多彩的民族建筑艺术。这些都反映了各个国家，各个民族的文化特色。对于中国来说，由于地域辽阔，地理环境和自然条件的差异很大，加之民族文化的因素所形成的建筑风格，建筑艺术都各不相同，以民居为例，华北地区的四合院，南方各省的干栏式建筑，广西、湖南的侗寨、苗寨，黄土高原的窑洞，内蒙古草原的蒙古包，西藏和四川、青海部分地区的碉房住宅等等，不仅其建筑结构，建筑形式各不相同，各具特点，而且建筑的装饰、色彩集各种技术与艺术于一身，举凡当代各种科学技术的新成果莫不用于当代建筑之上，各种文化艺术的技艺如绘画、雕刻、塑像、铸造、织绣等等莫不施于建筑的内外。建筑可以说从来就是用金银堆成的，用智慧和血汗凝聚的。因此，建筑确系人类文化宝库中重要的一份珍宝是毫无疑义的。古代建筑的杰作由于它是历史发展过程中经济力量和科学技术,文化艺术的综合成果,可以说是一个国家,一个民族文明进程的标志,也即是人类文明进程的标志,古建筑和其他的新建筑相比较有个重要的特点,就是它是历史上形成的,它表现的是当时历史阶段社会发展和科学技术的水平以及文化艺术的成就。

中国古典建筑中,亭的历史十分悠久,但古代最早的亭并不是供观赏用的建筑。如周代的亭,是设在边防要塞的小堡垒,设有亭史。到了秦汉,亭的建筑扩大到各地,成为地方维护治安的基层组织所使用。但民间却有在交通要道筑亭为旅途歇息之用的习俗,因而沿用下来。也有的作为迎宾送客的礼仪场所,一般是十里或五里设置一个,十里为长亭,五里为短亭。同时,亭作为点景建筑,开始出现在园林之中。到了隋唐时期,园苑之中筑亭已很普遍。宋代有记载的亭子就更多了,建筑也极精巧亭子不仅是供人憩息的场所,又是园林中重要的点景建筑,布置合理,全园俱活,不得体则感到凌乱,亭既是重要的景观建筑,也是园林艺术中文人士大夫挽联题对点景之地。林和靖曾在孤山北麓结庐隐居,除吟诗作画,还喜好种梅养鹤。在他一生所写的诗中,"疏影横斜水清浅,暗香浮动月黄昏"两句特别为人所传颂,人因文传,亭因人建,名人名诗名亭和放鹤亭一带梅林,每到冬天,寒梅怒放,清香四溢的"香雪海"中隐一亭,使得放鹤亭更为名闻遐迩。在我国园林中,几乎都离不开亭。在园林中或高处筑亭,既是仰观的重要景点,又可供游人统览全景,在叠山脚前边筑亭,以衬托山势的高耸,临水处筑亭,则取得趣倒影成,林木深处筑亭,半隐半露,即含蓄而又平添情趣。在众多类型的亭中,方亭最常见,它简单大方。

在具有鲜明民族特色的建筑中,土楼的建筑风格,深深铭刻着中原建筑文化的烙印。平面布局的中轴线对称、结构体系的院落组合、屋面造型的悬山或歇山屋顶等诸方面的设计,都保持着中原古建筑的共同特征。客家人素有慎终追远、重教崇文、勤劳俭朴之风,永定土楼建筑设计明显地打下客家文化的印记。土楼设置厅堂、庭院、天井、水井、浴室、门坪、晒坪、学堂、书斋、作坊、禽畜栏舍设施等,是客家文化、风俗习惯在建筑上的反映,集思广益。在土楼施工的过程中,常会遇到一些意想不到的问题,如地基的土质变化、周边的干预等,这时要对原来的设计作出一些必要的修改,使之更加完美,因而常常需要集思广益,博采众长,因地制宜。

土楼的设计有极大的灵活性,许多土楼根据实际地形因势造形,灵活应用如土楼的形状、大小、圈数、层数(高度),要依据楼址的地理条件来决定。在土楼群中建楼,还要考虑到与前后左右邻里的关系和影响。千姿百态的土楼和土楼群,与秀美的山川构成一幅幅巧夺天工的画卷。客家人在构筑土楼时,充分利用建筑位置上的自然空间,合理安排房屋的布局,或依山傍水,或田边地头,使土楼与自然融为一体。无论是永定河、汀江流域比较宽阔的河谷盆地,还是金丰溪流域的山间坡地,许多大小不一、形态各异、方圆相间的土楼群,错落在山川田野之间,阡陌纵横,楼宇相接,蔚为大观。土楼之间,道路、桥梁、绿树、围墙,布置巧妙。不论是单体的设计,还是群体的布局,土楼与自然完美结合,迸发出无限的生命力和感染力。

土楼无论是方楼还是圆楼,大多在 3 层以上,最高的达 6 层。用生土夯筑成这样高大的民居建筑,世所罕见。粗壮的石基,高大的土墙,配比适当的出檐瓦顶,加上楼中紧密相连的庞大木构架,让人震撼。原本松散的泥土夯筑出了整体性、坚固性极强的高厚土墙,经历几百年风雨剥蚀,地震摇曳,仍巍然屹立,如日应楼、环极楼,那古朴粗犷雄奇之美一览无遗,见证了永定土楼建筑顽强的生命力。

江南水乡是一种徽派建筑的体现,它的特色主要体现在村落民居、祠堂庙宇、牌坊和园林等建筑实体中。其风格最为鲜明的是大量遗存的传统民居村落，从选址、设计、造型、结构、布局到装饰美化都集中反映了徽州的山地特征、风水意愿和地域美饰倾向。村落的选址大多严格遵循中国传统风水规则进行，山水环抱，山明水秀，追求理想的人居环境和山水意境，被誉为“中国画里的乡村”。受传统风水“水为财源”观念的影响，寄命于商的徽州人尤其重视村落的“水口”，建构了一些独具特色的水口园林。院落相套，造就出纵深自足性家庭的生活空间。民居外观整体性和美感很强，高墙封闭，马头翘角，墙线错落有致，黑瓦白墙，色泽典雅大方。装饰方面，清砖门罩、石雕漏窗、木雕楹柱与建筑物融为一体，使房屋精美如诗，堪为徽式宅第的一大特色。祠堂和牌坊也是重要建筑形式。村皆有祠，祠一般均规模宏大，富丽堂皇。而散缀各地的各式牌坊，则是古代徽州人文景观的重要组成部分。

作为传统的建筑流派，徽派建筑一直保持着其融古雅、简洁、富丽于一体的独特艺术风格。徽派古建筑以砖、木、石为原料，以木构架为主。广泛采用砖、木、石雕，表现出高超的装饰艺术水平。这些木雕均不饰油漆，而是通过高品质的木材色泽和自然纹理，使雕刻的细部更显生动。

我们通过选取具有代表性的建筑来传达中国古代建筑的设计理念，手法的娴熟高超和中国古代民族建筑的人文思想理念，表达建筑的形式美和内涵美。

设计重点与难点

1. 主题的确立。中华民族建筑是个相当宽泛而且宏大的概念和领域，如何能够在短时间内表达出民族建筑的一些技巧和精髓是作者首先考虑的重点，同时中国建筑的建造有许多的中国传统思想的引领，将思想同建筑联系在一起表达，是作者所考虑表达的。我们通过对中国古代建筑的梳理和理解感悟其背景和所包含的传统思想之后，选取了比较有代表性的建筑来建立场景和模型。如何表达建筑的设计和思想是重点也是难点。我们通过对建筑场景的重建和对其重点部位配上相应文字的阐述，来体现中国建筑的精气神。

2. 素材的选取和动画的制作。三个场景的建立是非常浩大和繁复的工程。一般的视频制作软件是无法实现的，结合我们建筑学专业的专业知识和相关软件，采用目前制作场景动画较为优秀的 Lumion 软件来制作所需要的场景。Lumion 软件的强大在于我们可以在画面中自己建立想要表达主题的场景，小到树木，大到土地，无论是崇山峻岭、山间丘陵还是江南水乡都能够很好的展示。同时，它能够让我们通过选取一定的角度和场景，让镜头进入建筑的内部，让建筑的内部空间和一些细节同时被制作和展示出来。利用 Lumion 软件制作出半成的动画之后，需要加入音乐和文字。片头和片尾需要相互呼应，整个作品的基调需要和谐统一，中国风的类型需要尽力去营造。我们采用了水墨形式引入场景，使整个作品具有中国古典韵味。而建筑不能孤立于场景而存在，要在画面中凸显主次。我们利用镜头进深的变化和场景不同角度的切换，想要使观看者的视线跟随画面全方位的移动，而不是只存在于平面的变换。

3. 创新的画面表达。中国的民族建筑是非常闻名于世的，所以大家对它们都有一个大体的印象，如何打破观众思维中已存在的建筑印象是我们也是我们设计中遇到的问题。亭子的精巧在园林建筑中只能起到增光添彩的作用，所以我们将它立于峻岭之上，将其赋予气壮山河之势，在宏大中对比细小，更能突出其精致严整。

水乡夜景的制作表现出徽派建筑沉稳宁静的特点，同时要在静中体现动态。我们营造出入夜的场景，水乡的气息在月光下更显安静和悠扬，星星灯火更是为这样的宁静赋予一丝落户人家的闲适淡然，这也体现了中国建筑精神中离世思想和规划合理，布局赋予变化的建造特点。

【15415】 | 多粒度书法图像标注及检索

参赛学校：上海海事大学

参赛分类：软件应用与开发|网站设计

获得奖项：一等奖

作　　者：张融清、魏国豪、金远哲

指导教师：章夏芬

作品简介

随着数字化的发展，人们常用Google、百度等搜索引擎检索所需信息，去传统图书馆翻书的机会是越来越少。图书馆为了改变这种被冷落的现状，发挥它应有的作用，也与时俱进，把自己的纸张藏书扫描成页面图像。譬如CADAL，截止到2014年2月，共扫描236581册古籍。古籍中大部分是手写的，其中优秀的作品称为书法。这些扫描的书籍中，现代的打印体页面图像，可借助OCR软件转变为文本，进而提供基于文本的检索功能。但是OCR却无法把书法页面图像OCR成文本，从而提供基本的检索功能。因此，针对于这个情况，本系统设计并实现了多粒度的书法检索。

安装说明

在浏览器中打开即可。

演示效果

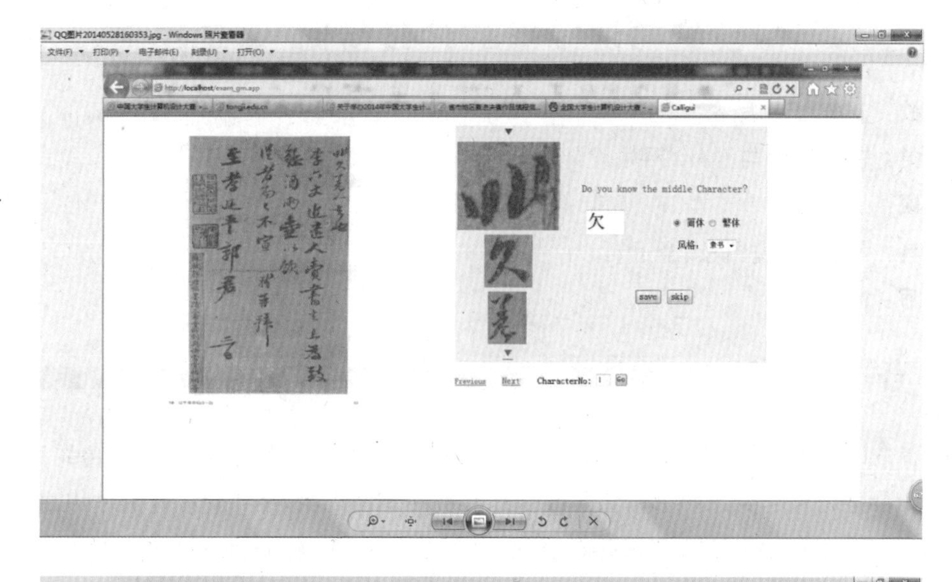
Do you know the middle Character?
欠
简体
繁体
风格:
save
skip
Previous
Next
CharacterNo:

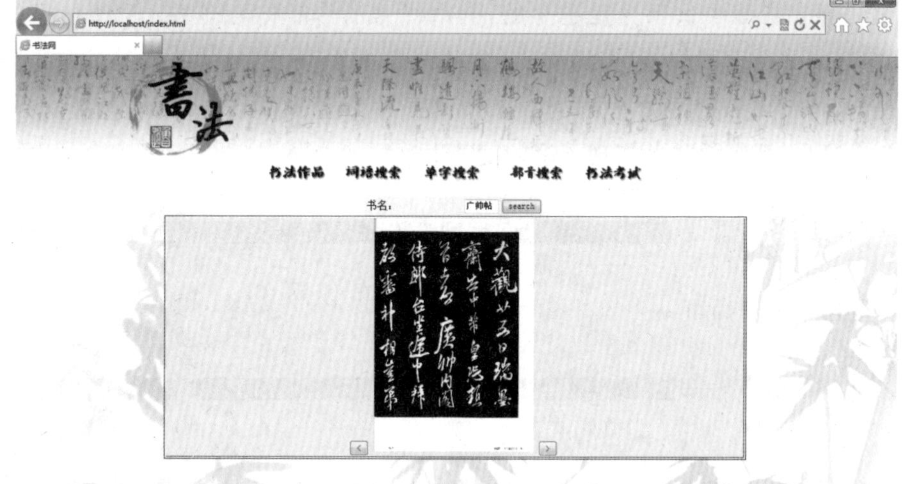
http://localhost/index.html
书法网
书法作品
词语搜索
单字搜索
部首搜索
书法考试
书名:
广帅帖
search

http://localhost/index.html
书法网
书法作品
词语搜索
单字搜索
部首搜索
书法考试
书名:
广帅帖
search

http://localhost/index.html

书法

书法作品 词语搜索 单字搜索 部首搜索 书法考试

书体 风格 search

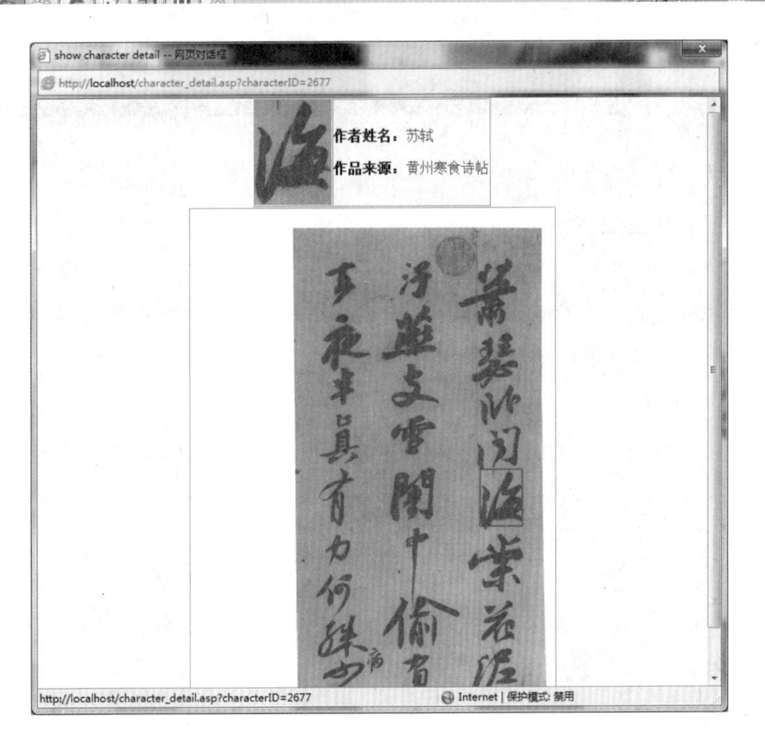

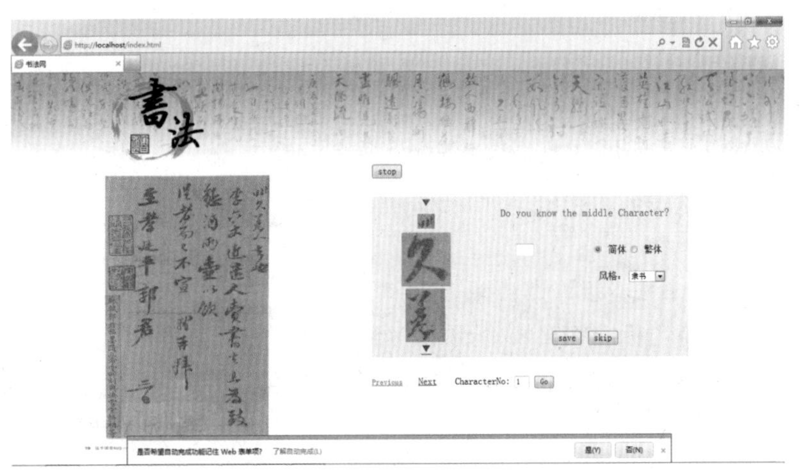

设计思路

随着电子产品的普及，现在很多人写不好字。因此，中国教育部发布的《中小学书法教育指导纲要》中强调在中小学生中开展学习书法，此纲要已经在2013年春季开始执行。学习书法的关键是临摹，临摹需要摹本，即优秀的书法作品。这些摹本最好能展示每一个词、每一个字、每一个部首是如何写就的。这就需要提供最小元素为词、字、部首的检索功能，以展示同一词、同一字、同一部首，不同写法的艺术美。这是因为，和打印体相比，书法字的同一笔画在不同的字中，写法不同；同一个字，在作为部首和作为单独字时，写法也不同。譬如"女"字作为单字以作为"好"字偏旁时写法不一样；对于同一个书法词，有不同的风格，譬如篆书、隶书、楷书、行书、草书。如果能提供很好的检索就能制作出不同风格和形式的匾额了。

设计重点与难点

在学习或研究书法时，常需要展示同一词、同一个字、同一部首的不同书法字，以研究书写美。因此，本系统主要提供：

作品检索

用户可以在指定框中直接输入需检索的作品名，通过检索作品名，系统会显示作品的详细页面，使读者想了解书的详细信息得到满足。

词的检索

用户可以在指定框中输入由多个字构成的词组，并可限定这些字是简体的还是繁体，可限定其风格(篆书、隶书、行书、楷书、草书)，通过"搜索"按钮，返回相应结果。通过该检索功能就能制作出不同风格和形式的匾额了。

字的检索

输入要检索的单字，并可限定字的简繁，和相应的风格(篆书、隶书、楷书、行书、草书)字体，完成基于文本的单字的检索。将返回的结果排序后显示。当用户单击单字图像，弹出该字所在的原始的书法页面，并且显示相应的作者和作品名。

部首的检索

先选择所要检索的部首笔画数；接着在笔画数对应的部首中选择部首；选好部首后，在部首对应的书法字列表中选择需要的书法字。这种类似查字典的检索方式不仅可以给用户带来一种熟悉的感觉，也可以检索到用户不知读音无法输入的字。

完成检索后，系统便显示出用户所需要的单字的数据库中所有书法字图像。

书法考试系统

本系统提供一个书法等级测试功能，提供考试的计时功能，并能够保存考试答案。考试结束后，将用户答案与标准答案相比，给出考试成绩，并显示所有答错的具体题目。

本系统将来还能提供：统计考生的年龄、专业，可计算不同专业、不同年龄段的人对书法字的不同认知程度。统计单个书法字被答对的概率，可计算不同书法字被认识的程度。从而，可归纳出一级书法字、二级书法字等等。譬如我们在标注过程中，即使有上下文，有些字我们还是难以正确标注，这些字，在我们的数据库中作为六级书法字集(与英语中的六级相对应)，如图所示。

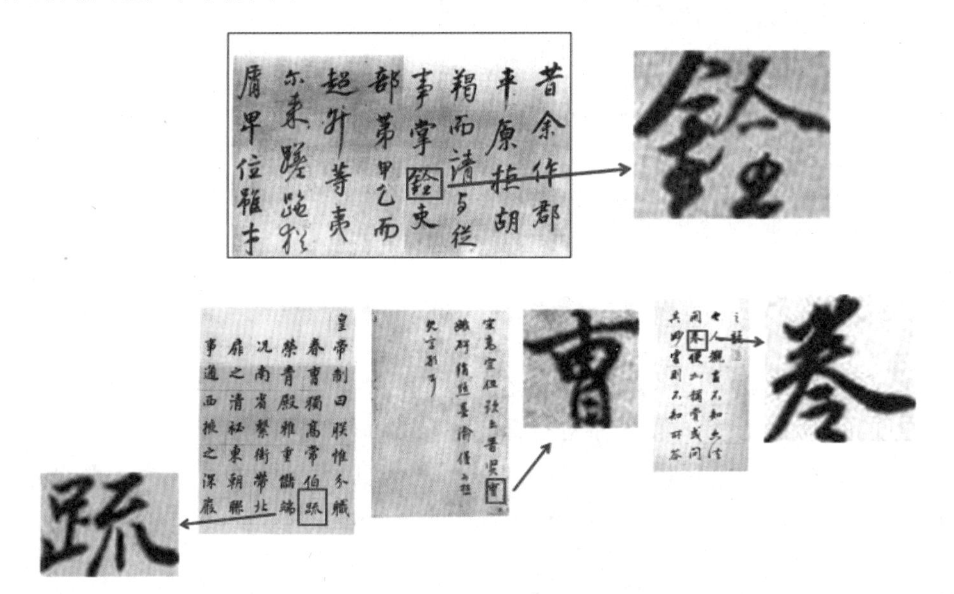

本系统的“六级”书法字例子

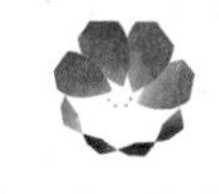

【15420】 | 城镇化网格管理系统

参赛学校：中国人民解放军信息工程大学
参赛分类：软件应用与开发|数据库应用
获得奖项：一等奖
作　　者：朱兆梁、杨雪峰、王志芮
指导教师：吴善明

作品简介

本软件旨在实现城镇化房屋拆迁信息的网格化管理和拆迁过程的直观化呈现。其意义在于通过计算机技术、GIS技术和网格管理技术，对城镇化拆迁进行信息化管理，将房屋、户籍和社区等信息存储到数据库中，实现一体化管理，并通过GIS技术实现信息的查询、编辑、显示和输出，便于管理人员直观了解拆迁工作的全过程。

安装说明

1. 解压文件，将【SFLandManager-副本 (2)】整个文件夹复制到【D:\Program】目录下(如没有请创建)，之后将【SFLandManager-副本 (2)】修改为【SFLandManager】；

2. 在【D:\Program\SFLandManager\Terrain】中右键单击autorun.exe，选择【以管理员身份运行】，将安装路径设置到【D:\Program\Skyline】目录下(如没有请创建)，一直单击【下一步】进行到安装结束(此过程包括一个后续安装过程，用于验证软件的，请不要终止)；

3. 以管理员身份运行【D:\Program\Skyline\TerraExplorer Pro\LicenseManager.exe】，选择【File】菜单下的【Load License File…】，选择文件夹中的License.lic，选择【Load】，随后一直单击【确定】；

4. 右键单击【D:\Program\SFLandManager】目录下的【城镇化网格管理系统 V1.0.exe】，选择【以管理员身份运行】，即启动本系统。

演示效果

1. 登录界面

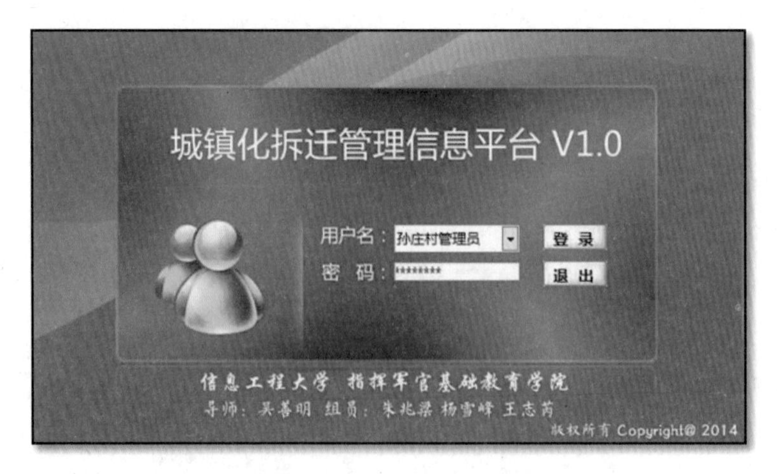

2. 主界面

3. 圆形选取查询

4. 矩形选取查询

5. 多边形选取查询

6. 住宅详细信息

7. 修改住宅信息

修改宅基地/外围信息

保存

基本信息

编号 04W02A05(地址 孙庄村 0 组 孙庄二组 号附 号 网格编号

户主情况

姓名 吴海军(身份证号 41010271011235 性别 男 年龄 42 村民待遇 是 联系方式

家庭基本情况

	姓名	身份证号码	性别	年龄	与户主关系	村民待遇	特殊情况	工作单位或就读学校	联系
*									

详细情况

占地面积 250.00 平方 拆除状态 否 时间 2014年 4月11

邻居 东 南 孙建国 协议状态 否 时间 2014年 4月11

西 北 吴海军（2） 兑付状态 否 时间 2014年 4月11

备注

照片 前 后 左 右

建筑列表

	结构	面积	层数
▸	砖...	10...	1.0
*			

8. 三维浏览

设计思路

1. 采集住户的户籍、土地、住房和外围建筑等基本信息，作为系统的后台数据。

2. 通过三维地形建模和三维实体建模，将住户的房屋所在位置直观展现在虚拟三维环境中。

3. 用户通过键盘和鼠标交互(如单击、框选、圆选和多边形选择等方式)，快速查找对应的住宅及对应的户籍等信息，同时，可以修改对应的信息。

4. 系统将用户的统计结果以 Excel 的方式进行输出，便于管理部门及时了解到响应的数据。

设计重点与难点

1. 大地形虚拟三维环境的建立。

2. 大区域户籍、照片、住宅、土地和房屋位置等综合信息。

3. 三维地形、二维矢量地图、三维模型和房屋属性信息的查询、编辑和一体化高效管理。

【15668】 | 数据结构的二叉树遍历(英文)

参赛学校：沈阳药科大学

参赛分类：微课与课件|数据库应用

获得奖项：一等奖

作　　者：黎秋媛、谢雨晴

指导教师：梁建坤

作品简介

本作品为数据结构(双语教学)课程中的二叉树遍历部分。

采用英文授课、英文PPT、英文习题,同时授课录像中还增加了中英文双语字幕。

讲解生动而简洁,丰富地展现教学内容,教学思路清晰,提高了教学效率和教学质量,也为学校双语教学库的建设提供资源。

制作过程中运用到的软件有 Premier、Time machine、绘声绘影、Goldwave、Photoshop、Microsoft office、Camtasia Studio 等。

安装说明

视频为MP4格式,单击即可直接播放。

相关文件有:微视频、教学设计、微课件和微习题。

演示效果

动画效果紧随讲解内容的推荐而随时跟进。

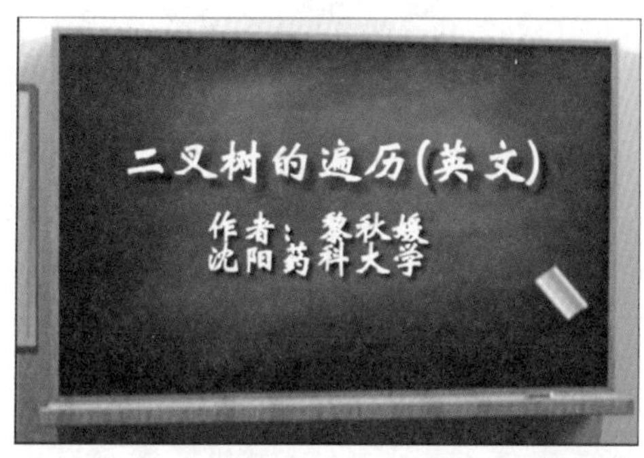

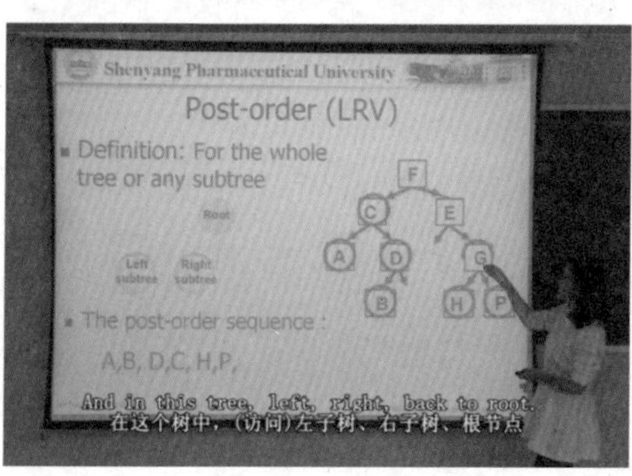

设计思路

采用多媒体与教学充分融合的方式，贴近用国际化的英文授课，生动、简洁、丰富地展现教学内容，教学思路清晰，提高了教学效率和教学质量。

教学特色：

1. 运用英文的授课方式。

2. 教学思路清晰。对于算法的讲解都是按照算法思想、算法、实例图示跟踪、实例演示的步骤进行，效果较好。

3. 视频讲解中，语言生动而富于亲和力，表达多样，激发学生兴趣。

4. 课件中，幻灯片布局简洁，动画紧随讲解节奏的推进而随时跟进，生动形象。

5. 习题中，设计了丰富的题型，通过不同的形式，更全面地考察了二叉树遍历的运用。

设计重点与难点

重点：

二叉树的三种基本遍历方式：前序遍历、中序遍历、后序遍历，及其灵活运用。

难点：

1. 中序遍历及后序遍历中，根节点的访问要延迟到前面部分访问完后再访问，思路不清晰则容易混淆。

2. 利用三种遍历的定义相互推导求解的方法。

【15781】 努尔哈赤和沈阳故宫——增强现实技术在科普文化中的探索设计

参赛学校：东北大学

参赛分类：数媒设计民族文化组|交互媒体

获得奖项：一等奖

作　　者：蒲佳宁、郑凌腾、关斯琪

指导教师：喻春阳

作品简介

作品采用先进创新起点的增强现实技术，新颖的实现方法，基于手机、平板等实用的移动应用平台，通过展示三维逼真的沈阳故宫模型和在立体场景中制作故事等方式，对清太祖努尔哈赤和沈阳故宫进行中华民族文化的科普介绍，强化了沈阳故宫文化的艺术感染力和故宫精神的持久传播力，具有极好的应用价值和商业前景。

安装说明

先用手机或平板电脑下载我们设计的作品"努尔哈赤和沈阳故宫—增强现实技术在科普文化中的探索设计"软件 APP，安装好之后，打开 APP，手机或平板电脑的摄像头会自动打开，进入使用界面，将使用界面的识别框对准识别图，识别图上的图片就会立刻活起来。

演示效果

设计思路

作品设计思路：

党的十八大明确指出："科技兴则民族兴，科技强则国家强。"可见科技创新始终是提高我国社会生产力和综合国力的支撑。该作品正是基于国际上先进的开源工具——增强现实技术设计的一款与众不同的软件，目的是为社会生产生活带来随时随地的快捷和便利。

在考虑设计作品采用的表现形式及展现内容等方面时，我们选择的是沈阳故宫这个被联合国教科文组织世界遗产委员会列入《世界遗产名录》的世界文化遗产作为内容载体来进行展开的，如此博大精深的中国民族文化十分具有传承和发扬下去的价值。我们觉得沈阳故宫不仅是一处经济效益巨大的旅游景点，更应该是广大民众体验和感受满族文化风情、中国古代建筑和历史典故的体验场域。目前，人们通过现场解说、导游手册等方式被动了解沈阳故宫的展示，缺乏对其内在主旨的主动、深刻体验与内化。本作品旨在将

"到此一游"或"未曾来过"的"努尔哈赤和沈阳故宫—增强现实技术在科普文化中的探索设计"用户转化为沈阳故宫文化传承与精神的体验者、传播者。

为了通过融合"视听触多感体验"、"虚实结合的超炫感受"、"操作流畅的先进技术"、"简单便捷的移动体验"、"丰富的内容"、"科学合理的人性化设计"等高科技优势，将沈阳故宫文化精神传承下去，该作品采用的核心技术是被国外媒体列为 2014 年 15 大科技发展趋势之一的增强现实技术，如今成为了国内外众多知名大学和研究机构的研究热点之一，但增强现实技术在移动平台上的应用尚未普及。由于国外市场调查研究公司 Juniper Research 预计增强现实相关应用在 2015 年的全球下载量将高达 14 亿次，未来发展空间极大，所以在移动平台上实现的，兼具了大众化和实用性的该作品，必将有更好的发展前景和市场需求。所以我们准备设计一款表现形式新颖、面向对象广泛、内容方面实用有趣又有特色、未来发展空间大、用户使用简单快捷的软件。我们相信这款软件定能符合社会需求，并能为生产技术和社会生活带来便利。

作品采用技术：

作品"努尔哈赤和沈阳故宫—增强现实技术在科普文化中的探索设计"基于国际上最先进的开源工具——增强现实(AugmentedReality，简称 AR)技术，与若干软件搭配使用的方法，来完成作品整体的设计创作，设计出一款 APK 软件。增强现实技术可以将虚拟的三维物体融合到现实场景中，并能支持用户与其进行交互，它的特点与传统的"虚拟现实"有所不同，增强现实技术是实现让用户在看到虚拟物体的同时，仍能看到现实世界的场景，沉浸感十足。

作品面向对象：

这个作品是针对大众化的，用户群非常广，所谓"老少皆宜"。作品采用的显示平台非常平民化，摆脱了昂贵的高科技显示控制设备，而是面向全平面的，无论基于 PC、手机、平板都能方面地使用，并且兼容 Windows、安卓、iOS 等多种主流系统，实现的方法也相当简单易学。作品的表现方式也由于其十分新颖等特点，吸引了更多的用户。用户可以像站在沈阳故宫建筑面前一样，近距离观看逼真的三维立体模型，甚至可以左右转换视角方向来观看模型。我们还制作了几个发生在沈阳故宫建筑场景中的历史故事，效果看起来像是发生在现实场景中一样，更是吸引观看者的兴趣，无论是基于儿童愿意看立体动画和故事情节的原因，还是成人愿意研究相关技术和了解相关史实的原因，我们相信，这一套作品会因其面向的大众化、实用性、可行性、有趣性等特点，得到广泛的欢迎和应用。

设计重点与难点

设计重点：

创新的实现技术：

这几年来，增强现实领域的研究者们才开始在每年召开的和增强现实相关的国际研讨会和工作会议上集会，其中包括国际增强现实工作会议（IWAR）、国际增强现实研讨会（ISAR）和国际混合与增强现实会议（IsMAR）等，这些会议很大程度上促进了增强现实技术研究的发展。但国内对增强现实技术的研究始终处于起步阶段，涉及的专利也非常少。在国内外社会生活中，增强现实技术在移动平台上的应用尚不普及，也因此是国内外众多知名大学和研究机构的研究热点之一。所以该作品的创新起点很先进，研究方法也十分新颖。

独特的高科技体验：

采用的增强现实技术将现实世界的一定时间空间范围内很难体验到的实体信息（视觉信息、声音、味道、触觉等），通过科学技术模拟仿真后再叠加到现实世界被人类感官所感知，从而达到超越现实的感官体验。与传统虚拟现实所要达到的完全沉浸的效果不同，实现了使真实的沈阳故宫建筑场景通过三维建模以逼真的立体形式再现在显示平台上，将我们在计算机中制作的动画动作信息生成并覆盖到现实世界场景中，实现了使虚拟物体与真实环境叠加在同一空间的视觉体验。

实用应用价值：

在作品的设计创作初期，我们对沈阳故宫、作品相关应用的研究趋势及意义、作品实现的可行性、市场需求等方面进行了前期调研和分析。国外市场调查公司 Juniper Research 预计增强现实相关应用 2015 年的全球下载量将高达 14 亿次，未来发展空间非常大。而根据官方资料显示，对于增强现实的发展预计 2015 年将达到 14 亿美元，而在 2010 年这方面收益还不到 200 万，所以增强现实技术在移动平台上的应用的发展速度与趋势都是极具有优势性的。搭配简单的使用方式和实用的显示设备，在很大程度上显现出其应有的商业前景。

设计难点：

实现技术富有挑战性：

作品“努尔哈赤和沈阳故宫—增强现实技术在科普文化中的探索设计”采用的核心技术是增强现实技术，因为其创新新颖，在作品制作初期，可供参考的书籍、论文、网上资料

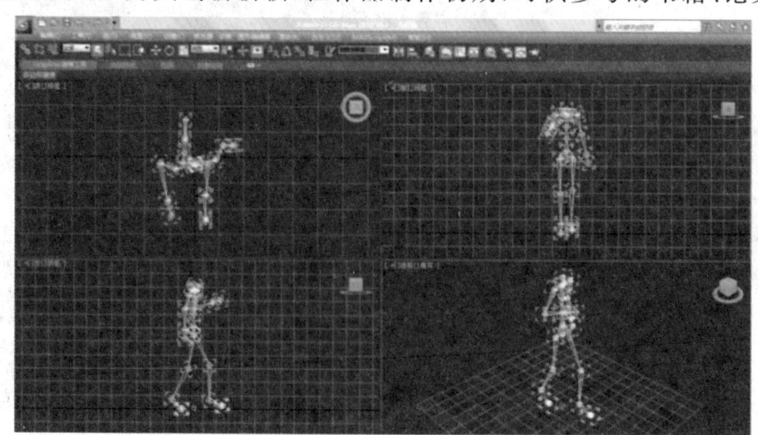

都相对较少。我们认真阅读、分析相关国际期刊论文，积极进行创新试验，全员与指导老师定期积极研究讨论，共同对项目的进展和出现的问题进行研究探索，作品最终在指导老师的悉心辅导和团队成员的不懈努力下完成了。

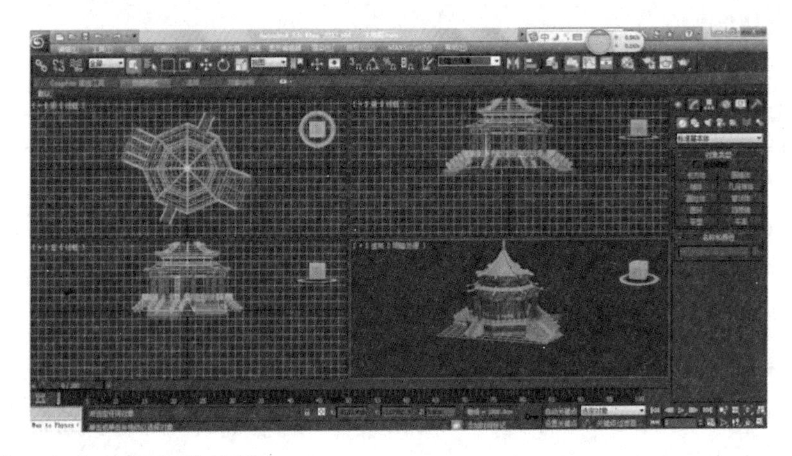

动态贴图和交互脚本的编写：

软件运行性能快，探索采用先进 Substance Matrerial 动态贴图，将图片转换为代码，压缩图片至原来的 1/3，不仅可以优化图片的质量，还能同时加快了软件运行的性能。

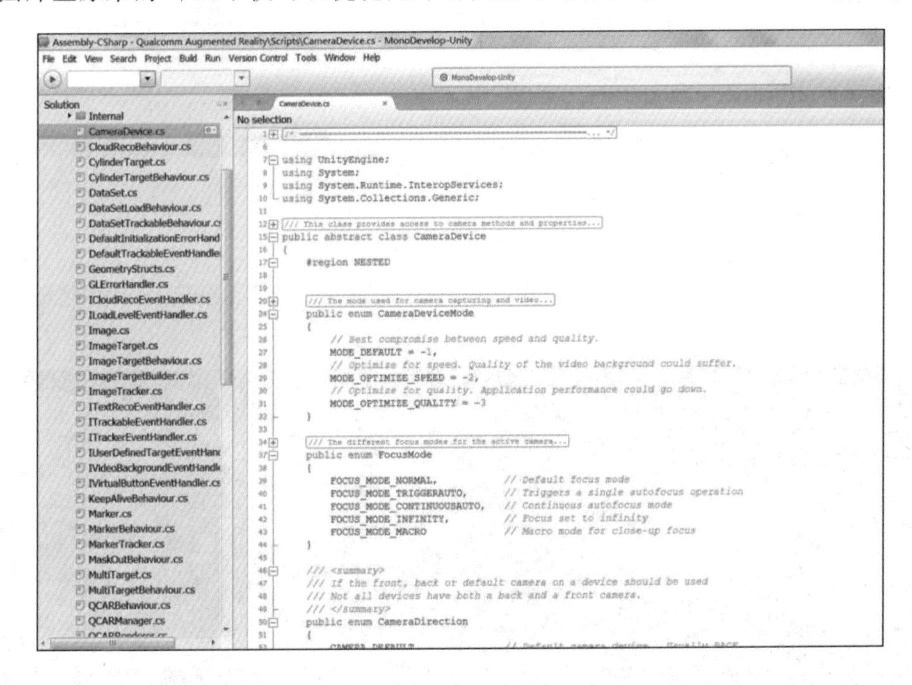

【15821】 | 暮色

参赛学校：天津师范大学

参赛分类：数媒设计专业组|动画

获得奖项：一等奖

作　　者：马轲夫、白龙飞

指导教师：蒋克岩、沈葳

作品简介

作品《暮色》讲述一位老人在医院昏迷时，脑海中所产生的记忆：主人公从热闹的农村转瞬间出现在高楼紧密的城市中，从热闹悠闲的生活瞬间跌入到陌生孤单的环境里，心中的落差与孤独感倍增。此时最需要亲人和儿女们的陪伴，然而老人身旁空无一人。而当主人公回到家中，得知儿女们今天会回家吃饭的消息后，满怀期待的等待时，却接到孩子们中途的一个电话被告知不能回家，老人伤心的旧病复发，病倒昏迷。在昏迷中，是老人潜意识里那份对子女们思念的力量让其信以为真，以为儿女们都回来了……才把老人从命悬一线的危险处境中拉了回来。最后老人在医院中苏醒后，眼角滑落一滴眼泪，但是对那份“来之不易”的幸福，嘴角却挂着笑容。是自嘲？还是自怜？希望观众对此进行深刻的思考。

安装说明

在暴风影音中播放即可。

演示效果

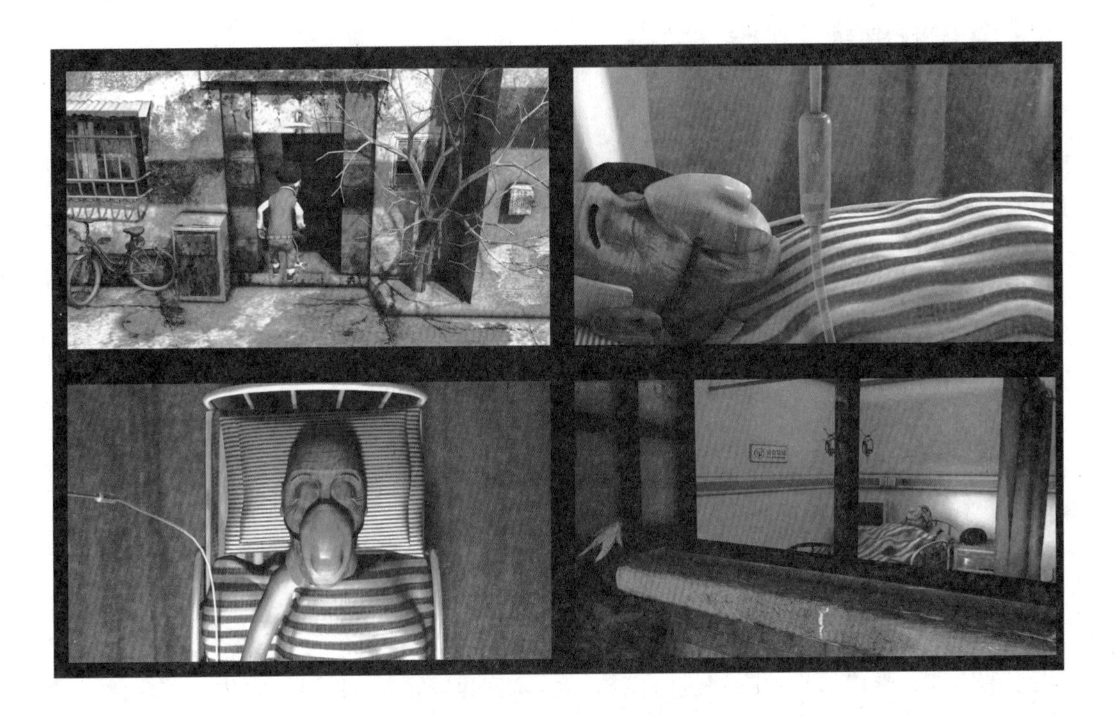

设计思路

一、作品创意来源

社会的进步改变了人们生活的节奏，青年人在紧张的工作和学习过程中也忽视了人与人之间的情感交流。“空巢老人”是当下备受关注的代名词和话题。类似表现关爱亲人和重视亲情关系的公益广告也有很多，如《妈妈的等待》、《常回家看看》、《爱的表达式》等。讲述的都是父母和子女之间的情感。可见关爱老人已是当今社会的焦点问题。

二、作品风格的表现

动画片创作之初，其美术风格的设定关系到这部动画片的成功与否。场景设计和人物造型设计是作品风格的主要表现。二者应与影片的故事内容相符合，角色造型设计则是动画表演的前提和基础。

作品《暮色》的剧本内容充分结合了当下人情关爱的主题，片中的人物设定必须与动画的剧情相结合。通过参考中外的多部动画作品及电影。最终将剧本定位为写实的风格，其时代背景设定为中国的 20 世纪 90 年代左右。场景的设计也参照中国 20 世纪 90 年代左右的建筑风格和文化色彩。并且故事中的时间多为暮色时分，季节设定为深秋，这样更能体现出夕阳西下，一叶知秋的气氛。故事以紧张急促的情节为开头，安静祥和的情节结尾。给人一种静静思索的氛围。

三、中期制作

（一）场景、角色模型制作

人物角色已经按照剧本的要求设定好了，中期制作的过程就是将设计好的人物造型图（手稿）和场景设计图制作成三维模型。这里我们使用的是 Maya 2009 软件进行制作的。场景模型的创建则需要用最少的布线将场景设计图完成到最好即可。因为布线越少，模型的面数就越少，这将会为以后的调动画和渲染输出节省出大量的时间。我们可以将场景的细节在场景贴图上完成。

（二）材质贴图和灯光设定

1. 材质贴图

贴图绘制前，需要先将模型的UV展开，UV既是包裹在模型外部的结构线。在此使用的是Maya 2009中自带的UV展开工具(polygons-Create UVs)。在进行展UV的时候应当避免顶点重叠的现象，否则之后的贴图绘制中顶点重叠的地方有可能会出现贴图重合或者贴图出现衔接不准的错误。

2. 灯光设定

Maya 2009中有六种关于灯光的创建，即区域光、平行光、点光源、聚光等、面积光和体积光。

各个灯光都有自己的用途，这里就不一一说明了，根据自己的需要，去调整灯光里面的属性即可。但是要时刻明白使用灯光的意图就是在软件中模拟现实中光感的效果，还有使模型有投影，体积感更强，使视觉效果更真实。

（三）骨骼绑定和动画调节

1. 骨骼绑定

骨骼绑定这里选用的是Maya 2009中Animation模块下自带的骨骼工具，将骨骼按照模型的形体和准确的运动规律进行创建。骨骼创建完成后，要切记优化骨骼轴向。骨骼与模型之间要建立起连带的关系，这种关系就是蒙皮。但是在做蒙皮之前，模型要删除历史记录，恢复中心点和冻结模型的位移，旋转和缩放属性。蒙皮建立后最重要的关键点就到了——刷权重。对于一个要进行动画的模型而言，权重的好坏直接关系到动画的质量。

2. 动画调节

这个环节可以说是一部动画片的重中之重。因为这个环节是动画片的灵魂所在。一部动画片，如果动画做的不好，即使人物和场景再好，剧情再跌宕起伏也吸引不了观众。所以要想调好动画，就必须对运动规律了如指掌，这也是每个合格的动画师应该具备的最基本的技能。

（四）渲染输出

渲染部分使用的是Maya 2009自带的Mental Ray渲染器，将Mental Ray中Common里创建文件的名字和格式，还有格式的后缀，然后调整好动画的起始帧和结束帧，选择逐帧渲染和摄像机位，还有输出格式的尺寸和分辨率。在Quality中将Max Sample Level值调到2至4，最后将Indirect Lighting中的光线追踪(Final Gathering)勾选，最后选择后台批量渲染。即可渲染出调好的动画的序列图片了。

四、后期合成

（一）剪辑与特效

此环节的主要目的是将渲染好的序列图片按照剧本的要求按顺序依次导入到Adobe After Effects(AE)中，进行剪辑与校色。

（二）配乐

配乐环节包括角色配音，特效音效和背景音乐几部分。这其中角色配音是应该在调动画之前就做好的，因为这样能够更好将人物的肢体与声音搭配到一起，后期只需要将声音与角色动作匹配即可，节省制作时间，提高效率。

设计重点与难点

1. 材质贴图

人物贴图的绘制主要是靠手绘完成，衣服布料则选用真实的布料纹理，再经过 PS 处理，但是如果只用布料拼接，渲染出来的效果会显得十分的僵硬，缺乏真实感。所以 PS 拼接完成后需要根据人物的特点及设计图，进行服饰细节的绘制，需要参考多种人物服饰的特点，根据人物所处的年代，身份特征等进行绘制。

场景贴图的绘制则与人物贴图的制作方法大同小异。都是先选择用 PS 拼接后再进行手绘，以达到场景的需求。如房屋的外部墙面，就是使墙面的贴图先以 UV 对位后，再进行手绘，添加苔藓，杂草，碎裂等效果，使效果更加真实。

2. 动画调节

这个环节可以说是一部动画片的重中之重。因为这个环节是动画片的灵魂所在。《暮色》是一部情感系列的写实动画短片，人是其中的主要成分，所以我们收集了许多关于人的运动规律进行参考和学习，借鉴其中的一些日常生活的动作。调动画是一个非常耗时的环节，需要特别细致的制作。在调动作之前我们应该具有一些剧本里的背景音乐和音效，这样在调动作的时候，动作与声音可以匹配的更加完美。

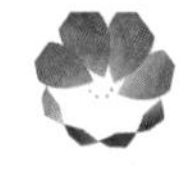

3. 渲染输出

Mental Ray 渲染器相较于 Maya 2009 中其他的渲染器而言，能够将模型的圆滑效果渲染出来，而且光线更细腻，效果更真实。在渲染的时候，将场景与有动画的模型分开渲染，这样在后期制作过程中可以方便调整色差，远近虚实等视觉效果的制作。Mental Ray 的物理灯渲染出来的图会显得比较平，所以可以将动画渲染出图后，配套渲出模型的塑模效果，在后期制作中，将带有明暗效果的塑模添加进去，这样视觉效果会更真实，画面的黑白灰效果会更突出。

4. 灯光设定

一个场景如果灯光打好了，能起到如虎添翼的效果，更能渲染出剧情表达的气氛，情感和当时环境的一些信息。让场景里的颜色更丰富更具有艺术效果，让观众感觉更富有美感，更生动。

【15850】 | 陶魂墨韵

参赛学校：德州学院

参赛分类：数媒设计民族文化组|交互媒体

获得奖项：一等奖

作　　者：辛凯、俞昌宗、李莹

指导教师：杨蕾、黄雯

作品简介

为了了解黑陶及黑陶文化，传承中国悠久的历史文化和传统，让更多人了解到千年古国的深层蕴含，我们通过制作电子杂志这一方式宣传中国传统和黑陶文化，本电子杂志运用了 Flash 动画、Photoshop 以及视频剪辑(通过 Edius6.0 软件)、音频剪辑(通过 Audition 软件)等向读者展示黑陶文化。杂志共分为八个部分，分别是卷首-陶进渊源尽风流、史话陶渊、点土成陶、琳琅黑陶、他山之陶、陶我所用、陶来陶趣及卷尾-黑陶小诗，分别对黑陶的历史、制作工序、种类、用处和影响等进行阐述，使读者更具体清晰地了解黑陶文化。杂志中插入了 Flash 动画以《女娲造人》为背景，讲述了女娲用泥土造就了黑陶，经过土和火的历练，最终成为黑如漆、亮如镜、硬如瓷、声如馨的黑陶，增强读者的观看兴趣，有更好的理解和把握，杂志的末尾还添加了黑陶小游戏，拼图和翻牌游戏，使读者在乐趣中享受知识，理解黑陶的方方面面，增强了电子杂志的交互性。全方位地介绍和发掘黑陶文化及工艺品，真正起到文化传承的作用。

安装说明

作品以 iebook 超级精灵为创作平台，使用 Flash 制作出片头动画、女娲造人动画、部分特效和鼠标效果等；使用 Edius 非线性视频编辑软件和 Audition 音频制作软件，将画面和声音进行加工处理；使用 Photoshop 软件进行图片的修改、拼贴与整合。

文件“JSJDS2014-15850-陶魂墨韵演示视频.mp4”可直接在电脑中的媒体播放器中打开；“JSJDS2014-15850-作品陶魂墨韵”已封装为 Windows 系统下的可执行文件，在电脑中可直接双击打开。

演示效果

(片头 Flash 动画)

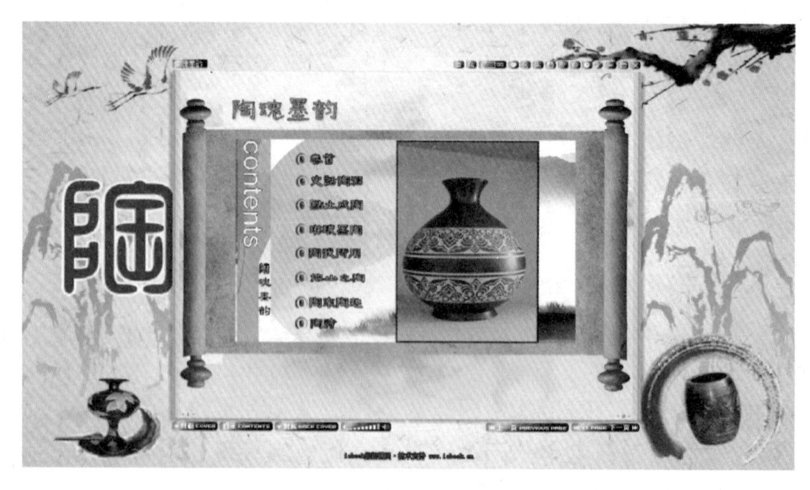

（目录）

（女娲造“人”Flash 动画）

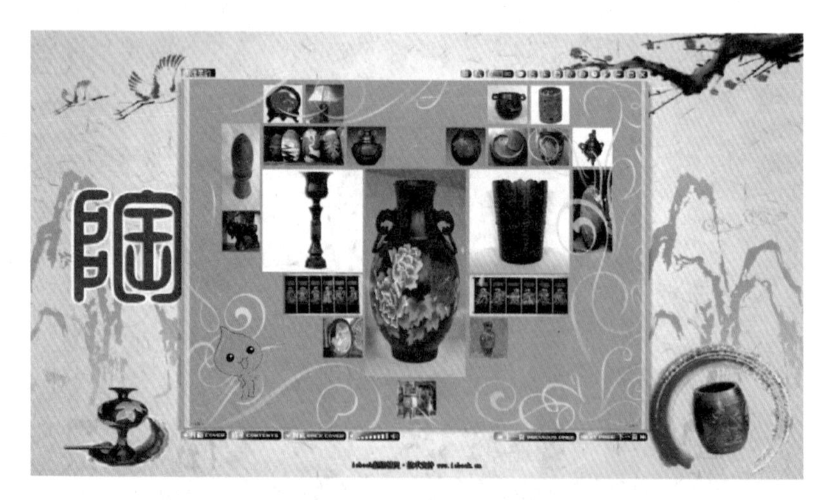

（琳琅黑陶）

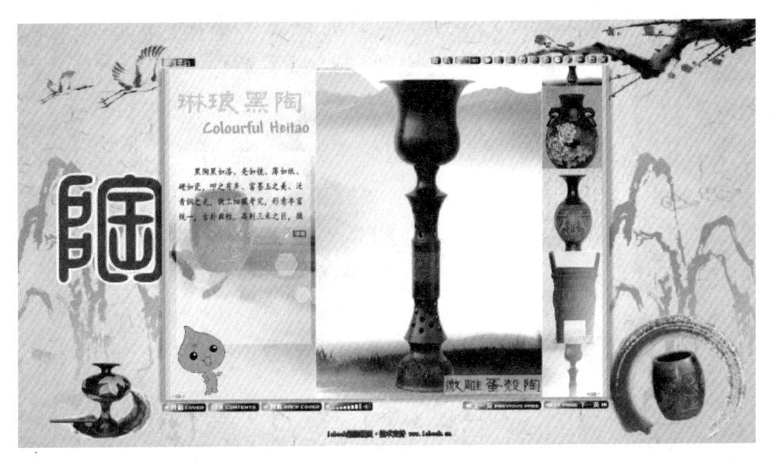

（琳琅黑陶）

（《他山之陶》）

设计思路

为了普及人们对黑陶的了解，传承和推广黑陶文化，让更多的人们认识黑陶、了解黑陶、喜爱黑陶。我们将此电子杂志大致分为八个部分来介绍黑陶，它们分别是卷首《陶进渊源尽风流》、《史话陶渊》、《点土成陶》、《琳琅黑陶》、《陶我所用》、《他山之陶》、《陶来陶趣》及卷尾《陶诗 陶魂墨韵》，分别对黑陶的历史起源、制作工序、种类、用途和历史地位等内容进行了阐述，使读者更具体清晰地了解黑陶文化。

一、整体设计

首先要对整个电子杂志做一个完整的布局，即整体的掌握，了解黑陶知识是必不可少的过程，对黑陶文化的理解和掌握，让我们必须对黑陶的基本资料有所了解，根据电子杂志的板块设计和内容要求，我们要重点收集黑陶的历史发展过程、黑陶的种类、黑陶的制作工序、黑陶的作用以及黑陶的历史地位和影响。我们通过互联网、书籍、采访当地黑陶艺人和去黑陶博物馆参观等途径对黑陶的资料进行收集，在整理的时候，按照不同的类别进行划分，以便后期方便制作和应用。杂志的整体思路是通过这八个板块的内容对黑陶和黑陶文化进行逐一的介绍和推广，以达到让读者认识黑陶，了解黑陶的目的。另外，图片和Flash的插入设计让杂志更加生动形象，更加具立体感，不仅能让读者有视觉听觉上的双重享受，而且可以加深读者对黑陶文化的记忆和了解。

二、杂志板块设计

杂志分八个板块，对黑陶的历史起源、制作工艺、种类、用途和历史地位等内容均做了详细介绍。首先，杂志的片头是Flash动画，引出"陶魂墨韵"。"陶魂墨韵"的字体配有《渔舟唱晚》的古典音乐格调，这一设计一方面是给读者的一个总体概况，开门见山让读者明白我们要介绍的是什么，另一方面这番设计使动态美与静态美相结合，视觉与听觉相结合，画面完美，情亦近人。

1. 卷首《陶进渊源尽风流》

分别写了陶之魂和陶之韵。三千年的闲置，两千年的昏睡，从山的那边带着满身的泥土涉水而居。面对火与水的双重历练，将血液化为燃烧的微笑，瞬间凝固为一捧紫砂陶泥。一句燃烧的呢喃，一场黄昏的飘雨，就能把陶泥彻底融化，相握的灵魂与鲜活地孕育在山后温润的土地。陶罐宁愿就这样苦苦守着你燃烧的余温，一生愿把灵魂栖息在你的心里。

卷首一段优美深蕴的话语引人入胜，给读者以美的享受。同时，我们将"魂"、"韵"相结合的文字置于卷首，不仅照应了主题，又给了读者闲情渐进意境的舒适感觉，不失为本杂志的一大美点。另外，此版块还加入了Flash动画。Flash动画"女娲造人"讲述了女娲造人之际，用泥土捏出叫陶陶的小泥人，之后陶陶与土结合在一起，像凤凰涅槃那样，陶陶也浴火重生，变身为黑如漆、亮如镜、硬如瓷、声如罄的黑陶。视觉冲击一向能给人们带来强有力的影响，所以Flash的插入可谓一石二鸟，以动画的形式向读者动画传达信息，不仅增强了读者的兴趣，而且加深了读者对黑陶的印象，当然更有利于人们认识黑陶、了解黑陶、喜爱黑陶、推广黑陶。另一方面，以动画的形式讲解黑陶的历史信息相关文化，更使得黑陶的历史过程更有趣味性，让原本离我们遥遥无期相距甚远的几千年前的黑陶历史瞬间拉到我们眼前我们身边，让黑陶更具接近性、亲切性，让读者更容易更愿意接近了解黑陶。

2.《史话陶渊》

《史话陶渊》板块讲的是黑陶的历史渊源。要让人们喜爱黑陶，推广黑陶，需要让人们认识并了解黑陶。要认识了解黑陶，需要了解黑陶的历史由来和发展过程，通过查阅相关资料及走访相关单位我们了解到黑陶诞生于我国新石器时代，在大溪文化、屈家岭文化、龙山文化遗址中均有发现，其中以屈家岭文化最早，距今6000年左右。黑陶流行于4000年前的原始社会的父权制度阶段，祖先们以生动简朴、形态万别的黑陶器皿创造了继仰韶、大汶口之后的龙山文化，史学界亦称"黑陶文化"。另外我们还了解到，龙山文化约兴盛于公元前2800年到公元前2300年。只可惜这种工艺精致、魅力夺人的远古技艺，至汉代(公元前200年至公元200年间)基本消失无迹。直到20世纪80年代，在鲁西北平原的古运河畔，德州工艺美陶研究所的青年职工，把这些古老的工艺挖掘整理，再现了龙山文化的风采。这就是今日的德州黑陶。我们将这段历史资料以文字和视频的形式加以整理，展现给读者，以便让读者对黑陶文化有更加全面的了解。

3.《点土成陶》

在了解了黑陶的历史渊源之后，要进一步了解黑陶，就不得不说黑陶的制作工艺了。《点土成陶》板块主要通过文字、图片和视频的形式向读者介绍黑陶的整个制作的过程。

黑陶的制作主要有十一个步骤，即选材、滤泥、练泥、成型、修型、挑沙压光、软刻、晾干、烧制、出窑和硬刻。黑陶的选料是保证质量的主要环节，加工质量的好坏取决于制作者的技术修养，采用独特的烧结工艺使陶变黑是黑陶的最大特点。

4.《琳琅黑陶》

黑陶种类繁多，琳琅满目，比较著名的有彩陶、漆陶、仿古陶、蛋壳陶、软刻陶和硬刻陶等。种类繁多的黑陶不仅给人视觉和精神上极大的享受，同时也带来极其深远的历史影响。黑陶种类不一，琳琅满目，黑如漆、亮如镜、薄如纸、硬如瓷、叩之有声，富墨玉之美，泛青铜之光。黑陶的精美用文字形容都让文字显得无力。《琳琅黑陶》板块对黑陶的种类进行了介绍，以文字和图片的形式向读者传达黑陶独有的韵味，使读者直面认识黑陶，欣赏黑陶，以加深读者对黑陶的了解和喜爱。

5.《陶我所用》

恩格斯说：陶器的出现，代表人类定居生活的开始。

陶器对人类的生存和发展有着深刻的影响，黑陶亦是如此，黑陶从过去单纯的器皿工具发展到今已成为欣赏性的艺术。如今，黑陶文化作为一项古老的文化形式，起着陶冶情操，净化心灵的作用，将对我国社会的精神文明和物质文明建设产生重要影响，有利于构建和谐社会。《陶我所用》板块对黑陶从古至今所具有的实用价值和艺术价值以及黑陶制品在我们生活中的使用进行了介绍，有利于加深读者对于黑陶文化的印象。

6.《他山之陶》

在我国璀璨的历史长河中，除了黑陶外，不同历史时期也产生了多种不同形式的陶制品。《他山之陶》板块是横向对白陶、彩陶、软陶和釉陶等几种其他陶制品进行了介绍，有利于读者在了解我国黑陶文化的基础上，进一步加深对我国陶文化的认识。

7.《陶来陶趣》

《陶来陶趣》板块为关于黑陶的趣味游戏环节，包括黑陶拼图和黑陶翻牌游戏两部分。《陶来陶趣》板块的设置，不仅可以使读者放松心情、在乐趣中享受知识并理解黑陶的方方面面，而且有利于增强读者对黑陶文化认识的崇高感和敬畏感。

8. 卷尾《陶诗 陶魂墨韵》

缓慢承载诗意，专注催生美感。黑陶，沉思在历史与现实的交汇中，静美在泥土与火焰的拥抱中，呼吸在远古与未来的跳跃中，升华在理智与情感的撞击中。在杂志的结尾，又以一段优美的文字起头，总结概括了黑陶作品与黑陶艺术。那么一段优美的文字引人发思，引人遐想，更富于黑陶艺术美，品性美，让黑陶在人们心中的印象更深，形象更佳。

杂志的最后以一首有关黑陶的优美小诗结尾，如此设计，一来与文章开头和文章主题黑陶的"魂"、"韵"相互照应，深化主题，完善格局；同时，以此结尾，可以让读者继续沉浸在黑陶文化中，久久难以抹去，杂志结束了，但是黑陶在读者心里留下的印象，黑陶的形象，黑陶的艺术，读者对黑陶的了解非但没有结束，反而进一步加深，有利于推广和传承黑陶文化。

设计重点与难点

一、本电子杂志的设计重点

1. 前期：对关于黑陶的资料进行收集、整理和加工。对黑陶文化的理解和掌握让我们必须对黑陶的基本资料有所了解，根据电子杂志的板块设置和内容要求，我们要重点收集黑陶的发展过程、制作工序、种类、黑历史地位和影响等资料。通过互联网、书籍、采访当地黑陶艺人和参观黑陶博物馆等途径对黑陶的资料进行收集。对搜集到的资料按照不同的类别进行划分，以方便后期的应用和制作。通过各种文献资料了解黑陶。对拍摄的照片进行分门别类的分类。

2. 中期：

(1) 划分主题，文字描述要清晰符合主题。整个杂志围绕"魂""韵"进行制作，条理必须清晰，给读者一目了然的感觉，在文字描述上要做到适可而止、恰到好处，既要有淡雅的中国风气息，又要对黑陶进行整体客观的分析。

(2) 选择合适的模板。黑陶是中国传统文化的表现形式，有一定的文化象征意义，因此模板需要体现出淡雅脱俗和中国风韵味，以吸引读者的眼球。各版块之间既要有一定关联又不能重复，没有合适的模板就像在某个场合穿了不合适的衣服，既不雅观又不相称，因此，选择合适的板块也是一个设计重点。

(3) 增加杂志的趣味性和交互性也是一大重点。良好的趣味性和交互性可以吸引读者眼球，效果自然就好。针对电子杂志的趣味性我们设置了黑陶拼图和黑陶翻牌游戏；通过设置多种不同的图片展示效果和特效，展现了电子杂志具有的良好的交互性。趣味性与交互性的设计既是本杂志的亮点也是重点。

3. 后期：电子杂志完成之后要对整个杂志进行揣摩和修改。好的作品是经过一次又一次修改，慢慢从差变为一般最后变为优秀，因此后期要对已经做好的电子杂志进行不断修改，积极吸取各方意见进行修改。不断改善的过程就是不断提高的过程。

二、本杂志的难点

1. 合成杂志片头"陶魂墨韵"。杂志的开头是一组 Flash 动画"陶魂墨韵"。从制作上来说，是比较有难度的，"陶魂墨韵"字体配上《渔舟唱晚》的古典音乐格调，动态美与静态美结合，视觉与听觉结合，画面完美。

2. Flash 动画制作。本杂志中 Flash 动画"女娲造人"讲述了女娲造人之际，她用泥土捏出叫陶陶的小泥人，之后陶陶与火结合在一起，像凤凰涅槃那样，陶陶也浴火重生，发展成为黑如漆、亮如镜、硬如瓷、声如馨的黑陶。简短的 Flash 动画给我们传达了许多信息，使黑陶的历史过程更有趣味性，增强了读者的兴趣。

3. 合成黑陶鼠标。为了使电子杂志更加美观，把鼠标做成黑陶也是一个难点。制作步骤比较复杂繁琐，制作时间也比较长。

4. 对视频音频进行录制和剪辑。杂志中需插入了一些视频和音频，为了达到更好的效果，需要自己进行录制或者剪辑，对技术要求性较高，是一个难点。为此，我们找了学生进行了视频原稿件的配音，以期达到视频及配音的原创性。

5. 视频的剪辑过程中尤其需要注意的蒙太奇的运用，没有直接的采用原有硬性剪辑，而是采用"动接动，静接静"的方式，使画面更具艺术性。

6. 图片的修改与制作。电子杂志中的图片不能直接使用拍摄好的图片，需要对拍摄好的图片进行修剪拼贴才能达到良好的效果。图片的修改与制作涉及抠图、拼图、图片整合等多项内容，技术难度较高，需要制作人员有较好的图片处理技术。